확률로 바라본 수학적 일상

从掷骰子到人工智能：趣谈概率
Copyright ⓒ 2024 by 张天蓉. Originally published by Tsinghua University Press Limited.
Korean Translation Copyright ⓒ 2025 by Davincihouse
This Korean edition has been licensed through Anna-Mo Literary Agency in association with EntersKorea Co., Ltd.

이 책의 한국어판 저작권은 (주)엔터스코리아를 통한 중국 Tsinghua University Press Limited.와의 계약으로 도서출판 (주)다빈치하우스가 소유합니다.
저작권법에 의하여 한국 내에서 보호를 받는 저작물이므로 무단전재와 무단복제를 금합니다.

확률이 이끈 지성
과학 그리고 인공지능의 세계

확률로 바라본
수학적 일상

장톈룽 지음
홍민경 옮김 · 김지혜 감수

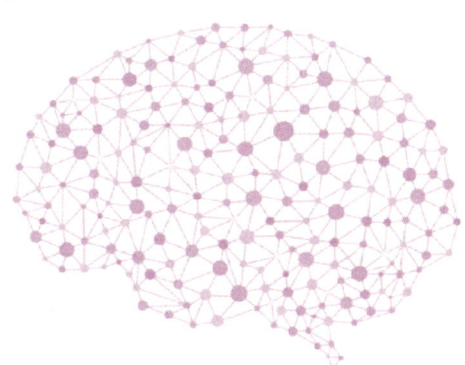

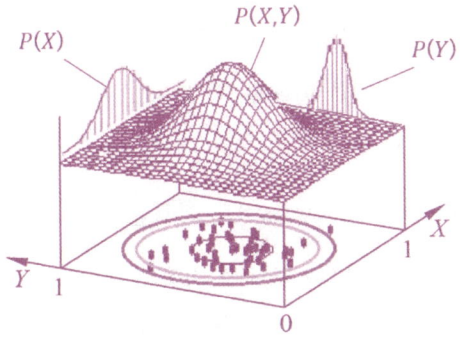

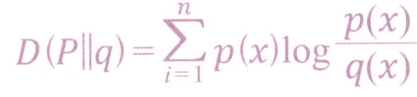

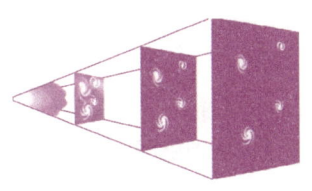

미디어숲

들어가며

이 책은 확률과 통계 및 응용에 흥미를 갖고 있는 비전문가 독자들을 위한 책이며, 첨단 과학 기술의 발전 속에서 확률과 통계의 개념을 이해하고 활용할 수 있도록 도움을 주는 데 초점을 맞추고 있다. 역설, 오류 그리고 흥미로운 수학적 사례를 길잡이로 삼아 독자의 흥미와 사고를 유도하고, 문제를 해결하는 과정에서 확률론의 기본 지식과 원리를 소개하며, 물리학, 정보론, 네트워크, 인공지능과 같은 기술 분야에서 확률이 어떻게 활용되는지 설명하고 있다.

이 책은 판돈 배분 문제, 도박사의 오류, 골턴의 핀 보드, 기하 확률의 역설, 술 취한 사람의 랜덤 워크 등 유명하고 흥미로운 확률 문제를 포함하고 있다. 이런 간단하면서도 흥미로운 예를 통해 독자들은 확률 변수, 기댓값, 베이즈 정리, 큰 수의 법칙, 중심 극한 정리, 마르코프 체인, 딥 러닝, 판별형과 생성형 등 통계의 중요한 개념을 이해할 수 있다.

'프랑스의 뉴턴'으로 알려진 수학자 라플라스(1749-1827)는 확률론을 겨냥해 다음과 같은 말을 남겼다. "이 학문은 도박의 운에서 비롯된 과학으로 인류 지식 속에서 가장 중요한 일부분이 될 것이며, 우리의 생활 속 대부분의 문제는 단지 확률의 문제가 될 것이다."

2백여 년이 지난 지금의 문명사회에서 라플라스의 예언은 정확히 적중했다. 이 세상이 불확실성으로 가득하다 보니 확률은 수학 분야의 중요한 한 분파로 자리매김했고, 확률의 기본 개념은 이미 우리의 일상에 깊이 스며들어 있다. 예를 들어 확률은 누구나 쉽게 살 수 있는 복권은 물론이고 한창 인기몰이 중인 각종 빅 데이터, 최근 급부상하고 있는 인공지능 기술에 이르기까지 다양한 분야에서 활용되고 있다. 특히 세계 최고 수준의 바둑 기사를 이긴 '알파고'를 시작으로 자동차 자율주행과 딥 러닝 기반 머신러닝 알고리즘, 인공지능 혁신의 이정표로 대표되는 ChatGPT 등은 모두 확률과 밀접하게 연관되어 있다.

따라서 모든 사람이 확률론을 배워 확률과 통계의 기본적인 이론과 개념을 이해할 필요가 있다. 세상은 무작위적일까? 확률은 현대 과학 및 인공지능에 어떻게 응용될까? 누구나 이런 궁금증의 답을 얻고 싶어 확률에 관심을 가져보지만, 복잡한 수학 계산은 마치 넘지 못할 산처럼 느껴질 때가 많다.

그래서 이 책에서는 복잡한 수학 공식을 피하고, 최대한 평이한 방식으로 확률과 통계의 난해한 개념을 더 쉽게 이해할 수 있도록 실제 사례를 들어 설명하는 데 주력했다.

역사는 깊은 통찰을 이끌어 내고, 독서는 지식과 지혜를 준다. 확률론은 본래 다양한 도박 게임 속에서 탄생했다. 그래서 이 책의 제1장은 확률론의 탄생 역사부터 시작해 고전적인 확률론에 등장하는 유명한 몇 가지 역설을 소개함으로써 큰 수의 법칙, 중심 극한 정리, 베이즈 정리 등 확률론의 기본 개념 및 응용에 대한 이해를 높였다.

제2장은 현대 확률론 및 응용 과정에서 가장 중요한 베이즈 학파를 주로 소개한다. 흥미로운 몬티 홀 문제는 고전적인 문제이지만 확률의 본질을 되짚어볼 수 있고, 이를 통해 확률론의 양대 학파로 불리는 '빈도학파와 베이즈 학파'의 논쟁을 소개하기에 더할 나위 없이 좋다. 확률론 서적의 대부분은 빈도학파의 관점과 업적을 중심으로 서술되어 있다. 하지만 이 책은 제1장에서만 고전 확률론(즉 빈도학파)의 기본 개념을 언급했을 뿐이고, 그 후로는 베이즈 학파의 상반된 사고방식이 책의 전체를 관통한다. 이것 역시 이 책의 특징 중 하나이다.

확률로 표현되는 확률 변수는 시간이 지남에 따라 어떻게 변할까? 이런 일련의 확률 변수로 구성된 '확률 과정'은 제3장에서 소개하고 있다. 듣기에도 생소한 확률 과정을 저자는 '술 취한 사람의 랜덤 워크'를 통해 일목요연하게 설명하며 이해를 돕고 있다.

제4, 5, 6장에서는 확률론이 통계, 물리, 정보론, 네트워크 이론에 어떻게 응용되는지에 대해 간략하게 소개하고 있다. 가르치기식의 말을 가급적 피하고, 지식을 이야기와 엮어 설명하며 독자에게는 이야기 속에서 문제를 해결하는 즐거움을 전달하고자 했다.

마지막 장에서는 인공지능 중에서도 가장 인기 있는 '심층 합성곱 신경망DCNN'을 간략히 소개한다. 비록 단편적인 내용에 불과하지만,

몇 가지 핵심 알고리즘을 통해 독자가 기계 학습의 놀라운 세계를 엿보기에 충분하다. 이 외에도 기계 학습의 판별 모델과 생성 모델을 간략히 비교하며, 미국의 인공지능 기업 오픈AI가 2022년 말에 출시한 ChatGPT의 기본 작동 원리를 설명하고 있다.

이 책은 읽기 쉬우면서도 깊이 있는 내용을 다루고 있어 다양한 교육 수준의 독자층이 모두 흥미를 갖기에 충분하다. 이 책에서 접할 수 있는 지식의 범위는 수학, 물리, 통신, 정보, 컴퓨터, 인공지능 등으로 광범위하며, 이 모든 것을 확률과 하나로 연결시켰다. 이 책을 통해 독자들이 확률과 통계를 더 빨리, 더 깊이 있게 이해해 생활과 사회에 두루 응용하기를 바란다. 이와 더불어 젊은이들이 게임과 흥미로운 질문 속에서 지식을 배우고, 그들이 기초과학, 인공지능 정보기술의 세계로 들어가는 데 이 책이 견인차 역할을 해 주기를 바란다.

지금의 사회는 모든 곳에 확률이 존재하고, 세상 만물이 모두 무작위이니 수많은 역설과 흥미로운 문제들이 우리의 분석을 기다리고 있다. 함께 이 책을 읽으며 궁금증을 풀고 흥미로운 확률 게임을 즐겨 보자!

저자 장톈룽

차례

들어가며   6

1   확률, 세상에서 가장 공정한 게임?

01 파스칼과 프랑스 수학자들: 확률론의 탄생   14
02 그럴듯하지만 틀렸다! 확률론의 역설   32
03 기하학적 확률과 베르트랑의 역설   41
04 직관을 의심하라: 회계 부정을 밝혀낸 확률의 힘   48
05 도박사의 오류: 확률과 큰 수의 법칙   59
06 어디서나 등장하는 종 모양 곡선: 중심 극한 정리   76

2   베이즈는 어떻게 생각할까?

01 몬티 홀 문제   98
02 확률은 도대체 무엇인가? 몬티 홀 딜레마에서 시작된 철학적 고찰   104
03 빈도주의 학파 vs. 베이즈 학파   109
04 주관과 객관 사이, 확률은 어디에?   121
05 양자역학은 무엇으로 구원받을 수 있을까?   129
06 베이즈 당구대 문제   141

3   확률이 춤춘다: 랜덤한 세계의 움직임

01 마르코프 체인(Markov chain)   152
02 술 취한 사람의 방황: 랜덤 워크의 수학적 모델   158
03 도박꾼의 파산과 새의 귀소   164
04 미립자의 방황: 브라운 운동   168

4 '엔트로피', 혼돈 속의 질서를 말하다

01 카르노에서 시작된 이야기: 재능을 시샘한 자연   182
02 열역학 무대에 혜성처럼 등장한 엔트로피   189
03 이름도 낯설고 성격도 까다로운 그 녀석   195
04 우주를 관통하는 시간의 화살   203
05 맥스웰의 도깨비   210

5 정보는 얼마나 어지러운가?: 정보 엔트로피 이야기

01 정보 세계에 뛰어든 엔트로피   220
02 엔트로피의 다양한 얼굴들   233
03 쥐와 독약 문제   238
04 공 모양이 다르다? 저울 문제   247
05 모든 달걀을 한 바구니에 담지 마라   256

6 인터넷과 확률이 만났을 때

01 거대한 네트워크 속 작은 세상   264
02 네트워크와 그래프 이론   267
03 네트워크는 얼마나 클까?   271
04 흥미로운 랜덤 빅 네트워크   275

7 인공지능과 통계, 생각하는 기계의 비밀

01 알파고의 세기의 대전   282
02 인공지능의 부침, 세 번의 흥망성쇠   286
03 은닉 마르코프 모델(HMM)   295
04 서포트 벡터 머신(SVM)   299
05 기계는 어떻게 '깊이' 학습하는가   302
06 ChatGPT, 통계를 말하다   311

1

확률,
세상에서 가장 공정한 게임?

주사위는 오래전부터 도박에 사용되었던 도구이고, 인류는 5천 년 전부터 그것을 사용했던 것으로 보인다. 주사위를 최초로 발명한 사람은 이집트인이지만, 다른 몇몇 고대 문명국가의 역사 속에도 독자적으로 발명한 유사한 물건들이 등장한다. 하지만 인류가 지난 몇천 년 동안 주사위를 이리저리 흔들고 던지며 가지고 놀았다고 해서 그 안에 숨겨진 심오한 수학적 비밀까지 온전히 이해한 것은 아니었다. 지금으로부터 4백여 년 전까지도 말이다.

01
파스칼과 프랑스 수학자들: 확률론의 탄생

17세기에 이탈리아에서 시작된 르네상스 운동이 이미 유럽을 휩쓸면서 프랑스에도 그 여파가 미쳤고, 그곳의 과학과 예술은 이때를 기점으로 눈부신 발전과 혁명의 역사를 새로 쓰기 시작했다. 당시 프랑스 수학계에는 인재들이 넘쳐났고, 그들은 흡사 하늘에 무수히 떠 있는 별처럼 찬란하게 빛을 뿜어댔다. 사람들은 프랑스를 수학의 나라라고 불렀고, 프랑스 역시 확률론의 본고장이라고 해도 전혀 손색이 없을 정도의 수학적 업적을 이뤄냈다.

17세기의 프랑스 수학을 논할 때 절대 빼놓을 수 없는 핵심 인물은 바로 마랭 메르센$^{Marin\ Mersenne}$(1588-1648)이다. 메르센은 수학자이지만, 그가 주로 공헌한 분야는 학술 방면이 아니었다. 사실 이 분야에서 그가 이룬 업적은 '메르센 소수' 하나뿐이었다.

프랑스의 농민 가정 출신인 메르센은 귀족은 아니었지만 과학을 사랑하는 수많은 귀족을 이어주는 가교 구실을 했다. 메르센은 젊은 시절 예수회 학교에 입학했고, 그곳에서 동창생인 데카르트를 만나 교류했으며, 1611년에 수도원에 들어가 프랑스 가톨릭 신부가 되었다. 1626년에 그는 파리에 있는 자신의 수도원을 과학자들의 모임 장소이자 정보 교류의 중심지로 만들었고, 이곳을 '메르센 아카데미'라고 불렀다([그림 1-1-1] 참조). 이렇게 인재를 연결하고 교류와 모임을 주도하던 '과학 살롱'은 바로 훗날 계몽 군주 루이 14세가 설립하고 후원을 아끼지 않았던 '파리 왕립 과학원'의 전신이다([그림 1-1-2] 참조). 이것만 봐도 메르센은 프랑스 과학(특히 수학)의 발전을 위해 막대한 공헌을 한 인물임이 틀림없다.

[그림 1-1-1] 메르센과 메르센 아카데미의 일부 수학자들

[그림 1-1-2] 유화: 1666년, 콜베르가 루이 14세에게 파리 왕립 과학원의 멤버를 소개하는 장면(위키 백과의 프랑스 과학 아카데미 항목에서 인용함)

메르센은 박학다식하고 재능이 넘쳐났을 뿐 아니라 성격마저 사교적이어서 누구하고도 잘 어울렸다. 그 덕에 그의 주변에 우수한 학자들이 빠르게 모여들었고, 그들은 정기적으로 수도원에서 모임을 가졌다. 또한 당시 메르센 과학 살롱의 회원들은 자주 서신을 통해 서로 연락을 주고받거나 메르센과 개별적으로 연락을 취하며 연구 성과와 새로운 생각을 보고하고 교류했다. 그래서 사람들은 이 살롱을 '이동하는 과학 저널'이라고 불렀다.

메르센이 세상을 떠난 후 그의 유산 중에 78명의 학자와 주고받은 귀중한 서신이 있었고, 그중 데카르트, 갈릴레오, 페르마, 토리첼리, 하위헌스 등 다양한 분야에서 활동하는 유럽 각국의 과학자들이 포함되어 있었다. 특히 데카르트는 20여 년 동안 네덜란드에서 은둔 생활을 하며 철학, 수학, 물리학, 생리학 등 다양한 분야의 수많은 주요 저서를 완성했는데, 이 기간에 그와 정기적으로 서신을 주고받은 사람은 메르센 단 한 명뿐이었다.

우리가 익히 알고 있는 르네 데카르트 René Descartes(1596-1650)가 바로 '나는 생각한다, 고로 존재한다.'라는 말로 유명한 현대 철학의 아버지이자 해석 기하학 Analytical Geometry의 창시자이다. 데카르트는 프랑스 북부의 투렌 Touraine 지방에서 태어났다. 그의 아버지는 그 지역 고등 법원 평정관이었고, 어머니는 그를 낳고 1년이 조금 넘은 시기에 폐결핵으로 사망했다. 안타깝게도 그 역시 당시 불치병으로 분류되었던 폐결핵에 전염되고 말았고, 몸이 약하고 병치레가 잦았던 어린 데카르트는 모두의 과도한 보살핌 속에서 성장했다.

메르센과 가까웠던 또 다른 인물은 프랑스 수학자 블레즈 파스칼 Blaise Pascal(1623-1662)이다. 그는 프랑스 중부의 작은 도시 클레르몽페랑의 하위 귀족 가문에서 태어났다. 파스칼은 데카르트보다 27살이나 어렸지만, 두 수학자의 어린 시절만큼은 꽤 닮아 있었다. 두 사람은 모두 어머니를 일찍 여의었고, 부유한 가정에서 자랐으며, 몸이 허약했고, 신동이라고 불릴 정도로 뛰어난 재능을 타고났다. 사실 두 사람은 어린 시절뿐 아니라 학문적으로도 공통점이 꽤 많았다. 그들은 관심 분야가 광범위하고 박학다식했으며, 수많은 과학 분야에서 걸출한 공헌을 했을 뿐 아니라 인문과 철학 분야에서도 뛰어난 성과를 거두었다. 게다가 세상에 이름을 널리 알린 후에 두 사람은 약속이라도 한 듯 은둔에 가까운 생활을 선택했다.

파스칼은 39세의 젊은 나이에 파리에서 세상을 떠났고, 데카르트는 54세에 사망했다. 그러나 이 '현대 철학의 아버지'의 죽음은 상당히 흥미로우면서도 논란의 여지가 있는 사건으로 회자되고 있다. 데카르트는 원래 '편안하고 평온한' 은둔 생활을 추구하고자 했고, 그가 평생 이어온 습관은 '늦잠 자기'와 따스한 이불 속에 누워 수학과 철학 문제를 생각하는 것이었다. 그의 해석 기하 좌표 개념 역시 '세 개의 기이한 꿈'을 꾼 후 영감을 얻은 것이라고 알려졌다. 그러나 데카르트는 말년에 스웨덴 크리스틴 여왕의 눈에 띄는 바람에 아침마다 그녀를 알현하고 철학 강의를 해야 했다. 여왕이 일찍 일어나는 것을 좋아했기 때문에 이미 오십이 넘은 데카르트는 가련하게도 오랜 세월 길들여져 있던 일과 휴식의 습관을 깰 수밖에 없었다. 그는 여왕을 위해 매일 새벽에 일어나 5시에 수업을 해야 했고, 결국 많은 눈이 내리는 혹독한 북유럽의 겨울 날씨에 적응하지 못한 채 1650년 폐렴으로 세상을 뜨고 말았다.

프랑스 남부에서 살던 유명한 변호사이자 아마추어 수학자 피에르 드 페르마$^{Pierre\ de\ Fermat}$(1601-1665) 역시 서신을 통해 메르센을 포함한 다른 동료들과 연락을 유지해 왔다. 그의 수학적 성과 중 많은 부분이 이 서신을 통해 탄생했다.

네덜란드의 크리스티안 하위헌스$^{Christiaan\ Huygens}$(1629-1695)도 저명

한 물리학자, 천문학자이자 수학자였다. 그는 한때 데카르트의 가르침을 받았고, 훗날 서신으로 교류하며 메르센 아카데미에서 활약하는 중요한 인물이 되었다. 메르센이 사망한 후 파리 왕립 과학원이 설립되면서 그가 초대 회장을 맡게 되었고, 그 후로 파리에서 20년 가까이 머물렀다.

신동 파스칼

재능이 넘쳐흘렀던 파스칼은 메르센 아카데미 모임에 참가했을 때 고작 14세였고, 당시 데카르트는 이미 불혹을 넘긴 나이였다. 두 사람은 비슷한 출신 배경에도 불구하고 마치 약간의 질투심이 섞여 있기라도 한 것처럼 서로 잘 화합하지 못했다.

과학 신동 파스칼은 11살이 되던 해에 신체의 진동이 만들어 내는 소리와 관련된 글을 쓸 정도로 천재성을 발휘했다. 당시 법원에서 세무 감독관으로 일하며 세금을 계산하고 감독하던 그의 아버지는 아들이 라틴어와 그리스어 공부를 소홀히 할까 봐 걱정되어 15세가 되기 전까지 수학적 지식의 습득을 금지할 정도였다.

그러던 어느 날 12세 소년 파스칼은 목탄 한 조각을 들고 바닥에 그림을 그리며 유클리드 기하학의 32번째 명제, 즉 삼각형 내각의 합이 두 직각과 같다는 것을 증명했다. 이 일은 그의 아버지가 생각을 바꾸는 계기가 되었다. 그날 이후 그는 파스칼이 계속해서 혼자 기하 문제에 몰두할 수 있도록 놔두었고, 나중에는 그를 데리고 메르센 아카데미에서 매주 한 차례 열리는 과학자 모임에 참가하기도 했다.

파스칼은 16세에 신비한 육각형이라고 불리는 짧은 논문 「원뿔 곡선에 관한 전문적 논의」를 썼다. 그는 논문을 통해 원뿔 곡선에 내접하는 육각형 대변(마주 보는 변)을 연장했을 때 그 교점이 한 직선 위에 있다는 것을 증명했고, 이 결론은 '파스칼의 정리'라는 명칭으로 우리에게도 잘 알려져 있다([그림 1-1-3(a)] 참조). 그의 논문은 메르센 신부에게 보내졌고, 데카르트를 제외한 수많은 학자로부터 극찬을 받았다. 데카르트는 파리에서의 모임에 자주 참석하지 않았지만 파스칼의 원고를 본 뒤, 그것이 16세 소년의 머릿속에서 나올 수 있는 내용이라고는 도저히 믿을 수 없었다. 처음에는 그의 아버지가 대신 쓴 것이라 여기며 사실을 받아들이기를 거부했다. 그 후 메르센이 나서서 그 논문을 어린 파스칼이 직접 썼다고 거듭 보증했는데도 불구하고 그는 여전히 무시하는 태도로 어깨를 으쓱이며 별로 대단할 것도 없다는 듯한 태도를 보여주었다. 그러나 실제로 파스칼의 정리는 사영기하학Projective geometry의 초기 발전에 큰 추진력을 제공하였으며, 사람들에게 사영기하학의 심오하고, 아름답고, 직관적인 일면을 보여줄 수 있는 계기가 되었다.

또한 파스칼은 물리 문제를 연구하는 것도 좋아해서 진공과 대기압의 특성에 관한 실험을 진행하기도 했다. 1640년대에 갈릴레오의 제자

토리첼리Torricelli(1608-1647)는 수은 기둥을 이용해 기압을 측정하는 방법을 발명했고, 1기압의 압력으로 수은 기둥을 76㎝까지 밀어 올릴 수 있다는 것을 확인했다. 이 실험 결과를 토대로 당시 물리학자들 사이에서 대기 압력과 공기 중량의 문제를 둘러싼 연구와 논의가 활발하게 이루어졌다. 젊은 파스칼은 먼저 토리첼리의 실험을 재현한 후 한 걸음 더 나아가서 기압계를 높은 탑 꼭대기에 두면 공기가 더 희박해지기 때문에 수은 기둥의 상승 높이가 76㎝보다 낮아질 것으로 추측했다. 여기서 공기가 더 희박해지는 것은 바로 '진공' 상태에 가까워지는 것을 의미했다. 파스칼은 그의 생각을 증명하기 위해 실험을 계획했다.

1647년 때마침 데카르트는 모처럼 파리를 방문해 이 젊은 천재와 만남을 가졌다. 이 만남은 두 사람의 처음이자 마지막 만남으로 알려져 있다. 데카르트는 파스칼의 일부 관점에 동의했지만, 진공의 존재 여부를 증명하기 위한 실험이나 연구에 대해서만큼은 반대 입장을 고수했다. 데카르트는 진공의 존재를 부정했고, 실험을 통해 증명할 수도 없다고 여겼다. 그 후 그는 다른 이들에게 "그 친구는 머릿속에 진공이 너무 많아."라며 파스칼을 에둘러 조롱했다. 그러나 그 만남에서 젊은 파스칼은 자신의 주장을 굽히지 않았고, 데카르트의 권위에도 조금도 주눅 들지 않았다. 그는 데카르트의 일부 철학적 관념을 반박하며, '정신은 자기만의 사유 방식을 가지고 있고, 이것은 이성이 제약할 수 없는 것이다.'라는 말을 남겼다.

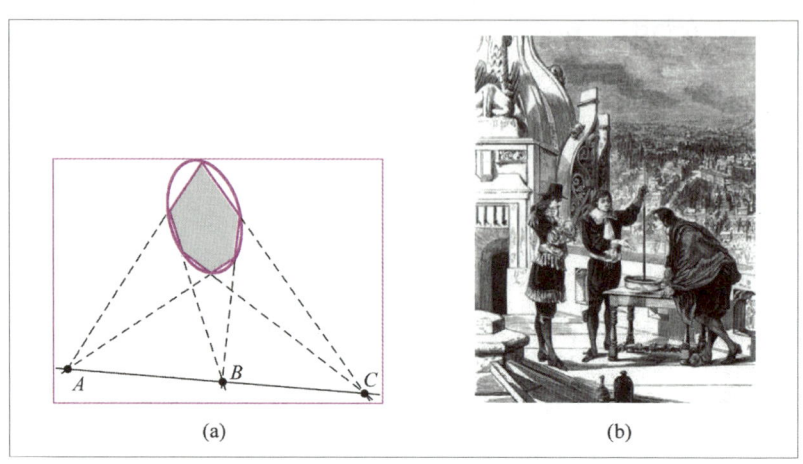

[그림 1-1-3] 파스칼이 연구한 기하와 물리
(a) 파스칼 정리: 점 A, B, C는 모두 한 직선 위에 존재 (b) 파스칼의 기압 실험

    1648년 9월 19일 파스칼의 매형은 당시 휴화산이었던 퓌드돔$^{\text{puy de}}$ $_{\text{Dôme}}$으로 올라가 파스칼의 설계에 따라 기압계 실험을 진행했고, 이 실험을 통해 산기슭과 산 정상에서 측정한 기압계 수은 기둥의 높이 차이가 무려 3.15인치(약 8㎝)나 된다는 사실을 밝혀냈다. 파스칼 자신도 파리에 있는 52m 높이의 탑 꼭대기로 올라가 유사한 실험을 반복했다([그림 1-1-3(b)] 참조). 이 실험은 수은 기둥의 높이가 해발 고도의 높낮이에 따라 증감한다고 주장했던 파스칼의 가설을 입증하며 당시 과학계에 큰 파장을 불러일으켰다. 그 후 사람들은 파스칼의 공헌을 기념하기 위해 기압의 단위를 파스칼의 이름을 따서 '파^{Pa}'라고 명명했다.

    그 뒤로도 몇 년 동안 파스칼은 액체 압력의 법칙을 연구하기 위해 다양한 물리 실험을 진행했고, 아울러 여러 발명에서 중대한 성과를 거두었다. 파스칼은 이런 실험들을 종합해 1654년에 「액체의 평형에 관하여」라는 논문을 발표했고, 밀폐된 공간 안에서 액체의 특정 부분에 압력이 가해지면 그 압력이 액체 전체에 균일하게 전달된다는 법칙을 제기했다. [그림 1-1-4(a)]에서 보여주듯 왼쪽 피스톤은 액면 면적(A_1)이 비교적 작고, 오른쪽 피스톤의 액면 면적(A_2)은 왼쪽의 10배($A_2=10A_1$)이다. 만약 왼쪽 피스톤에 그다지 크지 않은 압력 F_1을 가하면 압력의 강도 P가 액체를 통해 왼쪽에서 오른쪽으로 균일하게 통과할 수 있기 때문에($P_1=P_2$) 왼쪽 액면에서 F_1보다 10배 큰 상승력($F_2=P_2A_2=10F_1$)을 얻게 된다. 지금 보면 너무나 간단해 보이는 원리이지만, 당시 이 원리를 발견하지 못했다면 유압 크레인 및 모든 유압 기계의 발명을 위한 기반 작업은 불가능했을 것이다.

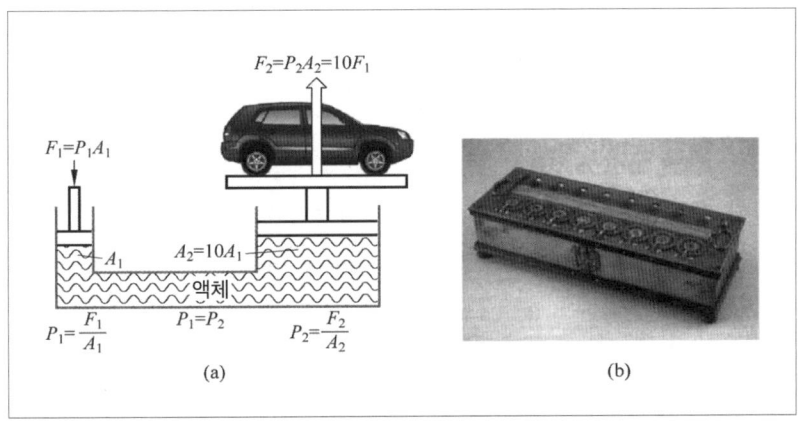

[그림1-1-4] 파스칼 원리와 계산기
(a) 파스칼 원리를 응용한 유압 크레인 (b) 파스칼이 발명한 기계식 계산기

파스칼의 중요한 발명 가운데 빼놓을 수 없는 것 중 하나가 바로 그가 고안한 계산기이다. 파스칼은 세무사로 일하는 아버지를 도와 수입과 지출을 중복 계산하는 노고를 덜어주기 위해 만 19세의 나이에 이 계산기를 발명했다. 비록 이것은 거대하고 무겁고 사용하기 어려울 뿐 아니라 덧셈과 뺄셈밖에 할 수 없지만, 최초로 계산 기계의 개념을 확립한 기계식 계산기 중 하나로 꼽힌다. 이 계산기가 바로 우리가 지금 흔히 사용하는 전자계산기의 조상인 셈이다([그림 1-1-4(b)] 참조).

건강이 좋지 않았던 파스칼의 심신은 장기간 병마와 싸우며 서서히 지쳐갔다. 누군가는 그 당시의 병적인 종교적 분위기가 파스칼의 영혼을 유난히 예민하게 만드는 데 일조했다고 말한다. 요컨대 파스칼은 삶의 마지막 몇 년 동안 더는 과학적 연구를 진행하지 않았고, 신학과 철학에 모든 시간을 쏟아부었다. 그 기간에 그는 프랑스 대문호 볼테르로부터 '프랑스 최초의 산문 걸작'이라는 찬사를 받았던 『사상록』을 썼다. 사상의 불꽃이 사방에서 튀는 듯한 이 문집에서 파스칼은 낭만적이고 간결하며, 물처럼 맑고 명료한 문필로 종교와 철학 문제를 탐구했다. 데카르트의 논리가 이성적이고 계산적이었던 반면에, 파스칼은 영혼의 논리, 즉 '사상이 인간의 위대함을 형성한다(파스칼의 유고집 『팡세』에서 발췌)'라고 제기했다. 애석하게도 이 책이 완성되기도 전에 파스칼은 서른아홉 살의 나이로 갑자기 세상을 떠나 진정으로 그의 신을 찾으러 천국으로 떠났다.

파스칼은 수학 영역에서도 위대한 공헌을 했다. 그는 페르마와 함께 확률이라고 불리는 이 중요한 수학 분과를 개척했다. 이제 확률론의 탄생에 관해 이야기해 보자.

확률론의 탄생

당시 유럽의 수많은 국가에서는 귀족들 사이에 도박이 성행했고, 도박 방식은 주사위나 동전을 던지는 식으로 꽤나 단순했다. 그러나 이렇게 간단한 도구 속에 놀랍게도 독특한 수학적 원리가 숨겨져 있었다. 그것은 바로 게임의 결과가 독특한 유형의 변수와 관련이 있다는 점이다. 예를 들어 동전에는 앞뒷면이 있고, 바닥에 던졌을 때 앞면이 나오거나 뒷면이 나올 수도 있다. 어느 쪽이 나올지 무작위적이고 예측하기 어렵지만, 일정한 확률로 나오므로 이를 '확률 변수random variable'라고 부른다. 현재 우리는 확률 변수 및 그 확률을 연구하는 수학 이론을 '확률론'이라고 부른다.

당시 드 메르라는 프랑스 귀족이 주사위 던지기 놀이를 하던 중에 이와 관련된 수학 문제를 생각해 냈다는 설도 있다. 그는 도저히 풀리지 않는 문제가 생기자 똑똑하기로 소문난 파스칼을 찾아가 가르침을 청했다. 1654년 그는 파스칼에게 자신이 직접 겪었던 '판돈 배분 문제'에 대한 조언을 구했다. 그 사연은 대충 이렇다. 드 메르와 그의 도박 파트너는 각자 32개의 금화를 꺼내 총 64개의 금화를 판돈으로 걸고 내기를 했다. 주사위를 던져서 그 결과가 '6'이 나오면 드 메르가 1점을 얻고, '4'가 나오면 상대방이 1점을 얻는 방식으로 진행되며, 10점을 먼저 얻는 사람이 판돈 금액을 전부 가져가기로 했다. 도박이 한동안 진행된 후 드 메르는 이미 8점을 얻었고, 상대방도 7점을 기록했다. 그런데 이때 드 메르는 당장 국왕을 모시고 외빈을 접견하라는 긴급 명령을 받게 되었고, 그는 어쩔 수 없이 도박을 중단할 수밖에 없었다. 그렇다면 남은 문제는 이 64개의 금화를 합리적으로 배분하는 것뿐이었다. 과연 어떤 방식이 합리적일까?

이것은 실제로 15, 16세기에 이미 제기된 적이 있는 '판돈 배분 문제'이다. 즉, 도박이 중단되었을 때 그 판돈을 어떻게 배분해야 할지를 결정해야 했다. 사람들은 다양한 방식을 제안했지만 다수가 인정하는 합리적인 답은 나오지 않았다.

위에서 언급한 드 메르의 도박을 예로 들어보자. 도박이 중단되었을 때 승패를 고려하지 않고 판돈을 원래대로 돌려주는 것은 그 도박을 무효로 만드는 것과 같다. 이기고 있던 사람에게 판돈을 전부 주는 것도 불공평하다. 당시 드 메르는 상대방보다 1점을 앞서 있었지만 승리까지 2점이 더 필요했고, 상대방은 3점을 뒤져있었다. 만약 계속 도박을 진행했다면 상대방도 이길 가능성이 있었다.

파스칼은 이 문제에 상당한 흥미를 느꼈다. 직관적으로 말하면 위에서 말한 두 가지 방법은 누가 봐도 불합리하다. 도박이 중단되었을 때

드 메르는 상대방보다 좀 더 많은 돈을 받아야 마땅했다. 그렇다면 도대체 얼마를 더 받아야 했을까? 어떤 사람은 당시 두 사람의 점수 비율을 기준으로 계산했을 때 드 메르가 8점, 상대방이 7점이니 드 메르가 전체 판돈의 $\frac{8}{15}$, 상대방이 $\frac{7}{15}$을 받아야 한다고 제안했다. 하지만 이런 식의 나누기 방법에도 문제가 있었다. 예를 들어 갑과 을 쌍방이 게임을 한 판만 하고 중단했다면, 갑은 1점, 을은 0점을 얻는다. 위에서 언급한 분배법에 따라 갑이 판돈의 전부를 가져가는 것도 지극히 불합리한 분할법이다.

파스칼은 도박이 중단되었을 때 판돈의 분배 비율이 당시 승패의 상태 및 쌍방이 약속한 최종 판단 근거의 차이와 관련이 있어야 한다고 직감적으로 깨달았다. 예를 들어 드 메르는 이미 8점을 얻었고, 10점까지 2점만을 남겨두고 있었다. 반면에 상대방은 7점을 얻었고 10점까지 3점이 모자랐다. 그래서 파스칼은 도박을 중단하는 그 '시점'부터 시작해서 도박을 계속할 때 발생하는 모든 가능성에 대해 연구해야 한다고 판단했다. 이 문제를 가능한 한 빨리 해결하기 위해서 파스칼은 프랑스 남부에 거주하는 페르마와 서신을 주고받으며 토론을 진행했다. 페르마는 순수 수학을 연구하는 수론 전문가답게 '드 메르의 문제' 중에서 도박을 계속할 경우 나올 수 있는 다양한 결과를 빠르게 도출해 냈다.

드 메르의 원래 문제가 주사위를 던져서 '6'이나 '4'가 나올 때 점수를 1점씩 주고받는 방식이었다면 이것을 동전 던지기로 단순화시킬 수 있다. 갑과 을 두 사람이 각각 판돈을 10원씩 걸고 동전을 던져서 갑이 '앞면', 을이 '뒷면'에 걸고, 승자가 나올 때마다 1점을 주며 먼저 10점을 채운 사람이 승자가 되어 판돈을 가져간다. 만약 '갑 8점, 을 7점'이 되었을 때 도박이 중단된다면 20원의 판돈을 어떻게 분배해야 할까? [그림 1-1-5(a)]는 페르마의 분석 과정을 보여준다. 도박의 중단 시점부터 출발해서 갑과 을의 최종 승패를 결정하기 위해 동전을 4번 더 던져야 한다. 이 4번의 무작위 동전 던지기를 하게 되면 16개의 가능한 결과가 동일한 확률로 발생한다. '갑의 승리'를 위해서는 결과에서 2번의 '앞면'이 나와야 하고, '을의 승리'를 위해서는 결과에서 3번의 '뒷면'이 나와야 한다. 그래서 16가지의 결과를 보면 열한 개는 '갑의 승리'이고, 다섯 개는 '을의 승리'이다. 다시 말해서 도박이 중단되지 않고 중단된 시점부터 계속해서 진행된다면 갑이 승리할 확률은 $\frac{11}{16}$, 을이 승리할 확률이 $\frac{5}{16}$라고 계산해 낼 수 있다. 도박이 중단되면서 양측은 판돈을 전부 손에 넣을 기회를 잃게 되므로, 이러한 비율에 따라 판돈을 분배하는 것이 합리적인 방법이다. 그래서 페르마의 분석에 따르면 갑은 20원 × $\frac{11}{16}$ = 13.75원, 을은 나머지에 해당하는 20원 × $\frac{5}{16}$ = 6.25원을 받아야 한다.

파스칼은 페르마의 명확한 계산 방식을 적극 지지했으며, 페르마와 완전히 달랐던 그의 계산 방식도 결과적으로 옳았다는 것이 그 덕에 검증되었다. 파스칼은 이 문제를 해결하는 과정에서 이산 확률 변수의 '기댓값' 개념을 제기했다. 기댓값은 확률에 가중치를 부여한 후 얻어지는 평균값을 말한다. [그림 1-1-5(b)]는 파스칼이 갑이 받고자 '기대'하는 판돈이 13.75원이라고 계산한 것으로 페르마와 동일한 결과 수치이다.

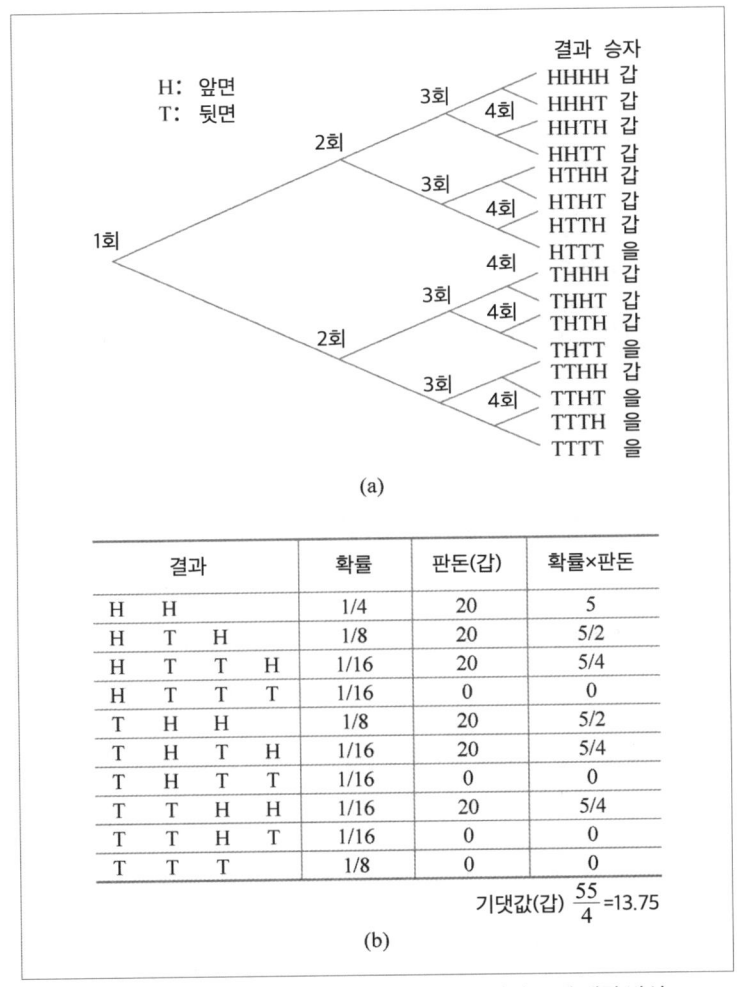

[그림 1-1-5] 페르마와 파스칼의 점수 분배에 관한 문제 해결 방식
(a) 페르마가 도출한 분배 비율
(b) 파스칼이 도입한 기댓값의 개념을 이용한 계산 결과(갑)

'기대'는 확률론에서 중요한 개념이고, 기댓값은 확률 분포의 중요한 특징 중 하나로 도박과 관련된 계산에서 자주 사용된다. 미국 카지노에 있는 룰렛을 예로 들어보자. 룰렛 게임판에는 38개의 숫자가 있고, 각 숫자의 당첨 확률은 모두 $\frac{1}{38}$이다. 고객이 판돈(예를 들어 1달러)을 그중 한 개의 숫자에 걸고 당첨이 되면 35배의 상금(35달러)을 받지만, 그렇지 않으면 판돈은 모두 사라지고 만다. 즉, 1달러를 잃게 된다. 그렇다면 이 게임에서 고객이 이길 '기댓값'을 어떻게 계산할 수 있을까?

기댓값에서 정의한 '확률 가중 평균'에 따라 계산해 보면 [그림 1-1-6]과 같은 계산 결과가 나온다. 고객이 이기는 기댓값은 음수이고 약 -0.0526달러와 같다. 다시 말해서 도박꾼의 입장에서 볼 때 평균 1달러를 걸 때마다 5센트를 잃게 되며, 이것은 카지노가 5센트를 따는 것과 같으므로 카지노는 영원히 돈을 잃을 리 없다!

주사위 던지기에 대한 연구를 통해 파스칼은 '기대'라는 개념을 도입했을 뿐 아니라 '파스칼의 삼각형(고대 중국 서적에 기록된 '양휘삼각형'과 동일, [그림 1-1-7])'을 발견했다. 양휘의 발견은 파스칼보다 수백 년 앞섰지만, 파스칼은 이 삼각형을 확률, 기댓값, 이항 정리, 조합 공식 등과 연결했고, 페르마와 함께 현대 확률 이론의 기반을 다졌으며, 수학의 발전을 위해 탁월한 공헌을 했다.

1657년 네덜란드 과학자 하위헌스는 파스칼과 페르마의 업적을 기반으로 『도박 계산에 관하여』라는 책을 썼고, 이 책은 확률론을 체계적으로 논한 최초의 책으로 여겨지고 있다. 그러나 사람들은 여전히 확률론의 탄생일을 파스칼과 페르마가 서신을 교류하기 시작한 1654년 7월 29일로 보고 있다.

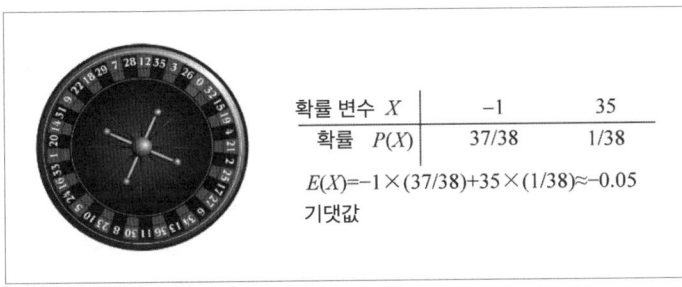

[그림 1-1-6] 카지노 룰렛 판에 대한 도박꾼의 기댓값

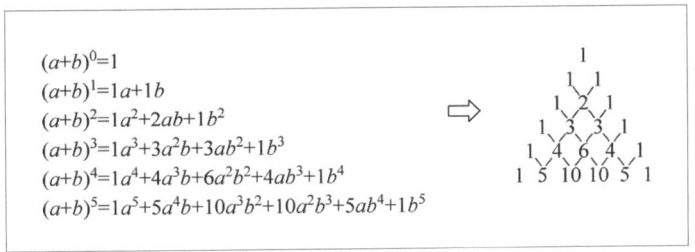

[그림 1-1-7] 파스칼의 삼각형

02
그럴듯하지만 틀렸다! 확률론의 역설

지금 '확률'이라는 말은 우리 생활 곳곳에서 등장하고 있고, 빠르게 변하는 세상 속에서 점점 더 광범위하게 자주 사용되고 있다. 모든 것이 변하고 있고, 그만큼 결정하기도 어려워지고 있다.

우리가 사는 세상은 다양한 변수들로 이루어져 있다. 뉴스에서 "한국 시간으로 2023년 5월 25일 18시 24분에 누리호가 고흥에서 성공적으로 발사되었습니다."라고 말한다면 이 시간과 장소는 모두 확실한 결정적 변수이다. 그렇지만 우리 생활 속에는 확정 짓기 어려운 변수들도 셀수 없이 많다. 내일 스모그의 농도 혹은 특정 회사의 주가 등은 모두 불확실한 확률 변수에 해당한다. 확률 변수는 고정된 수치로 표시할 수 없기 때문에 어떤 수치가 발생할 확률을 이용한다.

이런 변수가 도처에 존재할수록 '확률'이라는 말도 여기저기서 자주 들릴 수밖에 없다. 오늘 비가 오는지 알고 싶어 TV를 켜고 일기 예보를 보면 기상캐스터는 "오늘 아침 8시에 '비가 올 확률'은 90%입니다."라고 말한다. 휴대폰으로 특정 주식의 예상 주가를 검색했을 때도 당신이 얻을 수 있는 정보는 3개월 후에 두 배로 뛸 확률이 67% 정도 된다는 확률에 근거한 대답일 뿐이다. 당신이 기대감에 차서 5만 원짜리 복권을 샀는데 친구는 당첨될 확률이 고작 1억분의 1에 불과하다고 말하고, 당신의 팔에 육종이 생겼을 때 의사는 그 혹이 악성일 확률이 0.03%에 불과하다고 말하며 안심시킨다. 이런 식으로 우리의 생활 속에서 '확률'이라는 말은 너무나도 자주 등장해서 깊이 생각하지 않아도 그 뜻이 무엇인지 대충 알 수 있을 정도이다. 예를 들어 육종이 악성일 확률이 0.03%라는 말은 만 개의 육종 중에서 단 세 개만이 악성으로 판정 난다는 것과 같다. 그래서 고전적인 의미에서 확률은 대략 사건 발생의 빈도로 정의될 수 있었다. 즉, 발생 횟수와 총횟수의 비율이다. 더 정확히 말하자면 총횟수가 한없이 커질 때, 이 비율의 극한값이 확률이다.

비록 '확률'의 정의가 이해하기 어렵지 않고 누구나 사용할 수 있을 것처럼 보인다 해도, 확률 계산의 결과가 우리의 직관을 위배하는 경우가 많다는 사실을 간과해서는 안 된다. 확률론으로도 설명하기 어렵고, 그럴듯해 보이지만 사실과 다른 역설들이 곳곳에 존재하기 때문이다. 그렇다고 직관을 맹신해서도 안 된다. 우리의 대뇌는 오류와 맹점을 만들어 낼 수 있다. 자동차 운전자의 시각에는 '맹점'이 있고, 여러 개의 거울을 통해 이 맹점이 야기하는 사각지대를 극복해야 한다. 이와 마찬가지로 우리의 사고 과정에도 맹점이 존재하므로 계산과 사고를 통해 그 단점을 보완해야 한다.

확률론은 직관과 위배되는 기괴한 결론이 자주 등장하고, 수학자들조차도 자칫 잘못하면 사소한 실수 하나로 아주 틀린 답을 내기도 하는 분야이다. 이제 우리는 예를 통해 고전적 확률에 등장하는 '기저율 오류 base rate fallacy'로 불리는 하나의 역설을 설명해 보고자 한다.

생활 속 사례를 하나 들어보겠다. 철수는 특정 질병에 걸렸을 가능성을 확인해 보기 위해 병원에서 검사를 받았다. 그 결과 양성이 나왔고, 그는 큰 충격에 휩싸인 채 곧바로 온라인으로 관련 정보를 검색해 보았다. 검색 결과를 보니 모든 검사에는 오류가 존재하고, 이런 검사의 경우 '1%의 위양성률(거짓 양성)과 1%의 위음성률(거짓 음성)'의 오차가 있다고 나왔다. 이 말인즉슨 실제로 질병에 걸린 사람 중 검사 결과가 음성으로 잘못 나오는 경우가 1%, 나머지 99%는 양성 결과가 정확히 나오는 것이다. 반대로, 질병에 걸리지 않은 사람 중에서도 검사 결과가 양성으로 잘못 나오는 경우가 1%, 나머지 99%는 음성으로 제대로 나온다는 것이다. 그래서 철수는 이 정보를 토대로 자신이 이 병에 걸렸을 가능성(즉 확률)이 99%라고 추정했다. 그는 '거짓 양성이 1%에 불과하고, 나머지 99%는 진짜 양성이라면, 양성이 나온 내 경우도 당연히 99% 확률로 진짜겠지.'라고 판단한 것이다.

그러나 의사는 그가 일반 그룹 안에서 병에 감염될 확률은 약 0.09(9%)에 불과하다고 말했다. 어떻게 이런 결과가 나온 것일까? 철수의 판단은 도대체 어디에서 오류가 발생한 것일까?

의사는 이렇게 말했다. "99%요? 감염 확률이 그렇게 높다는 게 말이 됩니까? 99%는 검사의 정확도이지 당신이 병에 걸릴 확률을 말하는 게

아닙니다. 아무래도 이 점을 간과하신 것 같군요. 이런 병에 걸릴 확률은 그리 높지 않고, 천 명 중 한 명꼴이라고 보시면 됩니다."

알고 보니 이 의사는 의학뿐 아니라 수학에도 관심이 많아 확률적 방법을 의학에 접목하는 데에 일가견이 있었다. 그의 계산 방식을 보면 대략 다음과 같다. 검사의 오류는 1%로 1,000명 중 10명이 가짜 양성으로 보고된다. 전체 인구 중 이런 병에 걸리는 사람의 비율(1/1000=0.1%)을 토대로 진짜 양성은 단지 한 명뿐이라는 것이다. 그래서 검사에서 양성 반응을 보인 11명 중에서 한 명만이 진짜 양성(유병자)에 해당된다. 이런 이유로 철수가 감염되었을 확률은 대략 $\frac{1}{11}$, 즉 0.09(9%)이다.

철수는 아무리 생각해 봐도 여전히 혼란스러웠지만, 이 일은 그가 이전에 배웠던 확률론을 다시 공부해 보는 계기가 되었다. 그는 확률론을 몇 번이고 반복해서 읽고, 의사의 계산법을 다시 되짚으며 따져보고 나서야 자신이 '기저율 오류'라 불리는 실수를 저질렀다는 것을 깨달았다.

기저율 오류를 논하기에 앞서 우리는 먼저 확률론 분야에서 유명한 '베이즈 정리'부터 시작하는 것이 가장 좋다. 토머스 베이즈 Thomas Bayes(1702-1761)는 영국의 통계학자이자 목사였다. 그의 베이즈 정리는 확률론과 통계학에 지대한 공헌을 했고, 지금의 인공지능에서 일반적으로 사용되는 기계 학습의 기본 틀로 쓰이고 있다. 그 생각의 깊이는 일반 사람들이 인지할 수 있는 것보다 훨씬 더 심오하고, 어쩌면 베이즈 자신도 생전에 이런 것까지 인지하지 못했을지 모른다. 이런 중요한 성과에도 불구하고 그는 생전에 이것을 발표하지 않았고, 그가 죽은 후인 1763년이 되어서야 그의 친구를 통해 세상에 공개되었다.

대략적으로 말하자면, 베이즈 정리는 두 사건 A와 B의 상호 작용과 연관되어 있다. 한마디로 요약하자면 B가 가져온 새로운 정보를 이용해 B가 존재하지 않을 때 A의 '사전 확률' $P(A)$를 어떻게 수정하고, 이로부터 B가 존재할 때의 '조건 확률' $P(A|B)$, 혹은 '사후 확률'을 알아내는 것이다. 이 공식은 다음과 같다([그림 1-2-1] 참조).

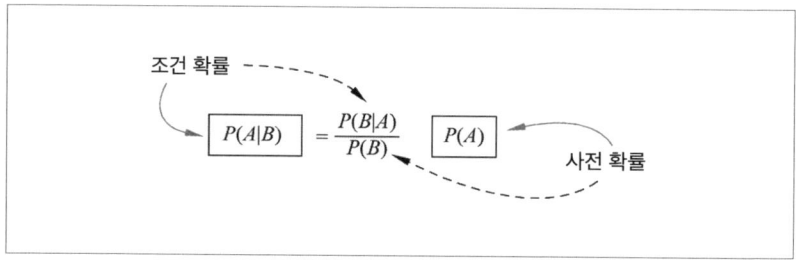

[그림 1-2-1] 조건 확률과 사전 확률

여기서 말하는 사전, 사후의 정의는 관습적으로 정해진 규칙이며 상대적이다. 예를 들어 A, B를 뒤집어 말해도 상관없다. 즉, B의 사전 확률 $P(B)$로부터 B의 '조건 확률' $P(B|A)$를 어떻게 얻을지는 [그림 1-2-1]의 실선이 가리키는 바를 확인해 보면 된다.

공식에 겁먹지 말자. 예시를 통해 하나씩 차근차근 이해해 나갈 수 있다. 앞에서 이미 언급한 철수의 사례를 다시 들어보자. 사건 A는 '철수가 특정한 병에 걸린 것'을 가리킨다. 사건 B는 '철수의 검사 결과'이다.

사전 확률 $P(A)$가 가리키는 것은 철수가 이 병에 걸릴 확률이다(즉, 일반인들이 이 병에 걸린 기본 확률은 0.1%이다). 조건 확률(혹은 사후 확률) $P(A|B)$는 철수의 '검사 결과가 양성'이라는 조건에서 이 병에 걸릴 확률(9%)을 가리킨다. 기본 확률로부터 사후 확률을 수정하려면 어떻게 해야 할까? 이 문제는 뒤에서 다시 논할 예정이다.

베이즈 정리는 18세기에 등장한 개념으로 200여 년 동안 널리 쓰이다가 1970년대에 새로운 도전장을 받게 되는데, 이 도전은 다니엘 카너먼Daniel Kahneman과 트버스키Tversky가 제기한 '기저율 오류'에서 비롯되었다. 다니엘 카너먼은 이스라엘계 미국인 심리학자이자 2002년 노벨 경제학상을 받은 인물이다. 기저율 오류는 베이즈 정리를 부정하는 것이 아니라 풀리지 않는 수수께끼 같은 질문, 즉 사람들의 직관이 베이즈 공식의 계산 결과와 서로 위배되는 이유가 무엇일까에 대해 깊이 파고드는 것이다.

앞에서 언급했던 예시에서 볼 수 있듯이 사람들은 직관에 의지할 때 기본 확률을 간과하기 쉽다. 카너먼은 그의 저서 『생각에 관한 가장 깊이 있는 생각Thinking, Fast and Slow』에서 사람들의 '의사 결정'에 영향을 미치는 생각에 대해 깨달음을 주기 위해 택시를 예로 들었다. 여기에서는 기저율 오류가 '의사결정 이론'에 어떤 의미가 있는지 깊이 다루지 않고, 단지 이 사례를 빌려 베이즈 공식에 대한 깊이 있는 이해를 돕고자 한다.

어떤 도시에 파란색과 초록색(시장 점유율은 15:85) 택시만 있다고 가정해 보자. 택시 한 대가 야간에 사고를 내고 도망쳤지만 다행히 당시 목격자가 있었다. 이 목격자는 사고 차량이 파란색이었다고 진술했다. 그러나 그 목격자의 진술을 어떻게 신뢰할 수 있을까? 경찰은 동일한 환경에서 해당 목격자를 상대로 '파란색과 초록색' 테스트를 진행했고, 그 결과 80%는 정확했지만, 20%는 부정확했다. 어쩌면 일부 사람들은 사고 차량이 파란색일 확률이 80%일 거라고 단정할 수 있다. 만약 당신이 이런 결론을 내렸다면, 당신은 철수와 같은 실수를 범한 셈이다. 즉, 사전 확률을 무시하고 이 도시에 '파란색과 초록색' 택시의 기본 비율을 고려하지 않은 것이다.

그렇다면 사고 차량이 파란색일 조건 확률은 얼마여야 할까? 베이즈 공식을 이용하면 정확한 정답을 알 수 있다. 먼저 우리는 파란색과 초록색 택시의 기본 비율(15:85)을 반드시 고려해야 한다. 다시 말해서 목격자가 없는 상황에서 사고 차량이 파란색일 확률은 15%에 불과하고, 이것은 'A(파란색 택시가 사고를 냄)'의 사전 확률 $P(A)=15\%$라는 말과 같다. 이제 목격자가 생겼으니 사건 A가 발생할 확률이 바뀐다. 목격자가 본 차량은 '파란색'이다. 그러나 그의 목격 능력을 80% 정도로 잡아야 하고, 이것 역시 사건(B로 표시)이다. 우리의 문제는 이 목격자가 '파란색 차를 보았다'는 조건 아래서 사고 차량이 '정말 파란색'일 확률, 즉 조건 확률 $P(A|B)$를 구하는 것이다. 후자는 목격자가 '파란색 차'를 보았기 때문에 사전 확률인 15%보다 커야 한다. 사전 확률을 수정하려면

$P(B|A)$와 $P(B)$를 계산해야 한다.

A=파란색 차가 사고를 냈고, B=파란색을 목격한 것이기 때문에 $P(B|A)$는 '파란색 차가 사고를 낸' 조건 아래서 '파란색을 목격'한 확률이다. 즉, $P(B|A)$=80%이다. 마지막으로 사전 확률 $P(B)$도 계산해야 하는데 그 계산법이 좀 번거롭다. $P(B)$는 목격자가 자동차를 파란색으로 볼 확률을 가리키며, 이것은 두 가지 상황의 확률을 서로 더한 것과 같다. 하나는 차량이 파란색이고, 인식률도 정확하다. 또 하나는 차량이 초록색인데 파란색으로 잘못 인식한 것이다. 그 공식은 다음과 같다.

$$P(B) = 15\% \times 80\% + 85\% \times 20\% = 29\%$$

베이즈 공식:

$$\boxed{P(A|B)} = \frac{P(B|A)}{P(B)} \boxed{P(A)} = \frac{80\%}{29\%} \times 15\% = 41\%$$

목격자가 있는 상황에서 사고를 낸 차량이 파란색일 확률을 계산하면 그 답은 41%이다. 이와 동시에 사고 차량이 초록색일 확률은 59%라는 계산이 나온다. 수정이 된 후의 '사고 차량이 파란색'일 조건 확률은 41%로 사전 확률 15%보다 훨씬 크다. 그러나 사고 차량이 초록색일 확률 59%보다 여전히 작다.

철수가 특정 질병에 대해 검사를 받은 사례의 경우도 어렵지 않게 정답을 구할 수 있다.

A: 일반인 그룹 안에서 철수가 특정 병에 걸림

B: 검사 결과가 양성일 때

$P(A)$: 일반인 그룹 안에서 철수가 특정 질병에 걸릴 사전 확률

$P(B|A)$: 양성 결과의 정확도

$P(A|B)$: 양성 결과를 받았다는 조건 하에, 철수가 실제로 감염되었을 사후 확률

$P(B)$: 양성 판정을 받을 전체 확률=감염된 사람이 검사에서 양성으로 판정(참 양성) + 감염되지 않은 사람이 검사에서 양성으로 판정(거짓 양성)

$$\boxed{P(A|B)} = \frac{P(B|A)}{P(B)} \boxed{P(A)}$$
$$= \frac{99\%}{99\% \times (1/1000) + 1\% \times (999/1000)} \times (1/1000)$$
$$= \frac{99}{1098} \fallingdotseq 9\%$$

이상으로 확률론의 기저율 오류에 대한 소개를 통해 우리는 확률론에서 매우 중요한 베이즈 정리 및 그 간단한 응용에 대해 대략 살펴보았다.

03
기하학적 확률과 베르트랑의 역설

동전과 주사위를 던지는 게임과 관련된 확률은 연속적이지 않고, 던진 결과(2개 또는 6개)도 제한적이다. 좀 더 수학적인 용어로 표현하면, 이러한 임의의 사건에서 발생하는 결과들의 집합인 '표본 공간'은 이산적이며 유한한 구조를 가진다. 만약 동전 혹은 주사위가 대칭이라면 각각의 결과에서 발생할 확률은 기본적으로 서로 같다. 이런 유형의 확률을 '고전적 확률'이라고 부른다. 수학자들은 고전적 확률을 특정한 기하 문제들로 확장해 확률 변수의 결과가 연속적으로 변해 숫자가 무한대로 많아지도록 만들었으며, 이런 확률은 '기하학적 확률'이라고 한다. 고전적 확률이 기하학적 확률로 확장되는 것은 유한한 여러 개의 정수가 '실수 영역'으로 확장되는 것과 유사하다. 기하학적 확률과 관련된 측도 개념(길이, 면적 등)은 현대 확률론의 기초가 되기 때문에 그것을 이해하는 것은 매우 중요하다.

뷔퐁의 바늘 문제Buffon's Needle Problem는 기하학적 확률을 최초로 연구한 것으로 알려져 있다. 18세기 프랑스에 유명한 박물학자인 조르주 뷔퐁George Buffon(1707-1788) 백작이 있었다. 그는 환경이 비슷한 여러 지역의 다양한 생물 집단을 연구했고, 인간과 유인원의 유사점 및 같은 조상을 가지고 있을 가능성도 연구했다. 그의 연구와 사상은 현대 생태학뿐 아니라 다윈의 진화론에까지 지대한 영향을 미쳤다.

특이하게도 뷔퐁은 수학자인데, 미적분을 확률론에 도입한 최초의 인물 중 한 명이었다. 그가 제기한 뷔퐁의 바늘 문제는 다음과 같다([그림 1-3-1] 참조).

길이가 L인 바늘을 일정한 간격 D로 그어진 평행선($L<D$) 위에 무작위로 떨어뜨리고 관찰했을 때 바늘이 평행선에 닿을 확률은 얼마일까?

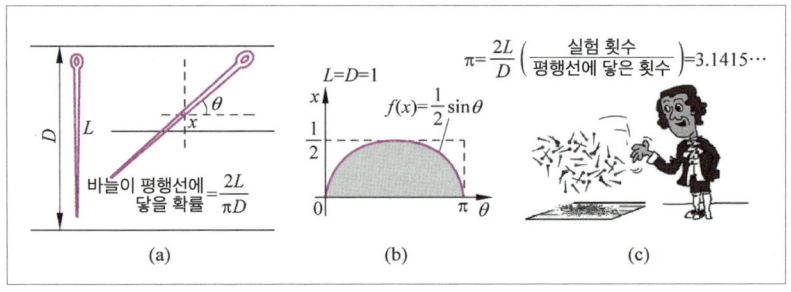

[그림 1-3-1] 뷔퐁의 바늘 문제
(a) 수학적 모델 (b) 확률을 면적 계산으로 단순화 (c) 실험으로 원주율 계산

뷔퐁의 바늘 문제에서 구하고자 하는 것도 확률이다. 그러나 이때 던진 것은 동전이나 주사위가 아니라 바늘이었다. 동전을 던지면 그 결과는 '앞면'과 '뒷면' 두 종류뿐이고, 둘 중 하나가 나올 확률은 $\frac{1}{2}$이다. 주사위는 숫자가 쓰인 6개의 면이 존재하니 각 면이 나올 확률은 $\frac{1}{6}$이다.

그렇다면 이제 뷔퐁의 바늘 던지기의 결과를 분석해 보도록 하자. [그림 1-3-1(a)]의 수학적 모델에 따르면 바늘을 던진 후의 상태를 두 가지 확률 변수로 설명할 수 있고, 바늘의 중간 지점 위치는 x, 바늘이 수평 방향과 이루는 각도를 θ로 둔다. x는 $-\frac{D}{2}$ 부터 $\frac{D}{2}$ 사이의 값이고, θ는 0에서 2π 사이의 각을 이룬다. x와 θ의 변화가 연속적이기 때문에 그 결과는 무수히 많다. 고전적 확률은 기하학적 확률에서 적분으로 대체되며, 적분을 이용하면 뷔퐁의 바늘이 평행선과 닿는 확률을 어렵지 않게 구할 수 있다.

$$P = \frac{2L}{D\pi} \qquad (1\text{-}3\text{-}1)$$

뷔퐁의 바늘 던지기에 존재하는 확률은 x와 θ에 대한 이중 적분이기 때문에 확률의 계산을 [그림 1-3-1(b)]에 나온 기하 도형의 면적 계산으로 간소화할 수 있다. 즉, 구하고자 하는 확률은 [그림 1-3-1(b)]에 등장하는 색칠된 부분의 면적과 직사각형 면적의 비와 같다.

뷔퐁이 바늘을 던진 결과는 확률 실험으로 원주율 π를 결정하는 방법을 제공한다(몬테카를로 방법). 공식 (1-3-1)을 통해 다음의 결과를 얻을 수 있다.

$$\pi = \frac{2L}{DP} \qquad (1\text{-}3\text{-}2)$$

바늘을 던진 횟수(시행 횟수)가 충분히 많고, 구해진 확률 P가 정확할 때 공식 (1-3-2)를 사용해 π를 계산할 수 있다. 바늘 하나를 던지는 것만으로도 수학 상수가 도출될 수 있다니, 놀라울 따름이다.

위의 설명에서 알 수 있듯이, 기하학적 확률은 고전적 확률의 이산 확률 변수를 연속 확률 변수로 확장한 것이며, 합은 적분으로 바뀌고, 변수의 표본 공간도 이산적이고 유한한 것에서 연속적이고 무한한 것으로 확장된다. 기하학적 확률과 고전적 확률은 모두 등확률 가정을 사용하지만, 무한대와 관련되기만 하면 기괴한 결과들이 종종 발생하고는 한다. 뷔퐁의 바늘 던지기 문제의 조건은 명확하며 어떠한 역설도 발생하지 않았다. 유명한 기하학적 확률의 역설은 프랑스 학자 조셉 베르트랑 Joseph Bertrand(1822-1900)이 1889년에 제기한 '베르트랑의 역설'이다.

베르트랑이 제기한 문제는 원 안에 임의의 현을 그었을 때 그 길이가 내접 정삼각형의 한 변의 길이 L보다 커질 확률을 구하는 것이다. 기이한 점은 세 가지 방법으로 이 문제의 답을 구할 수 있고, 그 답도 전혀 다르지만 각각의 답을 구하는 과정이 모두 꽤나 일리 있어 보인다는 것이다.

베르트랑 문제의 확률을 구할 때 미적분을 사용할 필요가 없으며 단지 기하 도형의 대칭성만 이용하면 답을 구할 수 있다. 뷔퐁의 바늘 던지기 문제의 확률 계산과 유사하게([그림 1-3-1(b)] 참조) 일반적으로 기하학적 확률의 계산을 기하 도형으로 변환해 계산할 수 있다. 즉, 호의 길이 혹은 선분의 길이 혹은 면적이나 부피를 계산하면 된다. 이어서 소개하는 세 가지 방법을 보면 이 말의 뜻을 좀 더 깊이 이해할 수 있다.

방법 1: 우선 현의 한끝을 원의 어느 점(예를 들어 A)에 고정하고, [그림 1-3-2(a)]처럼 현의 다른 끝을 원둘레 위에서 이동시킨다고 가정한다. 이동하는 끝점이 호 BC 위에 닿고, 길이가 모두 원의 내접 정삼각형 한 변의 길이 L보다 길면 나머지 현의 길이는 모두 L보다 짧다. 대칭성 때문에 호 BC의 길이는 전체 원주의 $\frac{1}{3}$을 차지하므로 현의 길이가 L보다 길 확률은 호 BC의 길이와 전체 원둘레 길이의 비율, 즉 $P=\frac{1}{3}$이다.

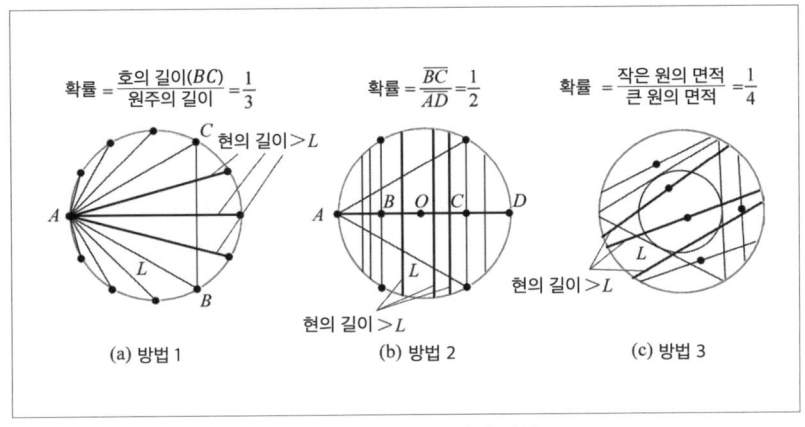

[그림 1-3-2] 베르트랑의 역설

방법 2: 우선 [그림 1-3-2(b)]의 $\overline{AD}$처럼 원 안의 하나의 지름을 선택한다. 이 지름 위에 임의의 한 점을 지나는 수직선을 긋고 원과 서로 교차해 현을 형성한다. 지름 위에 움직이는 점의 위치가 B와 C 사이에 위치할 때 얻을 수 있는 현의 길이는 정삼각형 한 변의 길이인 L보다 길고, 동점(움직이는 점)의 위치가 $\overline{BC}$ 밖에 있으면 현의 길이는 L보다 짧다. 선분 BC의 길이는 전체 지름의 절반이기 때문에 현의 길이가 L보다 클 확률은 $P = \frac{1}{2}$ 이다.

방법 3: [그림 1-3-2(c)]처럼 주어진 원(큰 원이라고 부름)과 같은 중심을 가지되, 반지름이 그 절반인 원(작은 원이라고 부름)을 만든다. 큰 원 위의 임의의 현의 중점 위치를 고려해 보면, 그 중점이 작은 원의 내부에 있을 때, 해당 현의 길이는 L보다 크다는 조건을 만족한다. 작은 원의 면적은 큰 원 면적의 $\frac{1}{4}$ 이기 때문에 확률은 $P = \frac{1}{4}$ 이다.

상술한 세 가지 방법은 모두 일리가 있는 것처럼 들리지만 결과는 서로 다르게 나온다. 도대체 왜 이런 일이 일어나는 걸까?

전통적인 설명에 따르자면, 핵심은 '무작위'로 현을 선택하는 방법에 달려 있다. 방법이 다르니 서로 같은 확률이 적용되는 영역도 달라진다. 방법 1은 끝점이 원주 위에 고르게 분포한다고 가정한다(즉, 확률이 서로 같다). 방법 2는 현의 중점이 지름 위에 고르게 분포한다고 가정한다. 방법 3은 현의 중점이 원 안에 고르게 분포한다고 가정한다. [그림 1-3-3]은 세 가지 풀이 방법 가운데 현의 중점이 원 안에 있는 분포 상황을 보여준다. 다시 말해서 베르트랑의 역설은 역설이 아니라 단지 질문 속에 무작위로 선택하는 방법을 명확하게 규정하지 않았을 뿐이다. 그래서 방법이 일단 정해지면 자연스럽게 문제에 대한 정확한 답이 나오게 된다.

확률론 속에는 다양한 역설이 존재하고, 경험에 근거한 직관적 판단은 신빙성이 없을 때가 많다. 이어서 소개할 벤포드 법칙도 처음에는 다소 이상하고 직관에 부합하지 않는 듯 보이지만 매우 폭넓게 사용되고 있고, 심지어 때로는 '회계 위조'의 비리를 파헤치는 데 도움을 줄 수도 있다.

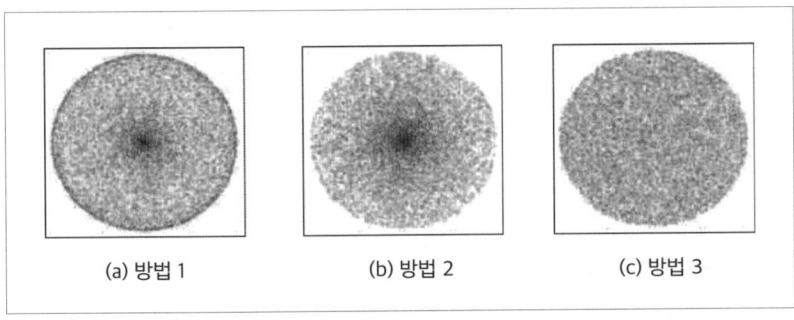

[그림 1-3-3] 세 가지 방법에 따른 현의 중점 분포 양상

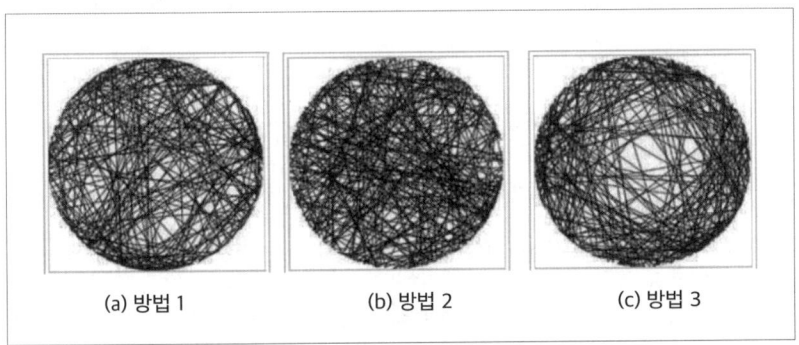

[그림 1-3-4] 세 가지 방법에 따른 현의 분포 양상

04
직관을 의심하라:
회계 부정을 밝혀낸 확률의 힘

벤포드 법칙

프랭크 벤포드Frank Benford(1883-1948)는 미국의 전기공학 기술자이자 물리학자로 제너럴 일렉트릭 실험실에서 퇴직 전까지 여러 해 동안 근무했다. 그는 50대에 이르러 확률과 관련된 문제에 깊이 몰두하게 되었다. 그 결과물이 바로 지금 우리가 말하는 '벤포드 법칙'이다. 사실 벤포드 법칙을 가장 처음 발견한 사람은 벤포드가 아니라 미국의 천문학자 사이먼 뉴컴Simon Newcomb(1835-1909)이다. 뉴컴은 1877년 미국 항해 천문력 연구소 편집국 국장이 되었고, 동료들과 함께 중요한 천문 상수를 새롭게 계산했다. 복잡한 천문 계산을 하려면 늘 로그표가 필요했는데, 그 시대에는 인터넷이 없었기 때문에 로그표를 책으로 인쇄해 도서관에 보관했다.

그 당시 꼼꼼한 성격의 뉴컴은 로그표를 보던 중에 이상한 점을 하나 발견했다. 로그표에서 1로 시작하는 숫자를 포함한 몇 페이지가 다른 페이지보다 훨씬 더 너덜너덜해져 있었던 것이다. 이것은 마치 계산에 사용된 수치 중 첫 번째 수가 1일 확률이 매우 높다는 것을 보여주는 듯했다. 그는 1881년에 이 현상을 언급하고 분석한 글을 발표했지만, 큰 주목을 받지는 못했다.

그 후 1938년이 되었을 때 벤포드는 이 현상을 또 발견했다. 과학 법칙의 발견은 때때로 아주 작고 사소한 현상에서 비롯되는데, 벤포드의 발견 역시 그랬다. 2로 시작하는 숫자가 비교적 많은 것도 하나의 법칙이라고 할 수 있을까? 벤포드는 이런 현상이 로그표뿐 아니라 다른 종류의 데이터에도 존재한다는 사실을 발견했다. 그래서 벤포드는 이 점을 증명하기 위해 방대한 양의 자료를 조사했다.

벤포드 법칙은 얼핏 들으면 다소 이상할 뿐 아니라 직관에도 위배되는 현상이라고 할 수 있다. 그것을 설명하기 위해 먼저 하나의 예를 들어보겠다.

어떤 은행에 1,000개가 넘는 예금 계좌가 있고, 그 금액은 제각기 다르다고 가정해 보자. 예를 들어 김 씨는 23,587원, 이 씨는 1,345원, 박 씨는 35,670원, 최 씨는 9,000원, 양 씨는 450원을 예금하고 있다. 이상한 점은, 벤포드 법칙은 금액의 크기 자체에는 관심이 없고, 그 수치들의 첫 번째 유효 숫자가 무엇이냐에 관심을 가진다는 점이다. 유효 숫자는 이 수의 0이 아닌 첫 번째 숫자를 가리킨다. 예를 들어 8.1, 81, 0.81의 첫 번째 유효 숫자는 모두 8이고, 앞서 언급한 사람들의 통장에 있는 예금 액수의 첫 번째 유효 숫자는 각각 2, 1, 3, 9, 4이다. 그래서 벤포드 법칙을 '첫 번째 자릿수의 법칙'이라고도 부른다.

이 수의 첫 번째 자리(0이 아닌) 숫자는 1부터 9 사이의 숫자 중 하나일 것이다. 그렇다면 앞에서 언급한 은행이 보유한 수천 개의 예금 데이터 가운데 첫 번째 숫자가 1일 확률은 얼마나 될까?

대다수 사람이 오래 고민할 필요도 없다는 듯 아마도 이렇게 대답할

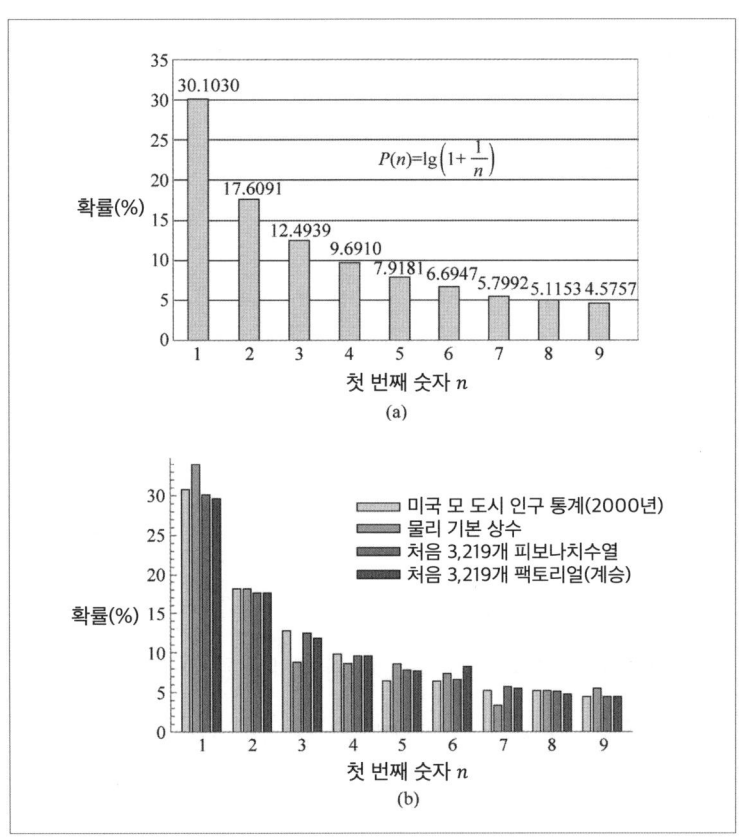

[그림 1-4-1] 벤포드 법칙(첫 번째 자릿수의 법칙) 및 그 응용 실례

것이다. "당연히 $\frac{1}{9}$입니다. 1부터 9까지 아홉 개의 숫자가 첫 번째 자리에 올 확률은 동일하니 각 숫자가 나올 확률은 모두 $\frac{1}{9}$, 약 11퍼센트입니다."

이것은 매우 당연하고 정상적인 생각처럼 들리지만, 자연적으로 얻은 수많은 데이터가 따르는 규칙과 다르다. 사람들은 첫 번째 숫자가 1일 확률이 직관적으로 예상한 11%보다 훨씬 큰 경우가 많다는 것을 발견했다. 숫자가 클수록 첫 번째에 나올 확률은 작아지고, 숫자 9가 첫 번째 자리에 올 확률은 고작 4.6% 정도에 불과하다. 각 숫자가 첫 번째 자리에 나올 확률은 [그림 1-4-1(a)]의 확률 분포를 따른다.

벤포드와 뉴컴은 모두 데이터 분석을 통해, 첫 번째 유효 숫자가 n일 확률에 대한 공식을 다음과 같이 도출해 냈다.

$$P(n) = \log_d(1 + \frac{1}{n})$$

여기서, d는 데이터에 사용되는 진법수이다.

십진수 데이터의 경우 $d=10$이고, $P(n) = \log(1 + \frac{1}{n})$로도 쓴다. 따라서 벤포드 법칙에 따라 첫 번째 숫자가 1이 나올 확률이 가장 크고, $\log 2 ≒ 0.301$로 10개 중 3개를 차지한다. 첫 번째 숫자가 2로 나올 확률은 $\log \frac{3}{2} ≒ 0.1761$이다. 그 뒤로는 점차 감소해 첫 번째 자리에 9가 나올 확률은 약 4.7%에 불과하다. [그림 1-4-1(b)]는 벤포드 법칙을 따르는 인구 통계, 물리 기본 상수, 피보나치수열, 팩토리얼 등 몇 가지 사례를 보여주고 있다.

벤포드는 20,229개의 통계 데이터를 수집해 연구했으며, 하천 면적, 인구 통계, 분자 및 원자의 질량, 물리 상수 등 다양한 출처의 자료를 20개의 그룹으로 분류했다. 비록 데이터의 출처는 천차만별이었지만, 기본적으로 벤포드의 로그 법칙에 부합한다. [표 1-4-1]의 데이터를 보면 가장 마지막 줄의 수치는 벤포드의 로그 법칙을 근거로 계산해 얻은 모든 숫자가 첫 번째 자리에 나올 확률이고, 우리는 그것과 실제 데이터를 서로 비교해 볼 수 있다.

[표 1-4-1] 대량의 데이터를 통해 얻은 벤포드의 첫 번째 자릿수 확률표

확률(%)

통계 항목	1	2	3	4	5	6	7	8	9	표본의 수
하천 면적	31.0	16.4	10.7	11.3	7.2	8.6	5.5	4.2	5.1	335
인구	33.9	20.4	14.2	8.1	7.2	6.2	4.1	3.7	2.2	3259
상수	41.3	14.4	4.8	8.6	10.6	5.8	1.0	2.9	10.6	104
신문	30.0	18.0	12.0	10.0	8.0	6.0	6.0	5.0	5.0	100
열량	24.0	18.4	16.2	14.6	10.6	4.1	3.2	4.8	4.1	1389
압력	29.6	18.3	12.8	9.8	8.3	6.4	5.7	4.4	4.7	703
손실	30.0	18.4	11.9	10.8	8.1	7.0	5.1	5.1	3.6	690
분자량	26.7	25.2	15.4	10.8	6.7	5.1	4.1	2.8	3.2	1800
하수도	27.1	23.9	13.8	12.6	8.2	5.0	5.0	2.5	1.9	159
원자량	47.2	18.7	5.5	4.4	6.6	4.4	3.3	4.4	5.5	91
$n-1, \sqrt{n}$	25.7	20.3	9.7	6.8	6.6	6.8	7.2	8.0	8.9	5000
설계	26.8	14.8	14.3	7.5	8.3	8.4	7.0	7.3	5.6	560
요약	33.4	18.5	12.4	7.5	7.1	6.5	5.5	4.9	4.2	308
비용	32.4	18.8	10.1	10.1	9.8	5.5	4.7	5.5	3.1	741
X선	27.9	17.5	14.4	9.0	8.1	7.4	5.1	5.8	4.8	707
단체	32.7	17.6	12.6	9.8	7.4	6.4	4.9	5.6	3.0	1458
흑체	31.0	17.3	14.1	8.7	6.6	7.0	5.2	4.7	5.4	1165
주소	28.9	19.2	12.6	8.8	8.5	6.4	5.6	5.0	5.0	342
$n, n^2, \cdots, n!$	25.3	16.0	12.0	10.0	8.5	8.8	6.8	7.1	5.5	900
사망률	27.0	18.6	15.7	9.4	6.7	6.5	7.2	4.8	4.1	418
평균값	30.6	18.5	12.4	9.4	8.0	6.4	5.1	4.9	4.7	1011
벤포드 법칙	**30.1**	**17.6**	**12.5**	**9.7**	**7.9**	**6.7**	**5.8**	**5.1**	**4.6**	

벤포드 법칙의 적용 범위는 놀라울 정도로 광범위해서 자연계와 일상생활 속에서 얻은 대다수 데이터가 모두 이 법칙에 부합한다. 그럼에도 불구하고 적용에는 한계가 있으며, 주로 다음과 같은 요인들에 의해 제한된다.

1. 데이터의 범위가 충분히 넓어야 하고, 표본 수가 충분히 많아야 하며, 값의 크기가 여러 자릿수(수십 배) 정도 차이 나는 것이 바람직하다.
2. 인위적으로 규칙이 정해진 데이터는 벤포드 법칙을 따르지 않는다.

예를 들어, 특정한 규칙에 따라 설계된 전화번호, 주민등록번호, 세금 계산서 번호, 또는 복권 번호와 같은 인위적으로 생성된 무작위 숫자 등은 벤포드 법칙을 만족하지 않는다.

벤포드 법칙을 이해하는 방법

벤포드와 뉴컴은 모두 첫 번째 자릿수의 로그 규칙을 정리했을 뿐 그것을 증명하지 않았다. 1995년에 이르러 미국 학자 테드 힐Ted Hill이 비로소 이 법칙을 이론적으로 설명했고, 아울러 엄격한 수학적 증명도 진행했다. 비록 벤포드 법칙은 여러 방면으로 검증과 응용을 거쳤지만, 이 숫자의 기이한 현상에 대해 사람들은 여전히 혼란스러워하고 있다. 벤포드 법칙을 어떻게 하면 직관적으로 이해할 수 있을까? 왜 대다수 데이터의 첫 번째 자릿수는 균등하게 분포되지 않고 특정한 로그 법칙에 따라 분포되어 있을까?

어떤 사람은 벤포드 법칙을 직관적으로 이해하기 위해 '숫자를 세는 방법'에 집중한다. 다시 말해서, 숫자를 계산할 때 1부터 시작해 1, 2, 3, …, 9의 순서로 이어지고, 그 숫자가 9로 끝나면 모든 숫자의 시작 확률은 동일하다. 하지만 9 다음으로 이어지는 두 자리 숫자 10부터 19까지의 경우 1로 시작하는 숫자는 다른 숫자보다 훨씬 많다. 그 뒤로도 필연적으로 2, 3, 4, …, 8로 시작하는 숫자가 잔뜩 나온다. 만약 이렇게 수를 세는 방법에 종결점이 있고, 다시 1부터 시작한다면 1부터 시작하는 숫자의 발생률이 상대적으로 더 높아야 한다.

이런 방식으로 거리 번호(주소)와 같은 데이터를 설명할 수도 있다. 일반적으로 모든 거리 번호는 1부터 시작하고, 거리의 길이는 제한되어 있기 때문에 특정 번호에 도달하면 멈추게 된다. 거리가 바뀌면 또 1부터 시작하는 고유한 번호 배열이 만들어지고, 이런 식으로 1부터 시작하는 번호가 더 많아진다. 그러나 이러한 설명은 너무나 '수학적'이지 않다. 하물며 이런 식의 이해만으로는 다른 유형의 데이터가 왜 벤포드의 법칙에 부합하는지 설명할 길이 없다. 예를 들어 물리 상수의 집합, 출생률, 사망률 등은 1부터 시작해서 유한한 길이까지 도달하면 끝나는 종류의 데이터가 아니다.

혹자는 벤포드의 법칙이 데이터의 지수 증가에 뿌리를 두고 있다고 말한다. 지수 증가의 수열은 수치가 작을수록 느리게 증가하는 편이다. 최초의 숫자 1이 또 따른 숫자 2로 증가하는 데 더 많은 시간이 걸리므로 발생률이 더 높다. 이 이치를 설명하기 위해 은행에 100달러를 예금하고, 그 이자율이 10%라고 가정했을 때 25년 동안 매년 예금액은 다음과 같을 것이다(단위: 달러, 정수 부분만 표시).

100, 110, 121, 133, 146, 161, 177, 195, 214, 236, 259, 285, 314, 345, 380, 418, 459, 505, 556, 612, 673, 740, 814, 895, 985

이것은 지수 증가의 수열이다. 이 데이터 집합의 25개 숫자 중 첫 번째 자릿수가 1인 경우는 여덟 개(32%)이고, 2인 경우는 네 개, 3인 경우는 세 개…, 9인 경우는 한 개(4%)이다. 그 이유를 따져보면 첫 번째 자리의 수가 1부터 2까지 증가하는 데 더 오랜 시간(8년)이 걸리고, 첫 번째 자리의 수 2가 3이 되는데 걸리는 시간은 4년에 불과하며, 9의 경우 다음 해가 되면 더 이상 9가 아니게 된다. 그래서 지수 성장 규칙에 따른 수열은 벤포드 법칙과 확실히 맞아떨어진다.

이쯤에서 이런 의문을 가질 수도 있다. 위에서 언급한 수열은 100부터 시작하기 때문에 첫 번째 자릿수가 1인 경우가 많을 수밖에 없으니, 다른 숫자로 시작하면 수열의 규칙에도 변화가 생기지 않을까? 그렇다면 다른 수로 시작해서 얻은 수열도 벤포드 법칙을 따르는지 시험해 보면 된다. 예를 들어 위에서 나열한 은행 예금 금액에 2를 곱하면 다음과 같은 수열이 나온다.

200, 220, 242, 266, 292, 322, 354, 390, 428, 472, 518, 570, 628, 690, 760, 836, 918, 1010, 1112, 1224, 1346, 1480, 1628, 1790, 1970

1로 시작하는 숫자는 여덟 개이고, 9로 시작하는 숫자는 단 한 개뿐이다. 결과적으로 1로 시작하는 숫자가 여전히 가장 많다. 또는 화폐의 단위를 환산하여 계산해도 그 결과 또한 벤포드 법칙을 따른다는 것을 알 수 있다. 이 모든 사실이 벤포드 법칙의 '척도 불변성'을 보여주고 있다.

'데이터 조작' 감지

벤포드 법칙을 어떤 식으로 설명하든 그것은 객관적으로 존재하는 현상이며 매우 유용하다. 재무 방면의 대다수 데이터는 모두 벤포드 법칙을 따르기 때문에 이를 이용해 재무 데이터의 조작을 감지할 수 있다.

미국 워싱턴 주에서 당시 최대 규모의 투자사기 사건이 발생한 적이 있는데, 그 액수만 해도 1억 달러에 달했다. 이 사기 사건의 주모자인 케빈 로렌스와 그의 동료들은 첨단 피트니스 클럽 체인을 설립한다는 명목으로 5천 명이 넘는 투자자로부터 거액의 자금을 유치했다. 그런 뒤 그들은 공금을 유용해 호화 주택과 자동차, 보석 등을 구입하며 향락에 빠져들었다. 그들은 이런 불법 행위를 은폐하기 위해 해외 기업과 은행 간에 자금 이체를 빈번하게 하고, 계좌를 위조해 투자자들에게 사업이 잘되고 있는 듯한 착각을 불러일으켰다. 다행히 한 회계사가 이상한

낌새를 눈치채고 수표와 해외 송금과 관련된 7만여 개의 데이터를 수집한 후 이 데이터에서 첫 번째 자리 숫자의 발생 확률을 벤포드 법칙과 대조했다. 결과적으로 이 데이터는 벤포드 법칙의 실험을 통과하지 못했다. 결국 3년에 걸친 사법 조사 끝에 이 투자사기 사건의 진실이 밝혀졌고, 2002년 로렌스는 20년 형을 선고받았다.

2001년 미국 최대 에너지 거래 업체인 엔론^{Enron}이 파산을 선언했고, 회사 최고 경영진이 계좌를 위조한 혐의를 받고 있다는 소식이 전해졌다. 엔론 기업의 최고 경영진이 재무 데이터를 조작하면서 그들이 발표한 2000-2001년 주당 순이익 데이터가 벤포드 법칙([그림 1-4-2] 참조)에 부합하지 않았다. 이 밖에도 벤포드 법칙은 주식 시장 분석이나 선거 조작 감시에 활용될 수 있다.

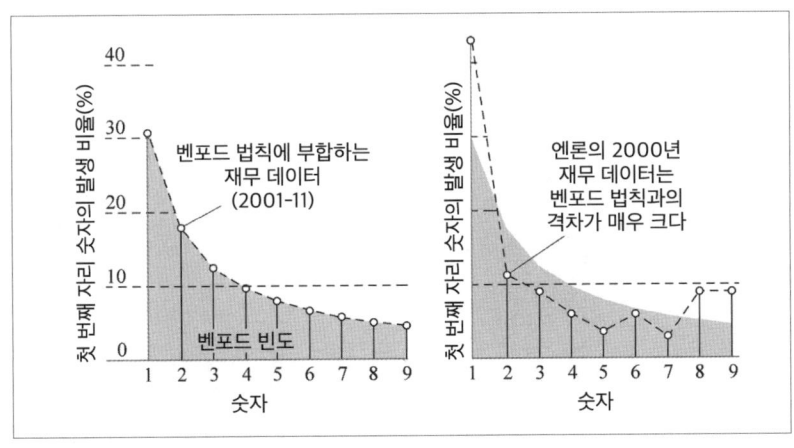

[그림 1-4-2] 엔론 기업의 데이터와 벤포드 법칙 (이미지 출처: 월스트리트 저널)

미국 국세청도 벤포드 법칙을 이용해 세금 신고서를 조사하고 탈세 및 탈루 행위를 적발한다. 누군가는 이 법칙을 활용해 클린턴 전 미국 대통령이 재임 동안 제출한 세금 신고 자료를 조사했지만, 탈세 증거는 전혀 발견되지 않았다고 한다.

확률론은 도박 문제를 연구하기 위해 만들어졌고, 각종 흥미로운 도박 문제를 제기하고 해결하는 과정 속에서 끊임없이 발전해 왔다. 이어지는 내용에서는 큰 수의 법칙 및 도박과 관련된 다양한 확률 문제에 대해 소개하고자 한다.

05
도박사의 오류: 확률과 큰 수의 법칙

우선 도박장에서 돈을 버는 일에 관해 이야기해 보고자 한다.

확률 혹은 통계 속에 존재하는 '몬테카를로 Monte Carlo 방법'에 대해 익히 들어서 아는 사람이 많을 거라고 본다. 사실 이것은 통계를 기반으로 대량의 데이터를 이용해 계산하는 방법을 가리킨다. '몬테카를로'는 사람의 이름이 아니라 모나코 북동부에 있는 유명한 카지노의 이름이다. 1865년 몬테카를로 카지노가 개장하면서 작고 가난한 나라였던 모나코는 유럽에서 가장 부유한 나라 중 하나로 단번에 급부상했다. 지금까지 무려 150여 년의 세월이 흘렀지만, 이 작은 나라는 여전히 카지노와 관련된 관광 산업으로 명맥을 유지하고 있다.

영국 요크셔 지역의 한 면화 공장에서 엔지니어로 일했던 조셉 재거즈 Joseph Jaggers라는 사람이 있었다. 그는 면화를 가공하는 기계를 다루는 일을 하면서 시간이 날 때마다 몬테카를로 카지노에 들렀고, 38개의 숫자로 구성된 룰렛 게임에 특히 관심을 보였다([그림 1-1-6] 참조). 재거즈는 유능한 기계 엔지니어답게 다른 도박꾼들보다 좀 더 수학적으로 분석하며 도박을 즐겼다.

그는 정상적인 상황에서 룰렛 기계의 각 숫자가 나타날 확률은 모두 $\frac{1}{38}$이라고 생각했다. 그러나 기계가 어떻게 항상 완벽한 대칭을 이룰 수 있겠는가? 아주 사소한 결함조차도 당첨 확률을 바꿀 수 있고, 휠이 멈추는 위치가 특정 번호 쪽으로 기울어지면 그 번호가 더 많이 나올 수도 있다. 그렇다면 도박꾼들은 이런 편향성을 이용해 돈을 벌어야 한다. 그래서 재거즈는 1873년에 자신의 운명을 바꾸기로 결심했다. 그는 저축한 돈을 모두 들고 몬테카를로 카지노로 향했다. 그는 여섯 명의 조수를 고용해 그들이 룰렛 기계를 지키도록 했다. 대낮에 카지노가 열리자마자 조수들은 재거즈가 제공한 '칩'을 써가며 룰렛을 계속해서 돌렸다. 그러나 그들은 승패에 전혀 연연하지 않았다. 그들의 임무는 자신들이 지키고 있는 룰렛 기계가 멈췄을 때 나오는 숫자를 기록하는 것뿐이었다. 밤이 되어 카지노가 문을 닫으면 재거즈는 호텔에서 홀로 이 숫자들의 규칙을 분석했다.

엿새가 지나도 다섯 개 룰렛의 데이터에서 의미 있는 편차를 발견할 수 없었던 그는 여섯 번째 룰렛의 데이터를 보는 순간 기쁨을 감출 수 없었다. 그 룰렛에서 38개의 숫자 중 아홉 개의 수가 나타날 확률이 다른 숫자보다 확연히 더 높았다. 재거즈는 흥분에 휩싸인 채 7일째 되는 날, 편향성을 보인 그 룰렛 기계를 확인한 후 발생 빈도가 가장 높은 9개의 숫자인 7, 8, 9, 17, 18, 19, 22, 28, 29에 거액을 베팅했다. 그날 재거즈는 이 방법으로 약 32만 5천 달러를 벌어들였다. 그러나 재거즈의 기뽐은 며칠 만에 막을 내렸다. 이 일은 카지노 관리자들의 주의를 끌었고, 경영진은 다양한 방법으로 재거즈의 전략을 좌절시켰다. 결국 재거즈는 더 이상 수익을 늘리지 못한 채, 이미 손에 넣은 거액만 챙겨 카지노를 떠났다. 그리고 그는 그 돈을 부동산에 투자했다.

실제로 극소수의 사람은 재거즈처럼 카지노에서 거액의 돈을 벌기도 한다. 그러나 더 많은 도박꾼이 십중팔구 돈을 잃고 빈털터리가 되는 것이 현실이다. 그렇게 되는 데는 두 가지 이유가 있다. 그중 하나는 모든 카지노 게임의 확률이 원래 카지노에 유리하도록 설계되어 있기 때문이다. 즉, 카지노 측이 이길 확률이 51% 혹은 52%이고, 도박꾼이 이길 확률이 49% 혹은 48% 정도로 설계되어야 카지노가 돈을 벌 수 있다. 또한 도박꾼의 심리를 이용하는 것도 도박 게임 설계자들의 주특기이다. 흔히 볼 수 있는 도박사의 오류는 바로 확률 규칙을 따르지 않아 카지노에 이용당하는 심리적 판단 착오에서 비롯된다.

도박사의 오류

도박사의 오류는 앞뒤로 서로 독립인 사건을 마치 연관된 것처럼 간주하면서 발생한다. 독립 사건은 무엇일까? 예를 들어 동전을 한 번 던지는 것은 하나의 사건이고, 뒤이어 또 한 번 던지는 것은 또 다른 사건이다. 두 사건을 독립적으로 보는 이유는 두 번째 결과가 첫 번째 결과에 결코 의존하지 않고, 서로 관련이 전혀 없기 때문이다. 동전의 앞뒷면이 완벽한 대칭성을 가지고 있고, '앞면'이 나오면 '1', '뒷면'이 나오면 '0'으로 기록한다고 가정한다면 그것을 던질 때마다 1 혹은 0이 나올 확률은 모두 $\frac{1}{2}$이다. 두 번째 '던지기'와 첫 번째 '던지기'는 서로 독립이고, 몇 번을 던져도 마찬가지다. 따라서 '던지기'를 하는 행위는 각각 독립이고, 1 혹은 0이 나올 확률 역시 첫 번째와 마찬가지로 늘 $\frac{1}{2}$이다. 설사 동전이 대칭을 이루지 않아서 앞면과 뒷면이 나올 확률이 각각 $\frac{2}{3}$와 $\frac{1}{3}$이어도 매번 던지는 '독립성'에 결코 영향을 주지 않고, 매번 앞면이 나올 확률은 모두 $\frac{2}{3}$로 이전 결과에 영향을 받지 않는다.

이치로 따지면 쉽게 이해되지만, 여전히 모호한 경우도 생긴다. 예를 들어, '공정한' 동전 던지기에서 5회 연속으로 앞면(1)이 나왔다면, 6번째에도 또 앞면이 나올 확률은 매우 낮고($< \frac{1}{2}$), 뒷면(0)이 나올 확률은 매우 높다($> \frac{1}{2}$)고 생각할 수 있다. 누군가는 역으로 생각해서 5회 연속으로 1이 나왔으니 계속 1이 나올 거라고 여길지도 모른다(핫 핸드 오류라고도 불린다).

실제로 이 두 가지 생각은 모두 우리를 '도박사의 오류'의 함정에 빠뜨리는 것들이다. 다시 말해서 독립인 두 사건을 서로 관련된 사건으로 생각하는 것이다. 사실 일반적으로 말하자면 동전을 던진 후의 결과는 다음번 앞면과 뒷면이 나올 확률에 전혀 영향을 미치지 않는다. 동전은 기억력이 없기 때문에 앞에서 연속으로 다섯 번의 앞면이 나왔다고 해서

뒷면이 나올 확률이 높아지거나 혹은 낮아질 리 없다. 즉, 앞서 던진 결과와 상관없이 던질 때마다 처음으로 돌아가는 것이기 때문에 앞뒷면이 나올 확률은 모두 $\frac{1}{2}$이다.

이런 우스갯소리도 있다. 한 남자가 몸에 폭탄을 숨겨서 비행기를 탔다고 가정해 보자. 그 이유를 묻는 질문에 그는 "비행기에 한 개의 폭탄이 있을 확률은 만분의 일이고, 두 사람이 동시에 폭탄을 가지고 탈 확률은 억분의 일입니다. 그렇다면 내가 직접 하나를 가지고 타면 비행기에 폭탄이 있을 확률은 만분의 일에서 억분의 일로 낮아질 겁니다!"

이 말을 듣는 순간 당신은 실소를 금치 못할 것이다. 정말 기가 막힌 발상이 아닌가? 이 사람은 '자신이 폭탄을 가지고 타는 것'과 '다른 사람이 폭탄을 가지고 타는 것'을 독립된 사건이 아닌 하나의 연관된 사건으로 간주하고 있다. 그는 도박꾼이 아니지만 이것 역시 도박사의 오류인 셈이다.

물론, 매번 동전을 던지는 행위를 서로 연관되지 않은 독립 사건으로 간주하는 것은 우리가 어떤 사건을 설명하기 위해 사용하는 수학적 모델일 뿐이다. 실제 물리적 세계에서 이러한 사건들이 반드시 진정한 의미의 독립성을 가지는 것은 아니다. 예를 들어 아들과 딸을 낳는 문제의 경우 호르몬과 관련된 특정 원인이 태아의 성별과 연관되어 있을 수 있고, 이런 가능성을 완전히 배제할 수 없다. 그러나 만약 연관이 있다면 어떤 연관성이 있는지, 어떤 모델을 사용해야 이러한 연관성을 설명할 수 있는지 알아야 한다. 그것은 다른 유형의 연구 과제이다. 반면에 도박사의 오류는 기본적으로 전혀 관련이 없는 두 사건을 관련이 있다고 여기면서 만들어지는 생각의 오류를 가리킨다.

도박꾼이 '도박사의 오류'의 심리 상태를 갖게 되면 더 비참한 패배를 맛보게 된다([그림 1-5-1] 참조). 카지노에서 한 번 패배 후에 베팅 금액을 두 배로 늘리는 시스템이 바로 도박사의 오류를 이용한 대표적 사례이다. 도박꾼은 처음에 10만 원을 걸지만, 한 번 지면 그 다음에 20만 원을 걸고, 다시 지면 40만 원을 거는 식으로 이길 때까지 베팅 금액을 늘려 나간다. 그들은 연속으로 여러 번 지고 나면 다음에 이길 확률이 매우 높아질 거라고 여기기 때문에 계속해서 두 배로 베팅 금액을 늘려나가려 한다.

그러나 사실 매번 베팅해서 이길 확률은 변하지 않는다. 카지노의 게임기는 동전 던지기와 마찬가지로 기억력이 없기 때문에 당신이 졌다고 해서 이길 기회를 더 많이 주지 않는다. 도박꾼은 확률을 이해하지 못하거나 혹은 나약한 인간의 본성 때문에 의식적 혹은 무의식적으로 카지노에서 만들어놓은 함정에 빠지게 된다. 도박사의 오류는 도박꾼들의 전유물이 아니라 일반인의 사고방식 속에도 자주 반영된다. 사람들은 미래를 예측할 때 과거의 역사를 판단의 근거로 삼는 경향을 보인다. 즉, 어떤 사건이 발생한 빈도에 근거해서 앞으로 사건이 발생할 가능성을 예언한다. 어쩌면 우리가 흔히 쓰는 '인생은 돌고 돈다'라는 말도 이런 오류의 반영이라고 할 수도 있다. 이런 습관적 사고방식을 서로 독립인 사건에 멋대로 응용하면 그것이 바로 도박사의 오류가 된다.

[그림 1-5-1] 도박사의 오류

설사 '도박사의 오류'의 문제를 분명히 인지했다 해도 사람들은 여전히 판단력이 흐려져 어리석은 짓을 반복한다. 수학적 이유로 인해 혼동하기 쉬운 개념이 몇 가지가 있다. 이 또한 동전 던지기 실험을 이용해 설명해 보고자 한다.

어떤 사람이 이렇게 말했다. "만약 연속으로 네 번 모두 앞면이 나오고, 이어지는 다섯 번째에서도 앞면이 나오면 연속으로 다섯 번 모두 앞면이 나온 것입니다. 확률론에서 다섯 번 연속으로 앞면이 나올 확률은 $\frac{1}{2^5} = \frac{1}{32}$이니, 다섯 번째에 앞면이 나올 기회는 $\frac{1}{2}$이 아니라 $\frac{1}{32}$에 불과합니다."

위의 주장은 '동전을 처음 던지기에 앞서 연속으로 다섯 번을 던져서 모두 앞면이 나올 확률을 예측하는 것'과 '네 번을 던져 모두 앞면이 나온 후 다섯 번째에 앞면이 나올 확률'을 혼동하고 있는 것이다. 전자가

$\frac{1}{32}$이라면, 후자는 $\frac{1}{2}$이다.

동전을 처음 던지기에 앞서 연속으로 다섯 번을 던질 때의 다양한 가능성을 예측해 보면 $2^5=32$개의 다양한 배열이 나오고, 이것이 00000부터 11111까지의 32개 이진수와 같다는 것을 가리킨다. 후자는 이미 네 번을 던져 모두 앞면이 나왔고, 그렇다면 앞서 네 번의 결과는 이미 고정이 되어서(1111) 더는 선택의 여지가 없으니 남은 다섯 번째는 1 혹은 0이라는 것을 의미한다. 즉, 결과는 11111 혹은 11110 두 가지 종류뿐이고 각각의 확률은 $\frac{1}{2}$이다.

'큰 수의 법칙'의 오용

도박사의 오류를 만들어 내는 또 다른 원인은 바로 '큰 수의 법칙'에 대한 오해이다. 이것을 설명하기에 앞서 먼저 큰 수의 법칙이 무엇인지부터 알아야 한다. 이 법칙을 쉽게 설명하자면, 어떤 사건의 시행 횟수가 충분히 클 때 그것이 발생하는 빈도가 예상 확률에 가까워지는 것이라고 할 수 있다.

동전 하나를 던졌을 때 앞면이 나올 확률은 $\frac{1}{2}$이다. 우리가 n회 시행을 한 후 앞면이 나올 횟수는 $n_{양수}$이고, 비율 $p_{양수}=\frac{n_{양수}}{n}$는 앞면이 나올 빈도이며, 빈도가 반드시 확률 $\frac{1}{2}$과 같은 것은 아니다. 그러나 n이 점점 커질 때, 빈도는 $\frac{1}{2}$에 점점 가까워진다. 주사위를 던졌을 때의 상황도 비슷하다. 주사위를 100번 던졌을 때 1의 눈이 20번 나온다면, 이때

1이 나올 빈도는 $\frac{1}{5}$이다. 만약 10,000번 던졌을 때, 1의 눈이 1,900번 나왔다면 1이 나올 빈도는 19%이다. 주사위를 던졌을 때, 1의 눈이 나올 확률은 주사위를 던지는 시행 횟수가 증가할수록 $\frac{1}{6}$에 가까워질 수 있다. 다시 말해서 빈도는 여러 번의 시행을 거친 결과물이며 확률은 극한값이다. 시행의 횟수가 커질수록 빈도는 확률에 가까워지고, 이것이 바로 큰 수의 법칙이다.

카지노에서 돈을 버는 비결도 큰 수의 법칙과 관련이 있다. 도박 기계는 일반적으로 51%:49%의 예상 확률로 설계되며, 카지노가 이길 확률은 51%이다. 그러므로 카지노가 당신과 '단발성 거래'를 하는 일은 영원히 일어나지 않는다. 그들의 관심사는 단지 더 많은 고객을 끊임없이 끌어들이는 것뿐이다. 도박 기계가 드르륵 돌아가며 동전이 차르륵 떨어지는 소리가 나면 도박꾼들은 자신이 큰돈을 딸 거라고 착각하겠지만, 카지노 사장은 그 모습에 속으로 쾌재를 부르며 큰 수의 법칙이 위력을 발휘해 가만히 앉아 떼돈을 벌 순간을 기다릴 뿐이다.

최초로 큰 수의 법칙의 형식을 제시하고 증명한 사람은 스위스 수학자 야코프 베르누이$^{\text{Jakob Bernoulli}}$(1654-1705)다. 그는 확률론의 중요한 창시자이기도 하다([그림 1-5-2] 참조). 큰 수의 법칙은 그가 죽은 후 8년이 지난 1713년에 비로소 출간된 『추론술$^{\text{Ars conjectandi}}$』에서 처음 발표되었다. 이 대작은 확률론을 수학의 한 분야로 만드는 데 큰 공헌을 했다. 그중 큰 수의 법칙과 더불어 드 무아브르$^{\text{A. de Moivre}}$(1667-1754)와 라플라스Pierre Simon Laplace(1749-1827)가 이끌어 낸 '중심 극한 정리'는 확률론의 매우 중요한 두 가지 극한 정리로 손꼽힌다.

우리가 익히 들어온 머피의 법칙은 '잘못될 가능성이 있는 일은 반드시 잘못될 수 있다'라는 의미를 담고 있다. 다시 말해서 잠시 문제가 일어나지 않더라도 결국 잘못되는 것은 시간문제일 뿐이다. 큰 수의 법칙도 이와 비슷한 의미를 가지고 있다. 시행의 횟수 n이 충분히 클 때, 사건 발생의 빈도가 결국 그것이 일어날 확률에 가까워지기 때문이다. 횟수 n이 무한대로 가면 확률이 작은 사건도 발생할 수 있다. 바꿔 말해서 발생할 확률이 있는 한 횟수가 많이 반복될수록 그 일은 반드시 일어난다.

앞에서 언급한 내용은 기본적으로 큰 수의 법칙을 조금이라도 아는 도박꾼들의 생각이다. 이런 식의 생각은 이론적으로 맞지만, '여러 번의 반복'에 대한 이해에서 문제가 발생한다. 얼마나 많은 시행을 해야 '충분히 많은' 조건을 충족시키고 큰 수의 법칙이 적용되는 큰 표본 구간에 도달할 수 있을까? 이 문제에 대한 답은 이론적으로 무한대로 적용되지만 실제로는 단정하기 어렵다. 대다수 상황에서 '충분히 많은' 조건에 도달하지 못한 상태에서 도박꾼들은 이미 돈이 바닥나고 빈털터리가 되어 있을 테니 말이다!

어떤 사람은 복권을 즐겨 사고, 복권의 숫자를 직접 써넣을 때면 과거에 당첨된 적이 있는 번호 중에서 발생 빈도가 낮은 숫자를 선택한다.

이것은 그야말로 큰 수의 법칙에 근거했다고 볼 수 있다. 특정 숫자가 과거에 적게 등장했다면 앞으로 그 숫자가 나올 확률이 더 많아지기 때문이다. 그들은 '큰 수의 법칙을 만족시켜야 하니까!'라고 그 이유를 자신 있게 말한다. 하지만 이것은 큰 수의 법칙에 대한 깊은 오해에서 비롯된 것이다.

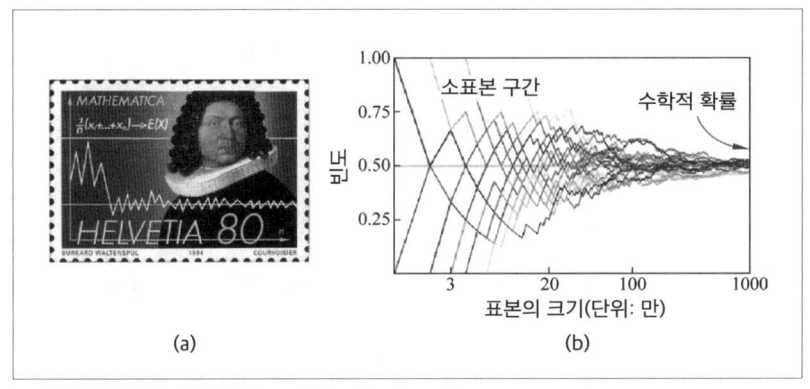

[그림 1-5-2] 야코프 베르누이와 큰 수의 법칙

일부 도박꾼들이 가진 생각의 오류는 바로 큰 수의 법칙을 소표본 구간에 응용해 소표본 속에 등장하는 어느 사건의 확률 분포를 전체 분포로 확대 해석하며 표본의 크기와 상관없이 항상 똑같은 기댓값을 가진다고 착각하고, 특정 구간의 빈도를 전체 확률로 간주하거나 무한한 상황을 유한한 상황으로 판단해 분석하는 것이다. 실제로 이것은 큰 수의 법칙을 잘못 응용했을 때 나타나는 심리적 편차이다. 그래서 심리학자 대니얼 카너먼Daniel Kahneman과 아모스 트버스키Amos Tversky는 이것을

'작은 수의 법칙'이라고 불렀다. 실제로 제한된 횟수의 시행을 통해 얻은 빈도는 충분히 많은 횟수의 시행에서 나올 수 있는 빈도에 거의 영향을 미치지 않는다. 큰 수의 법칙에 따르면 전체 빈도는 확률값에 가까워진다. [그림 1-5-2(b)]에서 보여주듯 소표본 구간에서 시행의 결과는 최종적으로 수렴되는 확률에 영향을 미치지 않는다.

큰 수의 법칙을 발견한 야코프 베르누이가 속한 베르누이 가문은 당시 유럽에서 명망을 떨쳤고, 세계적으로 이름을 알리며 수백 년 동안 학계에 영향을 끼친 과학자 집안이기도 하다. 야코프와 그의 동생 요한 베르누이Johann Bernoulli(1667-1748)는 모두 그 시대의 유명한 수학자였다. 이 외에도 물리를 배운 사람이라면 누구나 아는 유체역학 분야의 '베르누이 법칙'도 이 가문의 업적 중 하나이다. 이 법칙은 압출할 수 없는 유체가 유선을 따라 이동하는 움직임에 관한 것으로 야코프의 조카 다니엘 베르누이Daniel Bernoulli(1700-1782)가 제기했다.

흥미로운 점은 베르누이 가문의 이 몇몇 과학자들의 사이가 그리 좋지 않았다는 사실이다. 그들은 과학적 성취를 위해 부와 명성을 끊임없이 다투며 논쟁을 벌였다. 특히 후세에 웃음거리로 전락한 요한 베르누이는 자기보다 열 살 넘게 나이가 많은 형 야코프와 치열한 다툼을 벌인 것으로 유명하다. 사실 야코프는 요한을 수학의 길로 이끌어준 첫 번째 스승이었다. 요한이 바젤대학에 들어갔을 때 야코프는 이미 수학 교수였지만, 두 사람은 서로를 질투하며 암투를 벌였다. 그러나 어찌 됐든 베르누이 형제들 사이의 싸움은 실제로 변분법, 함수 분석, 확률론 등 수학 분야의 발전에 긍정적인 영향을 미쳤다. 야코프가 사망한 후 요한은 경쟁 상대가 사라진 시간을 견딜 수 없었는지 질투의 대상을 야코프에서 자신의 아들 다니엘 베르누이로 갈아탔다. 그는 상금을 타기 위해 아들을 집에서 쫓아냈고, 나중에는 다니엘의 업적을 자신의 것으로 빼앗는 짓까지 서슴지 않았다.

상트페테르부르크의 역설

베르누이 가문에 속한 또 한 명의 인물은 다니엘의 사촌 형 니콜라우스 베르누이Nikolaus Bernoulli(1687-1759)이다. 그는 도박 연구에 열중한 수학자로 '상트페테르부르크의 역설St. Petersburg Paradox'을 제기한 인물이기도 하다. 이 역설을 이해하기 위해 먼저 도박 게임의 기댓값부터 알아야 한다.

도박의 승패는 기댓값과 연관되어 있다. 기댓값은 확률을 가중치로 한 확률 변수의 평균이다. 도박의 방식은 다양하고, '승리'의 기댓값도 각기 다르다. 앞서 38개 숫자가 적힌 룰렛을 예로 들어 고객이 돈을 딸 수 있는 기댓값에 대해 계산했었다. 여기서는 기댓값의 계산 방법을 복습하는 시간을 갖고자 한다.

여전히 일반적인 카지노 규칙에 따라 고객은 숫자 중 하나에 베팅하고, 베팅이 적중하면 고객은 35달러를 받게 된다. 만약 그렇지 못하면 베팅한 금액 1달러를 잃게 된다. 고객의 승리를 양수, 손실을 음수라고 했을 때 고객의 '승리'에 대한 기댓값 공식은 다음과 같다.

$$E(\text{고객이 딴 돈의 액수}) = -\text{잃은 돈의 액수} \times \text{돈을 잃을 확률} \\ + \text{획득한 금액} \times \text{돈을 딸 확률}$$

첫 번째 항에 마이너스를 붙인 이유는 고객이 '잃어버린' 금액을 나타내기 때문이다.

이런 식으로 위에서 가정한 조건에 따라 '고객이 딴 금액'에 대한 기댓값(원)을 계산해 낼 수 있다.

$$E = (-1) \times \frac{37}{38} + 35 \times \frac{1}{38} = -\frac{1}{19}$$

'고객이 딴 액수'의 총 기댓값은 음수이고, 이것은 도박꾼에게 불리하다. 그러나 어리석은 카지노 사장이 위 규칙 속에 등장하는 35달러를 38달러로 바꿔 버리면 계산한 기댓값이 양수가 될 수 있다. 이런 식의 전략은 고객에게 유리하다. 만약 35달러를 37달러로 바꾸면 어떻게 될까? 이때 계산한 기댓값은 0이고, 이것은 장기적으로 볼 때 도박꾼과 카지노가 모두 동률이고, 양측 모두 지거나 이기지 않는 것을 의미하므로 (카지노의 개장 비용은 계산에 넣지 않음) '공정한 거래'라고 말할 수 있다.

따라서 기댓값은 이성적인 도박꾼이 도박을 할지 말지를 결정할 때 자주 사용하는 수학적 근거가 된다.

그렇지만 이 수학적 근거에 따라 내린 결정이 사람들의 경험과 직감에서 나온 판단과 완전히 일치하지 않는 경우도 있다. 왜 이런 일이 생길까? 니콜라우스 베르누이는 '상트페테르부르크의 역설'을 예로 들어 이 문제에 대한 의문을 제기했다.

니콜라우스는 간단한 게임 방법을 설정했다. 고객은 매번 베팅할 필요는 없지만, 고정 가격(m원)의 입장권을 구매해서 참가해야 하고, 게임 규칙은 다음과 같다.

고객은 동전을 계속 던지다가 앞면이 나오면 멈춘다. 만약 뒷면이 나오면 앞면이 나올 때까지 동전 던지기를 이어간다([그림 1-5-3] 참조). 만약 앞면이 나와서 게임이 멈추면 고객은 상금을 받을 수 있고, 상금 액수는 시행 횟수와 관련되어 있다. 게임이 오래 지속될수록 상금의 액수

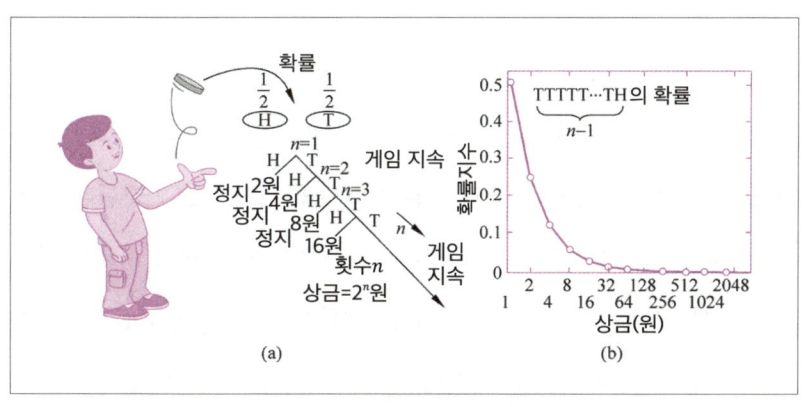

[그림1-5-3] 상트페테르부르크의 역설
(a) 게임 과정 중 동전의 앞면이 나올 때 멈춤 (b) 상금이 증가할수록 확률은 감소

가 커진다. 예를 들어 게임이 멈췄을 때 고객이 동전을 n번 던졌다면, 그 고객이 받을 수 있는 금액은 $2n$원이다.

좀 더 구체적으로 말하자면 다음과 같다. 처음 던졌을 때 앞면이 나오면 게임이 중단되고 고객은 2원(2^1원)을 수령할 수 있을 뿐이며, 뒷면이 나오면 게임은 계속 진행된다. 두 번째로 앞면이 나오면 고객은 4원(2^2원)을 받고, 뒷면이 나오면 또 계속해서 던질 수 있다. 이와 같은 방식으로 유추했을 때 고객이 n번 던졌을 때, 모두 앞면이 나왔다면 상금은 2^n원이 된다. 즉, 상금의 액수는 n이 증가할수록 커진다.

이제 이 게임에서 고객의 '딴 돈'의 기댓값, 즉 앞면이 나올 때마다 받을 수 있을 거라고 기대하는 금액과 확률을 곱한 후 서로 더해서 계산해 보자.

$$E = \frac{1}{2} \times 2 + \frac{1}{4} \times 4 + \frac{1}{8} \times 8 + \frac{1}{16} \times 16 + \cdots - m$$
$$= 1 + 1 + 1 + 1 + \cdots - m = (\sum_{k=1}^{\infty} 1) - m = \infty$$

위의 계산대로라면 입장료 m이 얼마이든(유한) 상관없이 얻을 수 있는 기댓값은 무한하다. 위의 결론은 조금 이상해 보인다. '기댓값이 무한대로 커진다는 것'은 입장권 비용이 아무리 비싸도 도박꾼들은 기꺼이 이 게임에 참가한다는 것을 의미하기 때문이다. 그러나 이것은 현실과 거리가 멀다. 설문 조사를 해 보면, 대다수가 많은 돈을 들이면서까지 이 게임에 참가하려 하지 않는다는 것을 알 수 있다. 이는 그들이 느끼는 위험이 너무 크기 때문이다. 입장권에 투자한 돈이라도 건지려면 여섯 번 이상을 던져야 하지만, 사람들은 이미 경험을 통해 여섯 번을 연속으로 던져서 그 결과가 'TTTTTF'로 나올 확률이 극히 낮다는 것을 알고 있다.

이 지점이 바로 모순의 시작이다. 따라서 니콜라우스는 이것을 역설이라고 생각했다. 사람들은 결정을 내릴 때 수학적 기대치의 크기를 지표로 삼을 뿐 아니라 그 위험도까지 고려한다. 수학적 기댓값만으로는 위험 요소를 완전히 설명할 수 없다.

그렇다면 왜 '상트페테르부르크의 역설'이라고 부를까? 이 역설은 니콜라우스가 제기했지만 그것을 해결한 사람은 다니엘이었기 때문이다. 다니엘은 경제학의 효용이론을 이용해 이 문제를 설명하자고 제안했고, 1738년 상트페테르부르크에서 열린 학술회의에서 논문을 발표했다. 이때부터 그의 이론은 '상트페테르부르크의 역설'이라고 불렸다.

도박과 관련된 또 다른 유명한 문제 중 하나인 '도박꾼의 파산 문제'에 대해서는 뒤에서 다시 소개하고자 한다. 도박은 나쁜 습관이지만 이를 통해 수많은 흥미로운 수학적 문제가 제기되었고, 이는 확률론의 발전을 이끄는 계기가 되었다. 상트페테르부르크의 역설의 해결은 '효용이론'의 확립으로 이어졌고, 경제학의 발전을 이끌었다. 확률론은 큰 수의 법칙뿐 아니라 매우 중요한 '중심 극한 정리'를 포함하는데, 다음에 이어지는 내용이 바로 중심 극한 이론 및 그 응용과 관련된 내용이다.

06
어디서나 등장하는 종 모양 곡선: 중심 극한 정리

앞에서 이미 도박사의 오류를 통해 확률론의 큰 수의 법칙을 소개했다. 큰 수의 법칙은 무작위 사건이 여러 차례 반복해서 일어날 때 빈도의 안정성을 말하며, 시행 횟수가 증가할수록 사건 발생의 빈도는 특정 상수에서 점차 안정된다. 즉, 시행을 통해 얻은 빈도가 예상한 '확률'에 가까워지게 된다. 동전을 던지는 시행에서 동전의 양면이 이상적인 대칭을 이룰 때 여러 번 던진 후 앞면(1)이 나올 확률은 0.5에 가까워진다. 만약 동전이 비대칭일 경우 앞면(1)이 나올 빈도는 특정 극한값 P, 즉 앞면(1)이 나올 확률에 가까워진다.

확률 분포 함수

큰 수의 법칙은 시행을 여러 번 반복한 후 평균값의 극한을 결정하지만 사건의 빈도(혹은 확률)의 분포 문제에까지 영향을 미치지 않는다. 확률 변수가 취하는 값들의 확률로 이루어진 분포를 '확률 분포'라고 부른다. 확률 분포 함수는 확률론에서 수학적으로 엄격하게 정의된 개념이다. 여기서 우리는 통속적인 의미의 '분포'에 대해 먼저 알아보고자 한다.

3세 남자아이 100명의 신장 데이터를 수집해 [그림 1-6-1(a)]의 왼쪽 표와 같은 통계 결과를 얻었다고 가정해 보자. 우리는 남자아이의 키를 확률 변수로 간주할 수 있고, 이 100개의 데이터는 100개의 키 표본 값을 대표한다. 이 표본 값은 91cm에서 100cm까지 다양하며, 각 표본의 정확한 수치를 제시하지 않고 1cm 범위당 표본 개수(인원수)만을 표시했다. 각 키의 범위 안에 있는 인원수는 이 범위 안에서 키가 취할 수 있는 값의 확률로 변환할 수 있고, 이것이 [그림 1-6-1(a)]의 오른쪽 그래프에 보이는 각각의 두 좌표축에 해당한다. 이 데이터에 근거해 키의 평균값을 대략 95.5cm로 계산할 수 있다. 이 평균값은 100개 데이터의 부분적 특징만을 보여줄 뿐이며, 이것만으로는 특정 값 근처에서 데이터가 어떻게 분포하는지 설명할 수 없다. 이 그래프의 분포를 통해 알 수 있는 것은 개별 데이터 구간에 속하는 인원수가 총인원수 안에서 차지하는 비율, 즉 확률이다. 예를 들어 [그림 1-6-1(a)]의 오른쪽 그래프를 보면 남자아이의 키가 95~96cm일 확률은 22%, 93~94cm일 확률은 14%, 99~100cm일 확률은 2%이다.

[그림 1-6-1(b)]에서 곡선 Envelope Line은 확률 밀도 함수 $P(x)$이다. 또 다른 관련 개념은 확률 분포 함수 $P(x_0)$이고, $x<x_0$ 범위 안에 있는 사건 발생의 확률을 가리킨다. 확률 분포 함수와 확률 밀도 함수의 구별은 [그림 1-6-1(b)]와 같다.

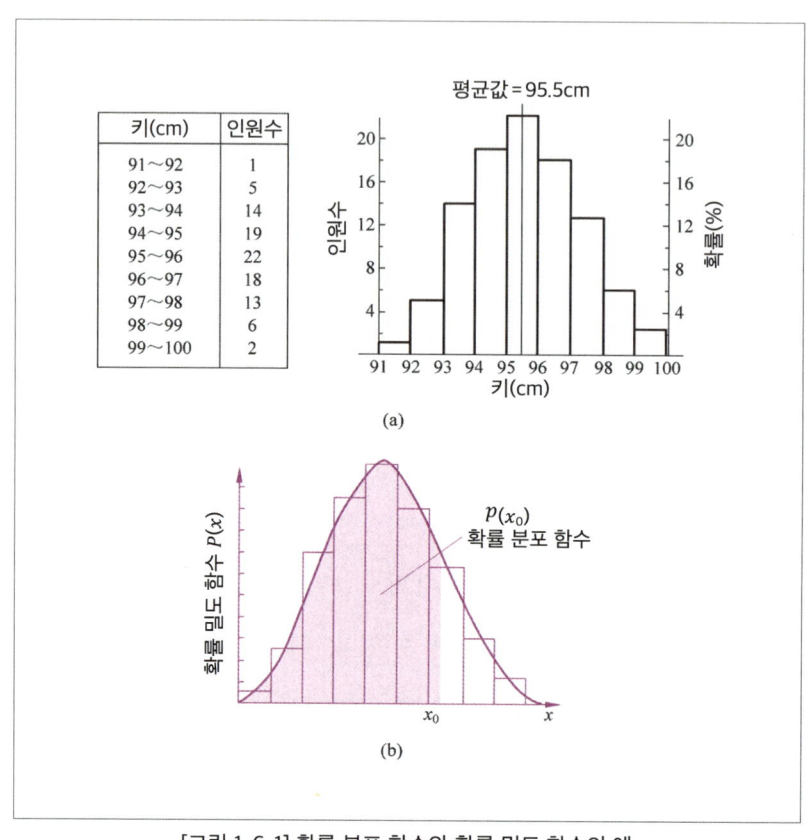

[그림 1-6-1] 확률 분포 함수와 확률 밀도 함수의 예
(a) 3세 남자아이의 키 분포 (b) 확률 분포 함수와 확률 밀도 함수

이항 분포

동전 던지기의 예로 다시 돌아가서 동전을 던질 때의 확률을 이항 분포로 설명할 수 있다. 예를 들어 앞뒤가 균일한 동전을 4회 던졌을 때, 앞뒤(1, 0)가 나올 가능성은 16가지(0000부터 1111까지의 16개 이진수로 표현

가능)이고, 큰 수의 법칙에서 다루는 확률 $p=0.5$는 이 상황의 평균값을 가리킨다. '확률 분포 함수'는 이 16가지 가능성이 확률 그래프에서 각각 존재하는 위치를 나타낸다. 이론적으로 말하자면 이 16가지 가능성 가운데 1이 0, 1, 2, 3, 4회 나올 확률은 각각 $\frac{1}{16}, \frac{4}{16}, \frac{6}{16}, \frac{4}{16}, \frac{1}{16}$이다. [그림 1-6-2(a)]에서 보여주는 것이 바로 시행 횟수 $n=4$일 때 다양한 '발생 횟수'에 대한 1의 확률 분포이다.

이로써 동전 던지기의 확률 분포는 시행 횟수 n의 변화에 따라 달라지는 것을 분명히 알 수 있다. 동전의 경우 이항 분포는 이항 계수에 대응하는 값을 갖는 이산 함수, 즉 파스칼 삼각형의 n번째 행이다. 시행 횟수 n이 증가할수록 가능한 배열의 수 역시 증가한다. 예를 들어 $n=4$일 때 (1, 4, 6, 4, 1)에 대응하고, $n=5$일 때 파스칼 삼각형의 다섯 번째 행 (1, 5, 10, 10, 5, 1)에 대응하고… 그 후에도 이와 같은 방식으로 계속 적용된다. [그림 1-6-2(b)]를 보면 $n=5, 20, 50$의 확률 분포도가 그려져 있다.

[그림 1-6-2]는 실제 시행을 통해 얻은 '빈도' 분포도가 아닌 '확률' 분포도이다. 중심 극한 정리에 따르면 시행 횟수가 증가할수록 '빈도'가 '확률'에 접근한다. 그런데 이 정리를 통해 알 수 있는 더 중요한 사실은 n이 충분히 클 때, 이항 분포가 특수한 이상적 분포, 즉 정규 분포 혹은 가우스 분포에 가까워진다는 것이다. 그 곡선이 종 모양이기 때문에 사람들은 그것을 '종형 곡선'이라고도 부른다.

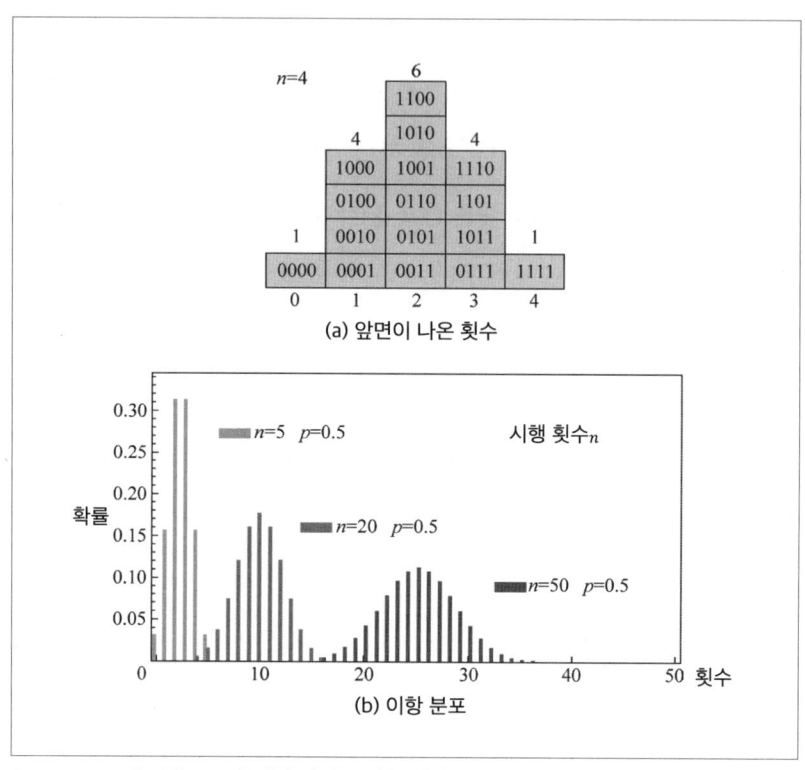

[그림 1-6-2] 여러 차례 동전을 던져서 앞면이 나올 확률 분포

    큰 수의 법칙과 중심 극한 정리를 보다 직관적으로 이해할 수 있도록, [그림 1-6-3]에서는 동전 던지기의 결과를 수치로 나타냈다(앞면=1, 뒷면 =-1). 이런 식으로 값을 부여한 후 큰 수의 법칙에 따른 결과를 보면, 동전을 던지는 시행의 횟수가 커질수록($n \to \infty$), 결과의 평균값은 0에 가까워진다. 즉, 앞뒷면이 나온 횟수가 서로 같으면 그 수치를 더했을 때 서로 상쇄된다. 중심 극한 정리는 평균값(=0) 이외에도 결과의 분포 상태를 고려한다. [그림 1-6-3(b)]에서 볼 수 있듯이 동전을 한 번만 던지면

앞면(1)과 뒷면(-1)이 나올 확률은 동일하고, 공정한 동전에 대응하는 확률 분포의 평균값은 0이다. 동전을 던진 횟수 n이 증가해도 평균값의 극한은 여전히 0을 유지하지만, 점수 합계와 분포 모양은 달라진다. n이 한없이 커지면 분포는 정규 분포에 가까워지고, 이것은 중심 극한 정리의 대표적인 예이다.

이항 분포가 반드시 대칭을 이루는 것은 아니다. [그림 1-6-2]의 그래프가 대칭을 이루는 이유는 여기서 보여준 것이 균일한 동전($p=0.5$)의 확률 분포이기 때문이다. 만약 앞면이 나올 확률 p가 0.5가 아니라면, 즉 앞면과 뒷면이 균일한 이상적인 동전이 아니라면 앞뒷면이 나올 확률이 같을 수 없다. 그렇다면 확률 분포도 역시 대칭을 이룰 수 없다.

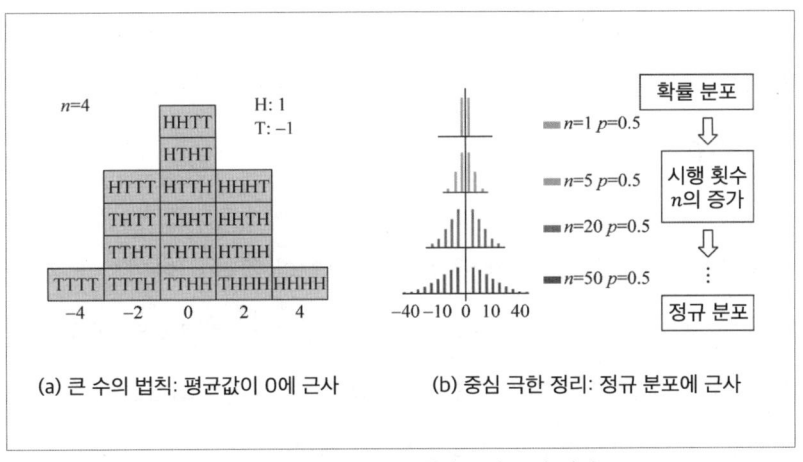

[그림 1-6-3] 큰 수의 법칙과 중심 극한 정리

[그림 1-6-4]는 확률 p가 0.1부터 1까지 변할 때, $n=20$의 확률 분포를 보여준다.

이항 분포 외에도 포아송 분포, 지수 분포, 기하 분포 등 비슷한 유형의 수많은 확률 분포가 존재한다. 또한 연속 확률 변수의 경우 확률 분포 함수의 개념이 확률 밀도 함수의 개념으로 대체된다.

가장 흔히 볼 수 있는 확률 분포는 정규 분포이다. 정규 분포는 프랑스 수학자 드 무아브르가 1718년에 처음 발견했다. 그는 친구가 제기한 도박 문제를 해결하기 위해 이항 분포를 연구하는 데 몰두했다. 그는 시행 횟수가 증가할 때 이항 분포($p=0.5$)가 종 모양처럼 보이는 곡선에 가까워진다는 것을 발견했다. [그림 1-6-2(b)]의 $n=50$의 이항 분포에서도 이 점을 확인할 수 있다. 이항 분포는 팩토리얼factorial 계산이 필요하기 때문에 드 무아브르는 이로부터 스털링Stirling의 공식(훗날 스털링에 의해 증명됨)을 처음 발견했고, n값이 아주 클 경우 팩토리얼(계승) 값을 근사적으로 계산하는 데 편리하다. 드 무아브르는 이론적으로 가우스 분포의 표현식을 도출해 냈다.

충분히 많은 시행을 통해 우리는 종 모양의 곡선을 어디서나 볼 수 있다는 것을 알게 되었다. 우리가 사는 세상은 정규 분포의 대표적 형태인 '종 모양'으로 둘러싸여 있고, 사람의 키, 눈송이의 크기, 측량 오차, 전구의 수명, IQ 값, 빵의 무게, 학생의 시험 점수 등 수많은 값이 정규 분포를 따른다. 19세기의 유명한 수학자 앙리 푸앵카레Henri

Poincaré(1854-1912)는 '모든 사람은 정상적인 법칙을 믿고, 실험자는 그것이 수학적 정리라고 생각하며, 수학자는 이것을 실험적 사실이라고 여긴다.'라고 말했다. 대자연은 종종 인간이 이해하기 어려운 심오하고 경이로운 창조물을 만들어 낸다. 종 모양 분포 곡선이 어디에나 존재하는 이유는 무엇일까? 그 오묘한 비밀은 중심 극한 정리로부터 온다.

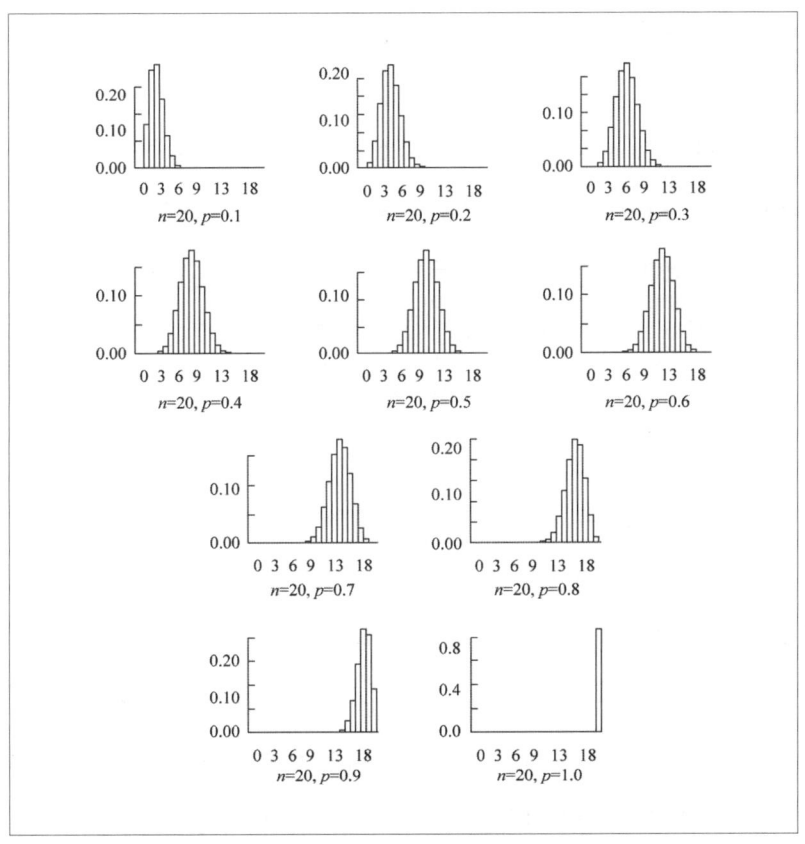

[그림 1-6-4] 비대칭 이항 분포

중심 극한 정리

앞에서 언급한 것처럼 드 무아브르는 $p=0.5$일 때 이항 분포의 극한이 가우스 분포라는 것을 증명했다. 훗날 프랑스의 유명한 수학자 라플라스는 이것과 관련해서 더 상세한 연구를 진행했고, p가 0.5가 아닐 때 이항 분포의 극한도 여전히 가우스 분포라는 것을 증명해 보였다. 그 후 사람들은 이것을 '드 무아브르-라플라스 중심 극한 정리'라고 불렀다.

시간이 흘러 중심 극한 정리의 조건은 이항 분포에서 독립적이고 동일한 분포를 따르는 확률 변수열 및 동일하지 않은 분포의 확률 변수열로 확장되었다. 이 때문에 중심 극한 정리는 단순한 정리가 아니라 특정 조건 아래서 독립인 확률 변수의 합으로 이루어진 극한 분포가 정규 분포가 되는 일련의 명제를 아우르는 통칭으로 사용된다.

중심 극한 정리의 놀라움은 인정하지 않을 수 없다. 일정한 조건 하에서, 다양한 형태의 확률 분포에서 생성된 확률 변수들이 합쳐졌을 때, 그 전체 효과는 정규 분포를 따르게 된다. 이 점은 통계학 실험에서 특히 유용한데, 실제 생물학적 또는 물리적인 확률 과정은 하나의 단일한 원인에 의해 발생하지 않고, 다양한 무작위 요인의 영향을 받기 때문이다. 하지만 중심 극한 정리는 우리에게 이렇게 말해 준다. 과정을 일으키는 다양한 요인의 기본 분포가 어떠하든지 간에, 시행 횟수 n이 충분히 크다면, 이 모든 무작위 요소들의 합은 근사적으로 정규 분포를 따르는 확률 변수로 간주할 수 있다.

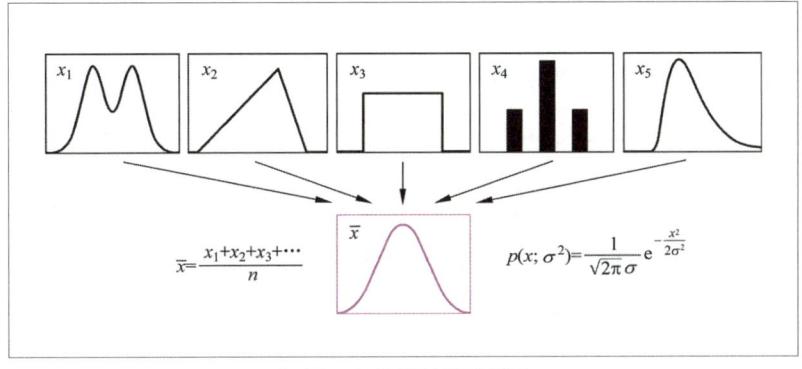

[그림 1-6-5] 중심 극한 정리

실제 문제에서는 수많은 변수가 전체에 미치는 영향을 늘 고려해야 한다. 예를 들어 사람의 키에 영향을 주는 요소는 영양, 유전, 환경, 인종, 성별 등 다양하며, 이런 복합적인 요인이 모여 인간의 키는 기본적으로 정규 분포에 근사한 결과를 보여준다. 또 다른 예로, 물리 실험에서는 오차가 수도 없이 발생하는데, 그 원인은 매우 다양하다. 만약 오차를 유발하는 모든 요인을 명확히 분석할 수 있다면, 개별 오류 하나의 분포 곡선은 꼭 가우스 분포를 따르지 않을 수도 있다. 하지만 이 모든 오차를 합치면, 실험자는 일반적으로 정규 분포에 가까운 실험 결과를 얻을 수 있다.

골턴의 핀 보드 실험

프랜시스 골턴Sir Francis Galton(1822-1911)은 영국의 유명한 통계학자이자 심리학자, 유전학자이다. 그는 찰스 다윈의 사촌이고, 다윈만큼 세상에 이름을 알리지 못했다 해도 결코 무명의 학자는 아니었다. 게다가 골턴은 어린 시절에 신동으로 불렸고, 90살 가까이 살면서 다방면으로 박식한 재능을 뽐낸 학자였다. 그는 관심 분야가 광범위하고, 연구 수준도 심오했으며, 과학사를 둘러봐도 같은 시대를 산 학자 중에 그를 능가할 만한 사람은 몇 되지 않았다. 그가 손을 댄 분야는 천문, 지리, 기상, 기계, 물리, 통계, 생물, 유전, 의학, 생리, 심리뿐 아니라 사회와 관련된 인류학, 민족학, 교육학, 종교 및 우생학, 지문학, 사진술 등으로 폭넓었다.

다윈이 『종의 기원』을 발표한 후 골턴도 연구 방향을 생물 및 유전학으로 전환했다. 일란성 쌍둥이에 관한 그의 첫 번째 연구는 지문의 영속성과 고유성을 입증했다. 이 외에도 그는 유전의 관점에서 인간 지능을 연구하고 아울러 우생학(종을 개량할 목적으로 인간의 선발육종을 찬성하는 유사과학)을 제기하며 통계학적 방법을 생물학에 적용한 최초의 인물이 되었다. 또한 그는 핀 보드 실험을 설계해 통계학적 관점에서 유전 현상을 설명하고자 했다.

나무 판 위에 동일한 간격으로 n개의 줄로 핀을 배열해 고정하고, 이

때 각 줄의 핀은 바로 앞줄의 서로 인접한 두 개의 핀 사이에 둔다. 그런 후에 직경이 핀의 간격보다 약간 작은 구슬을 입구에서 떨어뜨리면, 작은 구슬은 떨어지는 과정에서 핀에 부딪히며 $\frac{1}{2}$의 확률로 왼쪽으로 굴러가거나 혹은 오른쪽으로 굴러가면서 아래로 이동한다. 이런 식의 과정이 반복되는 동안 구슬은 여러 개의 핀을 거쳐 아래쪽에 있는 여러 개의 칸 안으로 굴러떨어진다. 이 실험을 통해 충분히 많은 양의 구슬을 떨어뜨렸을 때 칸 안에 공이 쌓인 모양이 정규 분포와 유사한 모습을 보여준다. 따라서 골턴의 핀 보드 실험은 중심 극한 정리를 직관적으로 증명하는 실험이라고 할 수 있다.

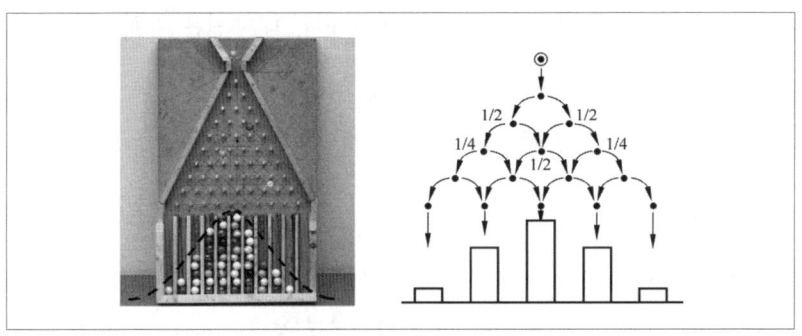

[그림 1-6-6] 골턴의 핀 보드 실험

중심 극한 정리의 의미

중심 극한 정리는 왜 우리가 주변에서 정규 분포를 자주 목격하게 되는지를 설명해 주는 듯하지만, 곰곰이 생각해 보면 또 의문이 든다. 왜

자연이라는 '신'은 굳이 중심 극한 정리 같은 원리를 만들어 낸 걸까? 과학이 흥미로운 이유는 바로 이런 끊임없는 '왜 그런가?'라는 질문에서 비롯된 호기심 때문이다. 끊임없이 이어지는 물음과 의문들이 우리를 세상과 만물에 대한 끝없는 탐구로 이끌어 주는 것이다.

물리학에는 '최소 작용의 원리'가 존재하는데, 그것은 의심의 여지 없이 대자연의 가장 매혹적이고, 가장 미묘한 원리 중 하나로 손꼽힌다. 그것의 간결성과 보편성은 흡사 괴테의 시에 나오는 '이 부적을 쓴 이는 어떤 신과 같은 존재인가? 그것은 내 마음속의 격정을 평온하게 해 주고, 기쁨으로 가득 채워주네! 그것은 현묘한 영감으로 나를 위해 자연의 베일을 벗겨주노라!'라는 내용처럼 경이롭다. 대자연은 마치 경제학자처럼 물리 시스템의 작용량이 늘 극값을 취하도록 만든다.

확률론 속의 중심 극한 정리도 종종 사람들에게 비슷한 충격과 놀라움을 안겨준다. 사실상 중심 극한 정리는 극한값 '원리'와도 연관되어 있다. 그것은 바로 우리가 이 책의 뒷부분에서 만날 '엔트로피 최대 원리 Principle of Maximum Entropy'이기도 하다. 정규 분포는 이미 알려진 모든 평균 및 분산의 분포 중에서 정보 엔트로피를 최댓값으로 갖는 분포를 가리킨다. 다시 말해서 정규 분포는 평균 및 분산이 이미 알려진 다양한 분포 중에서 대자연의 선택을 받은 '특별한 전령'과 같은 존재이며, 심오한 물리적 의미를 담고 있고, 무작위 속에 존재하는 필연성을 잘 보여준다. 빛이 최단 시간의 경로를 따라 전파되고, 중력장 안의 물체가 측지

선을 따라 움직이는 것처럼 확률 변수는 최적의 종 모양 곡선을 따라 분포한다.

수학 이론에서 정규 분포가 가진 우월성은 다음과 같다. ① 두 개의 정규 분포를 곱하면 여전히 정규 분포가 된다. ② 두 개의 정규 분포의 합도 정규 분포이다. ③ 정규 분포의 푸리에 변환$^{\text{Fourier Transform}}$은 여전히 정규 분포이다.

우리는 미적분의 테일러 급수 전개와 유사한 방식으로 큰 수의 법칙과 중심 극한 정리를 이해할 수도 있다. 미분 가능한 연속 함수 $f(x)$를 a의 근방에서 테일러 급수로 전개하면 함수의 값을 대략적으로 계산할 수 있다.

$$f(x) = \sum_{n=0}^{\infty} \frac{f^{(n)}(a)}{n!} (x-a)^n = f(a) + f'(a)(x-a) + \cdots$$

여기서 0차 근사 $f(a)$는 a에서의 $f(x)$ 값이고, 1차 근사에서 미분계수 $f'(a)$는 a에서의 1계 도함숫값이다. 남은 고계 미분계수는 일정한 조건 아래서 무시할 수 있다. 위의 식으로부터 함수의 테일러 전개의 n차 계수는 함수의 n계 미분계수를 n의 계승으로 나눈 것이다. 즉, $\frac{f^{(n)}(a)}{n!}$이다. 이와 마찬가지로 우리는 확률 변수 X에 대해서도 형식적인 전개를 할 수 있다.

$$X = nE(X) + \text{sqrt}(n)\text{std}(X)N(0,1) + \cdots$$

그중 확률 변수의 기댓값 $E(X)$는 $f(a)$에 대응하고, 표준 편차 $\text{std}(X)$는 1계 도함수에 해당하며, 정규 분포 $N(0,1)$는 $(x-a)$에 대응하고, 뒤에 나오는 것은 무시해도 되는 고계 미분계수이다. 또한 물리학의 '모멘트moment' 개념으로 각 차수의 매개 변수를 설명할 수 있다. 기댓값 μ는 1차 모멘트이고, 분산 σ^2는 2차 모멘트이다. 큰 수의 법칙은 1차 모멘트를 제공하며, 확률 변수 분포의 중심을 나타낸다. 중심 극한 정리는 2차 모멘트(분산)를 제공하며, 중심(기댓값)에 대한 분포의 분산 정도를 보여준다. 만약 더 높은 차수의 미분계수를 고려한다면 3차 모멘트는 '왜도'에 대응하며, 분포의 편차 대칭의 정도를 보여준다. 4차 모멘트는 '첨도'에 대응하고, 확률 분포의 뾰족한 정도를 나타낸다. 정규 분포의 왜도와 첨도는 모두 0이고, 이 때문에 정규 분포는 단 두 개의 매개 변수 μ와 σ만으로 분포의 성질이 완전히 결정된다([그림 1-6-7(b)] 참조).

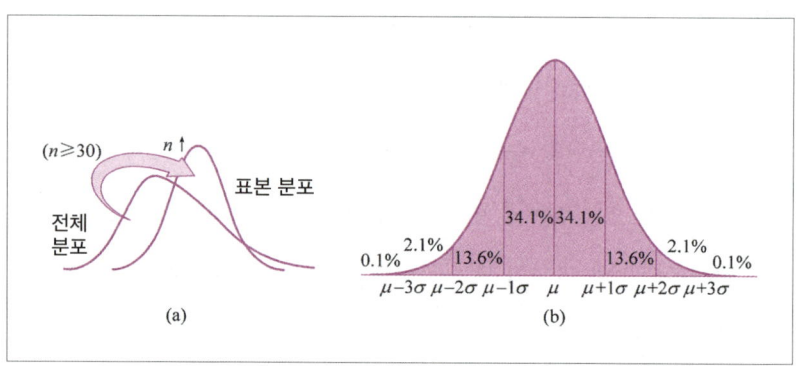

[그림 1-6-7] 정규 분포
(a) 전체 분포와 표본 분포 (b) 정규 분포의 두 매개 변수 μ와 σ

[그림 1-6-7(a)]가 보여주는 것은 전체적인 분포 형태가 어떠하든 중심 극한 정리에 의해 표본의 크기 n이 충분히 클 때 정규 분포로 근사할 수 있다는 사실이다. 이 점은 중심 극한 이론의 위력을 다시 한번 보여주며 실제 계산에 상당히 많은 편리함을 가져다주었다.

중심 극한 정리의 응용

중심 극한 정리는 일정한 조건 하에서, 각 확률 변수가 전체 합에서 차지하는 비중이 매우 작기만 하면, 분포 형태가 어떻든 많은 수의 독립 확률 변수의 합은 정규 분포로 근사될 수 있음을 이론적으로 증명한다. 이것이 실제로 만나는 많은 확률 변수가 정규 분포를 따르는 이유이며, 정규 분포가 통계 이론의 중요한 기초이자 실질적인 응용의 강력한 도구가 되는 이유이다. 중심 극한 정리와 정규 분포는 확률론, 수리 통계, 오차 분석 분야에서 매우 중요한 위치를 차지한다.

정규 분포는 매우 널리 응용되며, 두 가지 간단한 예를 들어 설명하고자 한다.

사례 1: 준혁은 모 보험 회사에 지원했고, 면접관은 그에게 이런 질문을 하나 했다. "당신이 생명 보험을 설계한다고 가정해 봅시다. 고객의 수가 만 명 정도이고, 피보험자는 매년 200원의 보험료를 내며, 보험 보상액은 5만 원입니다. 현지의 한해 사망률(자연사 및 사고사)이 0.25% 정도라면 회사의 이익을 어떻게 계산해야 합니까?"

준혁은 면접관 앞에서 잔뜩 긴장한 채 머릿속으로 계산기를 두드렸다. "고객 만 명으로부터 받은 보험료가 200만 원이고, 만 명을 사망률과 곱하면 25명이 사망할 가능성이 있으니, 보상액은 25×5만 원으로 계산해서 125만 원입니다. 따라서 회사가 거둘 수 있는 수익은 200만 원에서 125원을 뺀 75만 원 정도입니다." 그의 대답을 들은 면접관은 흡족한 미소를 지으며 계속 질문을 이어갔다. "75만 원은 대략적으로 가능한 금액일 뿐이죠. 만약 회사가 일 년 동안 이 항목을 통해 얻을 수 있는 총수익이 50에서 100만 원이 될 확률은 얼마나 됩니까? 혹은 회사가 적자를 볼 확률은 어떻게 계산할 수 있을까요?"

준혁은 이 질문에 순간적으로 당황했다. 확률을 계산하려면 확률 분포를 사용해야 하는데, 어떤 종류의 분포를 써야 하는지 확신이 서지 않았기 때문이었다. 그때 그의 머릿속에 대학 통계 과목에서 배웠던 '중심극한 정리'가 불현듯 떠올랐다. 만 명에 달하는 고객의 수는 충분히 큰 수에 속했기 때문에 이 질문은 정규 분포를 이용해 계산할 수 있었다. 그렇지만 정규 분포는 평균과 분산을 알아야 하는데 그것을 어떻게 계산해야 할까?

준혁은 먼저 생명 보험의 원칙을 떠올렸다. 그 원칙은 바로 피보험자가 사망하면 회사가 보험금을 주고, 사망하지 않으면 보험금을 지급하지 않는 것이다. 이것은 동전을 던지는 것과 같은 '이항 분포'의 문제였다. 다만 이 생명 보험 게임은 동전을 던질 때 앞면 혹은 뒷면이 나올 확률이 각각 50%인 것과 다르게 죽을 확률이 비교적 적을 뿐이다. 이 문제에서 보험 회사가 보상할 확률은 0.25%에 불과하다. 그러나 그것은 문제가 되지 않으며 똑같이 정규 분포를 응용해 근사할 수 있다. 평균과 분산만 알면 확률을 계산하는 것은 어렵지 않다. 준혁은 정규 분포의 간단한 그래프 및 몇 가지 핵심 수치를 떠올렸고, 종이에 그것을 그려 넣고 계산을 해 봤다([그림 1-6-8] 참조). 이 구체적인 상황 속에서 이항 분포의 평균은 $\mu = E(X) = np = 10000 \times 0.25\% = 25$이고, 이항 분포의 분산은 $\sigma^2 = Var(X) = np(1-p) = 25$이며, 이로부터 표준 편차 $\sigma = 5$를 얻을 수 있다.

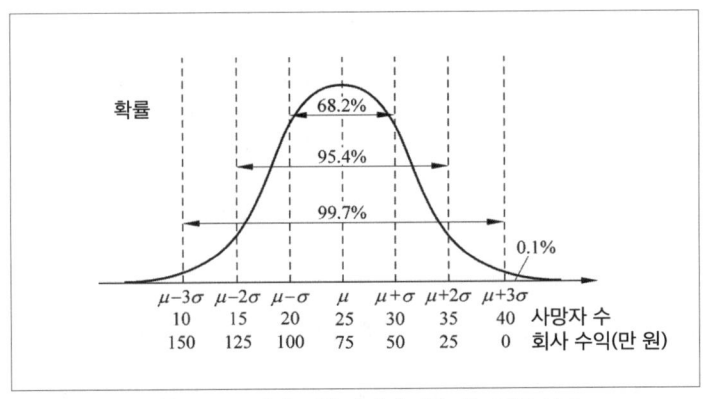

[그림 1-6-8] 생명 보험 평가에 사용되는 정규 분포

그런 후 회사가 50~100만 원을 벌 확률을 계산하려면 [그림 1-6-8]을 보면 알 수 있다. 즉, 사망자 수가 20~30명일 확률은 정확히 $\mu-\sigma$부터 $\mu+\sigma$ 사이의 면적에 있는 68.2% 내외이다. 회사가 어떤 상황에서 손실

을 입을지에 대해 직관적으로 말하자면 사망자 수가 40명보다 많아지는 순간부터 회사는 손실을 입는다. 그렇다면 확률은 도대체 얼마일까? 마찬가지로 정규 분포를 이용해 40과 25의 차는 15이고 3σ와 같다. 따라서 사망자 수가 40명보다 많을 확률은 대략 0.1%이므로 보험 회사가 손실을 입을 확률은 매우 낮다.

사례 2: [그림 1-6-9(a)]는 미국에서 2010년 1,547,999명을 대상으로 실시한 학업 능력 평가 시험(SAT) 점수의 원본 데이터 분포도이다. 그중 1,313,812명이 1850점 이하이고, 74,165명은 2050점 이상을 기록했다. 이를 통해 우리는 1850점 이하의 점수 비율이 84.9%이고, 2050점 이상의 비율은 4.8%라는 것을 계산해 낼 수 있다.

또한 원래의 결과는 평균 점수 $\mu=1509$, 표준 편차 $\sigma=312$의 정규 분포 곡선으로 근사할 수 있다. 따라서 우리는 정규 분포 곡선으로부터 1850점보다 낮고, 2050점보다 높은 백분율을 계산할 수 있고, 그것은 [그림 1-6-9(b)]와 [그림 1-6-9(c)]에 각각 음영 처리된 부분의 면적에 해당한다. 가우스 적분에 근거해 구한 두 그래프의 음영 면적은 각각 0.862와 0.042이다. 원본 데이터의 계산 결과인 0.849와 0.048과 대조해 보면 그 차이가 매우 작다.

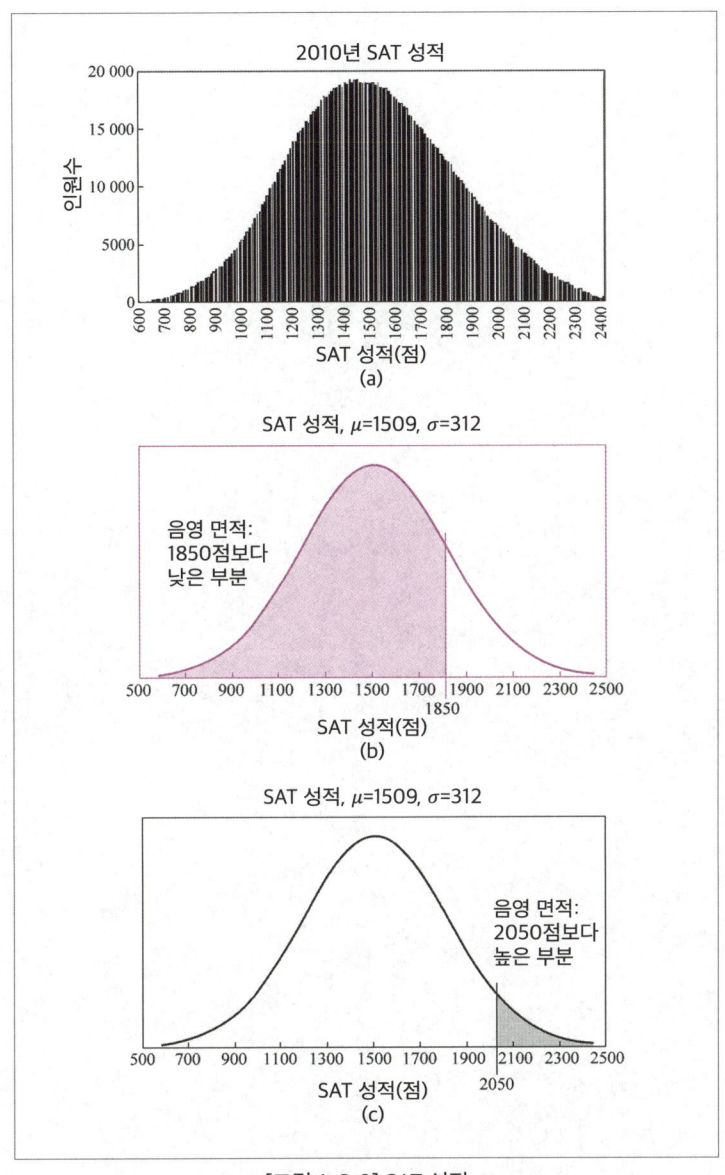

[그림 1-6-9] SAT 성적
(a) SAT 성적 원본 데이터 (b) 정규 분포를 이용해 구한 점수가 1850점보다 낮은 비율
(c) 정규 분포로 구한 점수가 2050점보다 높은 비율

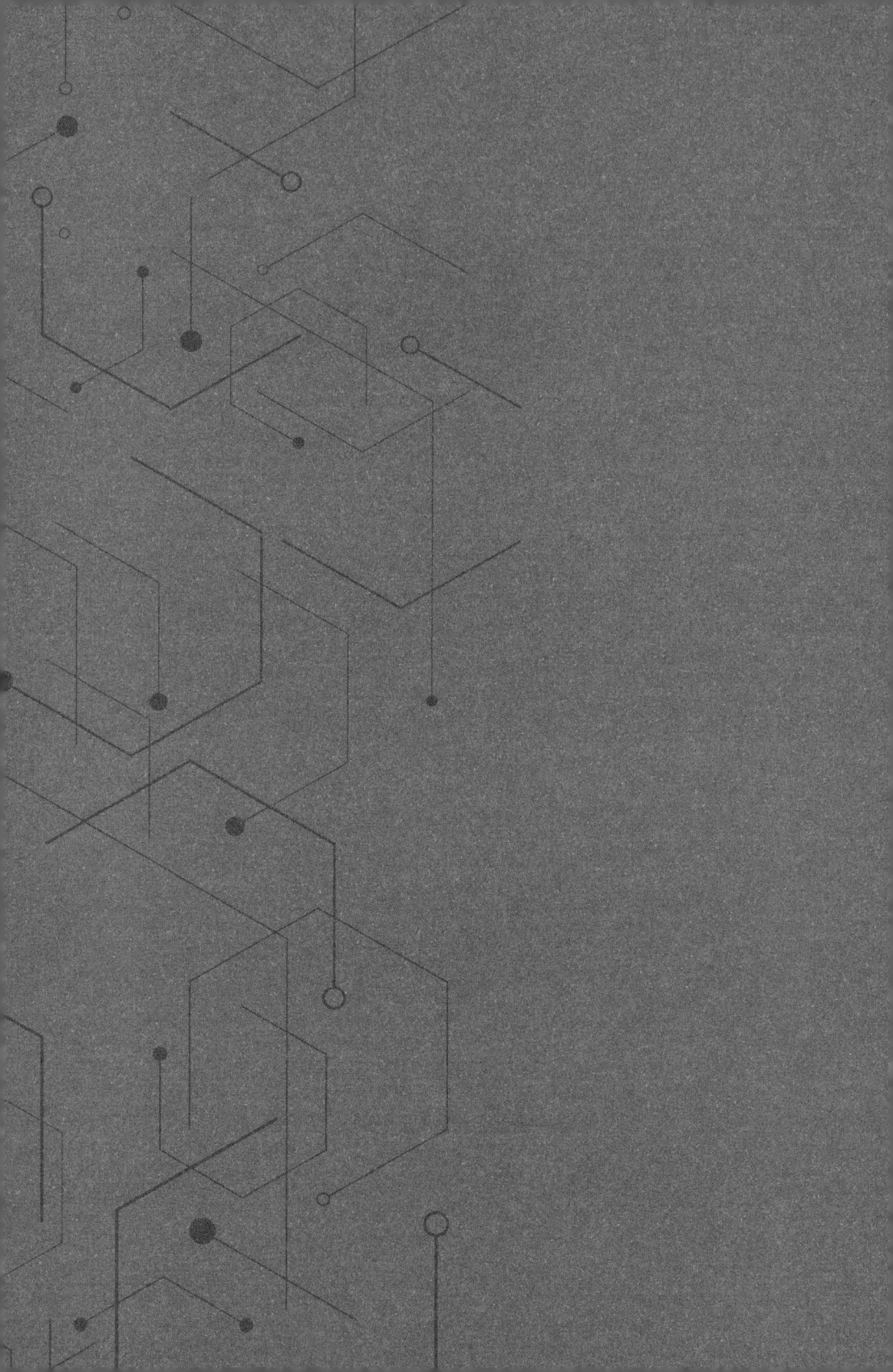

2
베이즈는 어떻게 생각할까?

앞서 언급한 토머스 베이즈는 18세기 영국의 수학자였지만, 오늘날 과학 기술계에서 다시 주목을 받고 있다. 그 이유는 바로 그의 이름을 딴 유명한 '베이즈 정리' 때문이다. 이 정리는 베이즈 학파의 발전을 이끌었을 뿐만 아니라, 현재는 인공지능과 밀접한 관련이 있는 머신러닝 분야에서도 광범위하게 활용되고 있다. 베이즈 학파는 고전적 확률학파와는 철학적 사상이 크게 다르며, 이에 대해 살펴보기 위해 먼저 하나의 흥미로운 고전 확률 문제부터 이야기해 보려 한다.

01
몬티 홀 문제

제1장에서는 기하 확률 모델과 관련된 베르트랑의 역설을 소개했다. 베르트랑은 1889년에 또 하나의 역설인 '베르트랑 상자 문제'를 제기하기도 했지만, 논리적으로 모순이 없으므로 역설이라고 할 수 없다. 이 문제는 게임 이론과 관련된 흥미로운 수학 게임으로, 흔히 '몬티 홀 문제'라고 알려져 있다.

몬티 홀 문제는 완전히 동일한 효과를 가진 여러 가지 버전을 가지고 있다. 그중 최초 버전은 19세기로 거슬러 올라간다. 이 문제의 본질은 마틴 가드너Martin Gardner가 1959년에 제기한 '세 죄수 문제'와 수학적으로 동일하다. 이 오래된 버전들은 오랫동안 큰 주목을 받지 못하다가 1990년을 전후해 큰 화제를 불러일으켰다. 뜨거운 논쟁의 불씨가 된 계기는 미국에서 1980년대에 시작되어 현재까지 방영되고 있는 유명한 TV 게임쇼 프로그램인 〈거래합시다Let's Make a Deal〉였다. 이것은 과학적 지식을 대중화하는 데 미치는 현대 미디어의 위력이 얼마나 대단한지를 여실히 보여주었다.

당시 프로그램 진행자였던 몬티 홀Monty Hall은 참가자들과 심리전을 능수능란하게 펼쳤고, 게임의 규칙을 갑자기 바꿔 참가자와 관객을 혼란스럽게 만들며 그들이 순발력 있게 창의적이고 유연한 사고를 하도록 유도했다([그림 2-1-1] 참조). 몬티 홀 문제 및 그것의 다양한 변형 버전은 바로 그가 자주 사용하는 비장의 무기였다.

[그림 2-1-1] 몬티 홀 문제

세 개의 닫힌 문 뒤에 자동차와 염소 두 마리를 따로 숨겨둔다. 만약 참가자가 자동차가 숨겨진 문을 선택하면 그 자동차를 상품으로 받을 수 있다. 이런 상황에서 참가자가 자동차를 선택할 확률은 $\frac{1}{3}$이다.

그러나 진행자는 게임 규칙을 살짝 바꾼다. 참가자가 하나의 문을 선택했지만, 그 문을 열기 전에 문 뒤의 상황을 이미 알고 있는 진행자가 말한다. "잠깐만요. 지금 당신에게 두 번째 기회를 드리죠. 먼저 제가 당신이 선택하지 않은 두 개의 문 가운데 염소가 있는 문을 하나 열어 안에 있는 염소를 보여드릴 겁니다. 그럼 당신에게는 두 가지 선택

권이 생깁니다. 원래 했던 선택을 바꾸거나 아니면 기존의 선택을 고수하는 거죠."

다시 말해서 참가자가 선택한 후 진행자는 남은 두 개의 문 중에서 염소가 들어 있는 문을 열고, 남은 하나를 열지 않은 채 참가자가 기존의 선택을 번복할지 말지 결정하도록 유도하는 것이다.

과연 선택을 바꿔야 할까? 우리는 '운'이 아닌 '확률'의 관점에서 이 문제를 생각해야 한다.

만약 선택을 바꾸지 않고 기존의 결정을 고수한다면 자동차에 당첨될 확률은 $\frac{1}{3}$이다. 반대로 선택을 바꾸면 자동차에 당첨될 확률이 높아질까? 사실 학계와 대중들은 이 문제에 대해 오랫동안 논쟁을 이어오고 있고, 여기서 우리는 주류의 관점에 관해서만 이야기하고자 한다.

답은 '그럴 수 있다'이다. 선택을 바꾸면 참가자의 당첨 기회를 높일 수 있고, 참가자가 '문 바꾸기'에 동의하면 그가 자동차에 당첨될 확률은 $\frac{1}{3}$에서 $\frac{2}{3}$까지 올라간다.

그렇다면 게임의 전 과정에서 참가자의 다양한 선택에 따라 발생하게 될 구체적인 상황 및 이러한 상황에서 선택을 바꾼 결과에 대해 분석해 보도록 하자.

참가자는 세 개의 문 중에서 하나를 선택했고, 세 가지 가능한 상황을 선택할 확률은 [그림 2-1-2]의 (a), (b), (c)처럼 각각 $\frac{1}{3}$이다.

(a) 참가자가 자동차가 있는 첫 번째 문을 선택하고, 진행자는 두 마리 염소가 있는 두 개의 문 중 하나를 연다. 선택을 바꾸면 자동차 당첨에 실패한다.

(b) 참가자가 염소가 있는 두 번째 문을 선택하고, 진행자는 세 번째 문을 연다. 선택을 바꾸면 자동차에 당첨된다.

(c) 참가자가 염소가 있는 세 번째 문을 선택하고, 진행자는 두 번째 문을 연다. 선택을 바꾸면 자동차에 당첨된다.

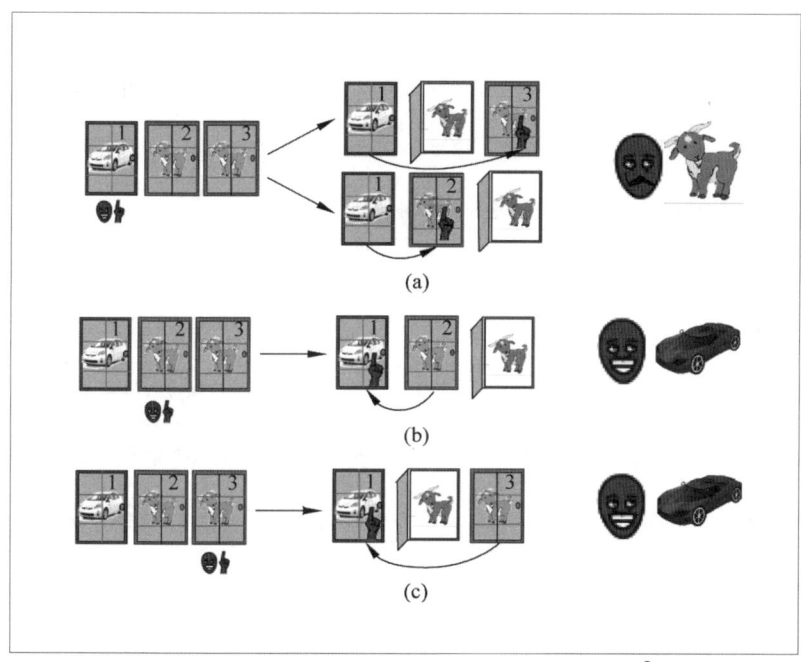

[그림 2-1-2] 참가자가 선택을 바꾸면 자동차에 당첨될 확률이 $\frac{2}{3}$로 변함

뒤의 두 가지 상황에서 참가자는 선택을 바꿔 자동차에 당첨될 수 있고, 첫 번째 경우에만 선택을 번복해 자동차와 멀어진다. 참가자의 변심은 세 가지 상황에서 두 번의 승리 기회와 한 번의 실패를 만들어 내고, 선택을 바꾼 경우 이길 확률이 $\frac{2}{3}$로 증가한다.

이 문제를 이해하기 위해 생각의 방식을 바꿔볼 수도 있다. 세 개의 문 중에서 두 개의 문 뒤에는 염소가 있고, 한 개의 문 뒤에는 자동차가 있다. 따라서 참가자가 처음 선택한 문 뒤에 자동차가 있을 확률은 $\frac{1}{3}$이고, 염소를 선택할 확률은 $\frac{2}{3}$이다. 만약 참가자가 먼저 자동차가 있는 문을 맞췄다가 다른 문으로 바꾸면 반드시 지게 된다. 반대로 염소가 있는 문을 처음에 선택하고 다른 문으로 바꾼다면 이길 가능성이 높아진다. 따라서 선택을 바꾼 후 이길 확률은 처음에 염소를 선택할 확률과 같은 $\frac{2}{3}$이다.

어쩌면 위의 설명도 선뜻 이해가 안 될 수 있지만 문의 개수가 10개(진행자가 염소가 있는 문 여덟 개를 열고 한 개를 남겨둔다), 100개(진행자가 염소가 있는 문 98개를 열고 한 개를 남겨둔다) 심지어 1,000개(진행자가 염소가 있는 문 998개를 열고 한 개를 남겨둔다)로 늘어난다면, 참가자가 선택을 바꾸었을 때 자동차에 당첨될 확률이 높아진다는 주류의 견해는 더욱 설득력을 얻는다.

예를 들어 [그림 2-1-3]에는 열 개의 문이 등장한다. 만약 문의 개수를 열 개로 늘리고, 그중 아홉 개의 문 뒤에 염소가 있고 한 개의 문 뒤에 자동차가 있다고 하자. 참가자는 처음에 3번 문을 선택했지만 그 뒤에 자동차가 있을 확률은 $\frac{1}{10}$에 불과하다. 뒤이어 진행자는 염소가 있는 여덟 개의 문을 열고, 남은 2번 문과 참가자가 선택한 3번 문을 가리키며 선택을 바꿀지 묻는다.

참가자는 비교적 이성적인 판단을 내렸다. 3번 문 뒤에 자동차가 있을 확률은 $\frac{1}{10}$이며, 나머지 $\frac{9}{10}$의 확률은 2번 문에 집중된 것으로 보인다. 선택을 바꾸면 확률이 9배로 증가하므로, 당연히 바꾸는 것이 유리하다.

[그림 2-1-3] 10개의 문을 가진 몬티 홀 문제

02
확률은 도대체 무엇인가?
몬티 홀 딜레마에서 시작된 철학적 고찰

몬티 홀 문제는 단지 흥미로운 게임 프로그램에 불과하지만, 학자들은 그것을 통해 심오한 수학과 철학적 문제를 고찰해 왔다. 이처럼 확률론은 흥미로운 학문이다. 수많은 문제가 단순해 보여서 당연히 이해하고 정답을 얻을 수 있다고 착각하지만, 결국 나중에야 그 답이 다르다는 것을 알게 되기 때문이다. 이러한 이유로 각 학파의 사람들이 자신의 관점을 앞다투어 발표했지만, 상대방을 설득하는 데 어려움을 겪는 경우가 생기면서 이로 인한 논쟁이 끊임없이 이어졌다.

사실 몬티 홀 문제에 얽힌 딜레마는 간단해 보이지만 복잡하기 그지없다. 앞서 언급한 주류의 분석을 바탕으로 내린 결론은 '당연히 바꾸는 것'이지만 실제로 다소 불공정하다. 1975년 캘리포니아대학교 버클리 캠퍼스의 생물통계학 스티브 셀빈Steve Selvin 교수는 《미국 통계학자 American Statistician》 저널에 몬티 홀 문제를 제기하는 논문을 발표했다. 그 후 지난 수십 년 동안 이 확률 문제의 결론과 관련해서 다양한 관점이 나왔고, 끝없는 논쟁이 이어졌다. 이러한 논쟁은 지금까지도 이어지고 있고, 이미 40개 이상의 학술 및 공공 저널에 수십 편의 논문이 게재되었으며, 논문, 서적, TV 프로그램에서도 종종 이와 관련된 논쟁이 벌어진다.

그중 가장 주목할 만한 것은 1990년에 연재되었던 유명한 신문 칼럼《마릴린에게 물어봐Ask Marilyn》에서 진행한 토론이었다. 칼럼의 진행자 마릴린 보스 사반트Marilyn vos Savant는 한때 가장 아이큐가 높은 여성으로 기네스 세계 기록에 오른 적이 있는 인물이다. 마릴린은 만 10세의 나이에 처음으로 스탠포드 비네Stanford-Binet IQ 테스트를 받았는데, 무려 228이라는 점수가 나왔다. 1985년 그녀는 39세의 나이에 성인을 대상으로 한 표준 편차 IQ 테스트를 받았고, 48개의 문제 중 46개를 맞춰 표준 편차 16으로 IQ 186을 기록했다.

마릴린은 문학 창작에 힘쓰던 와중에 '마릴린에게 물어봐' 칼럼을 개설해 수학부터 인생에 이르기까지 다양한 질문에 대한 전문적인 대답을 해 주었다. 몬티 홀 문제는 그중에서도 광범위한 논쟁을 불러일으켰지만, 결국 마릴린이 큰 승리를 거둔 전형적인 사례로 남아 있다.

마릴린은 칼럼에서 몬티 홀 딜레마의 모호한 부분을 설명하며 수많은 버전의 변종들을 여과시켰고, 그 규범을 체계적이고 공식적인 진술로 정리했다. 그녀는 선택을 바꿨을 때 자동차를 고를 확률이 $\frac{2}{3}$로 올라간다는 사실을 통속적이고 이해하기 쉬운 방식으로 증명해 보였다. 이것은 바로 우리가 앞에서 이미 언급한 방식과 답이기도 하다.

이 문제에 대해 반대 입장에 선 사람들의 관점과 결론은 다음과 같다. 문이 몇 개나 되든, 진행자가 이 문들을 어떻게 선택하고 열든 상관없이 게임의 표준 규칙에 따라 마지막 단계에서 참가자들은 모두 두 개의 문 가운데 하나를 선택해야 한다. 물론 그중 하나의 문 뒤에는 자동차가 있고, 또 다른 문 뒤에는 염소가 있다. 어떤 문을 선택하든 그 확률은 모두 $\frac{1}{2}$이므로 바꾸든 바꾸지 않든 자동차에 당첨될 확률은 $\frac{1}{2}$이고, 결국 바꾸든 안 바꾸든 아무 상관이 없다.

위와 같은 반박을 제기한 측의 관점은 일리가 있어 보이고, 절대다수의 직관에 부합하기도 한다. 따라서 그 당시 마릴린은 수천수만 명의 독자로부터 편지를 받았고, 90% 이상이 그녀의 관점에 반박했다. 그중에는 박사, 수학자, 학자는 물론 이 게임의 프로그램 진행자 몬티 홀도 포함되어 있었다. 수학과 과학계로부터 온 일부 편지에는 그녀의 답변에 반대하는 것을 넘어서서 그녀의 관점이 여자의 직감에서 나온 거라고 조롱하며 확률 과정을 다시 이수하고 이 문제를 거론하라는 무례한 충고도 서슴지 않는 내용도 쓰여 있었다. 반박을 하던 사람 중에서 가장 유명한 인물은 아마도 헝가리 출신의 유명한 수학자 폴 에르되시Paul Erdös(1913-1996)가 아닐까 싶다. 그는 지금까지도 수학 논문을 가장 많이 발표한 수학자이며, 발표한 논문만 해도 1,525편에 달한다.

그러나 이 여성은 그렇게 쉽게 무너질 존재가 아니었다. 그녀는 이 뜨거운 논쟁의 열기를 적극 활용해 전국 일선 학교의 수학 수업에서 통계학 실험을 한차례 진행했다. 그녀에게 영감을 받은 수백 명의 사람이 컴퓨터를 이용해 다양한 방식으로 이 몬티 홀 딜레마에 대한 시뮬레이션 실험을 진행했다. 이 실험의 결과는 모두 선택을 바꾸는 것이 참가자에게 더 유리하다는 그녀의 결론을 뒷받침해 주었다. 결국 그 이론은 실험을 통해 입증되며 설득력을 얻게 되었다. 설득력 있는 데이터 앞에서 마릴린의 주장에 끝까지 반대하던 폴 에르되시조차 더는 반박할 여지를 찾지 못했고, 마릴린은 이 결정적인 승리로 단숨에 유명 인사가 되었다.

사실 이 문제를 다음과 같은 예시를 들어 설명한다면 훨씬 쉽게 이해가 될지도 모른다.

밥은 10개의 상자를 준비한 뒤, 그중 하나에 다이아몬드 반지를 넣어 두었다. 밥은 다이아몬드 반지가 들어 있는 상자를 알고 있었지만, 앨리스는 알지 못했다. 그렇다면 다음과 같은 두 가지 상황을 고려해 보자.

(1) 앨리스가 상자 하나를 골라 가방에 넣고, 밥은 남은 아홉 개 상자를 자신의 가방에 넣은 다음 앨리스에게 가방을 바꿀 의향이 있는지 묻는다.
(2) 밥은 아홉 개의 상자 중에서 다이아몬드 반지가 없는 여덟 개의 상자를 쓰레기통에 버리고, 남은 한 개를 가방에 남겨둔 후 앨리스에게 가방을 바꿀 의향이 있는지 묻는다.

두 가지 상황은 실제로 완전히 똑같은 효과를 만들어 내지만, 직관적으로 다르게 느껴진다. 첫 번째 상황에서 앨리스의 가방 안에는 한 개의 상자만 있을 뿐이고, 밥의 가방에는 아홉 개의 상자가 있다. 그 비율이 9대 1이니 밥의 가방 안에 다이아몬드 반지가 있을 확률이 훨씬 크다. 두 번째 상황에서 두 개의 가방 안에 든 상자의 수는 1대 1이고, 사람들은 직관적으로 확률이 모두 $\frac{1}{2}$이므로 가방을 바꾸든 안 바꾸든 확률은 똑같다고 여기게 된다.

이 문제는 특히 확률 문제에서 직관을 쉽게 믿으면 안 된다는 것을 다시 한번 강조하고 있다.

대중들은 마릴린이 '몬티 홀 딜레마'를 해결한 것처럼 인식했고, 그녀의 결론을 '표준 답안'처럼 여겼다. 그러나 수학자들은 이 문제에 대한 연구를 여기서 멈추지 않았고, 1990년대 이후에 이 문제를 연구한 여러 편의 학술 논문이 발표되었다. 그중에서 가장 전형적인 예는 1991년 네 명의 미국 수학과 통계학 분야의 교수들이 《미국 통계학회 저널Journal of the American Statistical Association》에 발표한 논문이다. 그들은 뒤이어 소개할 베이즈 추론을 사용해 이 예를 연구했고, 마릴린의 결론이 표준 답안일지라도 반대자의 답변 역시 일리가 없지 않으며, 어느 답이 옳은지는 진행자가 선택할 당시의 생각에 달려있다고 설명했다. 2011년까지도 이 문제를 논의한 논문이 발표되었다.

이어서 살펴볼 주제는, 이 게임이 촉발한 중요한 질문 중 하나, 즉 확률이 도대체 무엇인지에 대한 것이다.

03
빈도주의 학파 vs. 베이즈 학파

역사적 관점에서 볼 때 확률은 동전이나 주사위 던지기와 같은 도박 게임에서 유래되었다. 그런 이유로 확률은 원래 '여러 번의 시행 중에서 어떤 사건이 발생할 빈도의 극한'으로 정의되었다. 이것이 바로 우리가 앞에서 줄곧 '빈도'라는 단어를 언급한 이유이기도 하다. 이 용어는 물리학에서 광범위하게 사용되는 의미와 다소 다르며, 확률론에서 사용될 경우 대부분 고전적 확률 정의와 관련된 '빈도'만을 가리킬 뿐이다.

확률을 사건의 반복 시행 후 발생하는 빈도의 극한이라고 정의하는 것은 고전적 확률관이고, 이것은 훗날 '빈도학파'의 관점으로 불렸다. 그렇지만 이런 식으로 확률을 정의하는 것은 우리가 이 용어를 사용하는 상황 중 하나를 대표할 뿐이다. 확률은 여러 차례의 시행으로도 얻을 수 없는 경우가 훨씬 많다. 예를 들어 사람들은 특정한 어느 날 서울에 비가 내릴 확률을 추정할 수야 있지만, 이것은 실험을 통해 검증할 수 있는 것이 아니다. 또한 몇 년 몇 월 며칠에 캘리포니아에서 지진이 일어날 확률도 여러 차례 반복해서 검증할 수 없다. 특정 국가에서 연구, 개발한 미사일이 1,000㎞ 떨어진 목표물을 명중시킬 확률은 원칙적으로 중복 시행을 통해 추정과 검증을 할 수 있지만, 사실 그 비용이 너무 비싸기 때문에 현실적으로 불가능하다.

위에서 제시한 몇 가지 사례를 통해 확률이라는 용어가 '어떤 사건이 반복되는 빈도'를 의미하는 것이 아니라 특정 사건의 '불확실성'을 측정하는 척도에 더 가깝다는 것을 알 수 있다.

어떤 사건이 일어날 확률은 일반적으로 0에서 1 사이의 실수로 표시되며, 이것은 어떤 사건의 발생 가능성에 대한 척도이다. 발생할 수 없는 사건의 확률은 0이고, 반드시 발생할 사건의 확률은 1이다. 대다수 실제 사건의 확률은 모두 0과 1 사이의 어떤 실수이며, 이 숫자는 '가능'과 '확실' 사이에 있는 사건의 상대적 위치를 나타낸다. 사건의 확률이 1에 가까워질수록 해당 사건이 발생할 가능성은 높아진다.

확률에 대한 정의와 철학적 견해 차이 때문에 확률 통계 분야의 또 다른 파벌들이 점차 등장하기 시작했고, 그중 하나가 빈도학파와 대척점에 서 있는 베이즈 학파이다. 두 학파 사이의 논쟁은 확률과 통계의 발전 역사를 줄곧 관통하고 있다.

확률 문제는 순방향 계산은 물론 역방향 추론도 가능하다. 당시 베이즈는 '흰 공과 검은 공'의 확률 문제를 연구한 적이 있다. 상자 안에 열 개의 공이 있고, 그 공은 흰색과 검은색으로 구분되어 있다. 만약 우리가 열 개의 공 가운데 다섯 개의 흰 공과 다섯 개의 검은 공이 있다는 것을 알고 있다면, 그중에서 임의로 한 개를 꺼냈을 때 이 공이 검은 공일 확률은 얼마나 될까? 이 질문에 대한 대답은 당연히 50%이다. 만약 열 개의 공 가운데 흰 공이 여섯 개, 검은 공이 네 개라면 어떻게 될까? 한 개의 공을 꺼냈을 때 검은 공이 나올 확률은 40%이다. 좀 더 복잡한 상황을 고려해 보자. 만약 열 개의 공 가운데 흰 공이 두 개, 검은 공이 여덟 개이고, 그중에서 임의로 두 개의 공을 꺼냈을 때 검은 공 한 개와 흰 공 한 개가 나올 확률은 얼마일까? 열 개의 공에서 두 개를 뽑을 경우의 수는 총 90가지(10×9)나 된다. 검은 공 한 개와 흰 공 한 개가 나올 상황은 16가지이고, 그 확률은 $\frac{16}{90}$으로 약 17.8%이다. 따라서 간단한 순열과 조합의 연산만으로도 우리는 열 개의 공 중에서 n개를 꺼냈을 때 m개의 검은 공이 나올 확률을 구할 수 있다. 이것은 모두 순방향 계산의 예이다.

그러나 당시 베이즈는 그와 반대되는 '역방향 확률 문제'에 더 흥미를 느꼈다. 즉, 우리가 상자 안에 든 검은 공과 흰 공의 개수 비율을 전혀 모르고, 단지 열 개의 공이 들어 있다는 것만 안다고 가정해 보자. 그 상태에서 임의로 세 개의 공을 꺼내 보니 검은 공 두 개와 흰 공 한 개가 나왔다. 역방향 확률 문제는 이 시행의 표본(검은 공 두 개, 흰 공 한 개)을 근거로 상자 안에 든 검은 공과 흰 공의 비율을 맞추는 것이다.

가장 간단한 동전 던지기를 통해서도 역방향 확률 문제를 설명할 수 있다. 동전의 양면이 모두 공정한지 모른다고 가정해 보자. 즉, 이 동전의 물리적 편향성을 알 수 없는 상황에서 앞면이 나올 확률 p가 50%라고 장담할 수 없다. 역방향 확률 문제는 바로 특정(혹은 여러 개)한 시행의 표본으로부터 p의 값을 추측해 보는 것이다.

역방향 확률 문제를 해결하기 위해서 베이즈는 그의 논문을 통해 한 가지 방법을 제시했다. 그것이 바로 '베이즈 정리'이다.

사후 확률 = 관측 데이터에 의해 결정되는 조정 계수 × 사전 확률

위의 공식은 미리 알려지지 않은 확률에 대해 사전 추측을 한 후 관측 데이터를 결합해 사전 확률을 수정하고 더 합리적인 사후 확률을 얻는 데 그 의미를 두고 있다. '사전'과 '사후'는 상대적인 것이며, 앞서 한 차례 계산된 사후 확률은 다음번 사전 확률로 삼을 수 있고, 그것은 새로운 데이터와 다시 결합해 새로운 사후 확률을 얻는 데 사용된다. 따라서 베이즈 공식을 활용해 어떤 미지의 불확실성에 대해 점차적으로 확률을 수정하고, 아울러 최종 결과를 얻어 역방향 확률 문제를 해결할 수 있다.

베이즈 정리와 관련된 논문은 베이즈가 사망한 후인 1763년이 되어서야 비로소 그의 친구를 통해 대신 발표되었다. 그 후 라플라스는 베이즈 정리를 더 확장시켜 천체 역학과 의학 통계 분야에 응용했다.

어쩌면 당시 베이즈는 자신의 이 정리를 과소평가했을지도 모른다. 과연 그는 자신의 정리를 통해 사람들이 완전히 새로운 사고방식으로 확률과 통계를 바라보고, 더 나아가 그것이 '베이즈 학파'로 발전할 거라

고 예상이나 했을까?

앞서 이미 소개한 큰 수의 법칙과 중심 극한 정리는 모두 반복된 시행의 결과에 근거한 고전적인 확률 관점이며, 빈도학파에 속한다. 역사적 이유 때문에 확률 및 통계 교과서도 기본적으로 빈도학파의 관점이 주류를 이루고 있다.

양대 산맥과도 같은 빈도학파와 베이즈 학파 사이에 벌어진 논쟁의 초점은 '확률이란 무엇인가? 확률은 어디에서 왔는가?' 등과 같은 본질적인 문제와 연관되어 있다. 역사적으로 베이즈 통계는 오랫동안 배척당했고, 당시 주류 수학자들에게 외면을 받아왔다. 그렇지만 과학이 발전하면서 베이즈 통계는 실제 응용 분야에서 성공을 거두었고, 사람들의 관점도 서서히 바뀌기 시작했다. 베이즈 통계는 점점 주목을 받았고, 사람들은 그 아이디어가 과학 연구의 과정 및 인간 두뇌의 사고 모델에 더 부합한다고 여겼다. 현재 베이즈 확률은 이미 연구 주제로 인기를 얻고 있고, 기계 학습 및 양자역학의 해석 분야에서 응용되고 있다.

빈도학파와 베이즈 학파의 차이를 간단하게 정리하자면 다음과 같은 몇 가지 문제에 대한 답변으로 귀결된다.

(1) 확률은 무엇인가? 확률은 어떻게 정의되는가?
(2) 주관적 확률, 객관적 확률은 무엇인가? 확률은 주관적인가, 아니면 객관적인가?

(3) 매개 변수를 어떻게 받아들이고 사용해야 할까? 조건부 확률과 주변 확률 중 무엇을 사용해야 할까?

(4) 불확실성 범위의 의미는 무엇인가? 신뢰 구간을 사용해야 할까? 아니면 신뢰할 수 있는 범위를 사용해야 할까?

위에서 언급한 질문에서 처음 두 가지는 철학적 관점에서 두 학파를 다루고 있고, 나머지 두 개는 계산 방식과 관련되어 있다. 세상을 보는 관점이 다르기 때문에 세상을 설명하기 위해 사용하는 계산 방법도 다소 다를 수밖에 없다. 이어지는 내용에서 우리는 구체적인 사례를 통해 두 학파의 차이점과 공통점을 설명하고자 한다.

'확률은 도대체 어디에서 오는가? 확률의 물리적 본질은 무엇인가?' 이런 문제에 대한 답은 확률을 생성하는 물리 시스템의 본질에 달려 있다.

여기서 우리는 먼저 '열 개의 문 문제'를 통해 확률의 본질에 대해 간단히 생각해 보고자 한다. 문제 속에 존재하는 물리 시스템은 열 개의 문으로 구성되어 있고, 그중 하나의 문 뒤에는 자동차가 있고, 나머지 아홉 개의 문 뒤에는 염소가 있다. 이 시스템에서 '자동차가 있는' 문을 선택할 확률 P(자동차가 있다)는 객관적이고 물리적인 의미를 갖는다. 즉, 자동차가 있는 문에 대한 확률은 1, P(자동차가 있다)=1이고, 그 나머지 아홉 개 문의 P(자동차가 있다)는 0이다. 그러나 이 객관적 사실은 단지 사회자만 알고 있고, 참가자는 그 확률만 추측할 수 있을 뿐이다.

선택을 바꾼 후의 확률은 어떻게 될까? 앞에서 이미 두 가지 답을 소개했다. 마릴린을 주축으로 한 주류의 관점은 선택을 바꾼 후의 확률이 $\frac{9}{10}$라고 여긴다. 반면에 대다수 사람은 직관에 의지해 그 확률이 여전히 $\frac{1}{2}$이라고 생각한다. 사실 이 두 가지 관점에서 말하는 확률, 즉 $\frac{9}{10}$ 혹은 $\frac{1}{2}$은 모두 그들의 주관적 추측일 뿐이며, 이 두 가지 수치와 서로 상응하는 물리적 실체가 있는 것도 아니다. 두 관점은 주관적 추측과 추론 방법을 반영한 것에 불과하다.

두 가지 방법은 모두 확률이 일정하게 분포한다는 것을 전제로 한다. 따라서 그들이 처음 내린 결론은 동일하다. 즉, 열 개의 문 뒤에 자동차가 있을 확률, P(자동차가 있다)는 모두 $\frac{1}{10}$이다. 이런 판단을 내린 후 두 개의 추론 방법에 차이가 발생했다.

(1) 마릴린을 주축으로 하는 주류 학파의 관점에 따르면, 참가자가 자동차가 있는 문을 맞출 확률은 항상 $\frac{1}{10}$이고, 그 나머지 문을 선택할 확률은 $\frac{9}{10}$로 일정하다. 따라서 나중에 사회자가 염소가 있는 문을 하나 열 때마다 그 나머지 문의 확률은 변화가 생기지만 가장 먼저 선택한 문의 확률은 변하지 않는다. 그렇다면 선택을 바꿨을 때 확률은 $\frac{1}{10}$에서 $\frac{9}{10}$로 증가한다는 결론이 나온다.

(2) 주류 학파의 관점에 반대하는 사람들은 특정 문을 선택할 확률과 다른 문을 선택할 확률이 똑같이 변한다고 여겼다. 따라서 결국 두 개 중 하나를 선택하게 되므로 그 확률은 $\frac{1}{2}$이 나온다. 즉, 선택을 바꿀지

말지와 상관없이 최종적으로 두 문 중 하나를 선택하는 것이므로 확률은 모두 $\frac{1}{2}$이 된다.

이 두 가지 추론 과정에서 언급한 '확률($\frac{1}{10}$, $\frac{9}{10}$, $\frac{5}{10}$ 등)'은 모두 추론하는 사람의 주관적 확률이며, 자동차의 실제 위치와 같은 물리적인 객관적 사실과 아무런 상관이 없다. 그러나 두 추론 방법이 모두 주관적일지라도 수학자들의 분석 및 마릴린의 실험 결과는 '객관적 확률'을 추측하고 근접하기 위해 첫 번째(주류) 추론 방법이 더 유리하다는 것을 보여주고 있다.

몬티 홀 문제의 두 가지 관점은 '빈도학파' 혹은 '베이즈 학파'와 결코 같지 않지만, 이 예를 통해 우리는 확률의 본질을 생각하고, 확률이 객관적이면서도 주관적이라는 사실을 깨닫게 된다. 이것이 빈도학파와 베이즈 학파의 중요한 차이점 중 하나이다.

간단히 말해서 빈도학파와 베이즈 학파는 '불확실성'에 대한 출발점과 기본 입장이 다르다. 빈도학파는 '사건'을 생성하는 물리적 본질에 대한 모델을 직접 구축하려고 시도한다. 예를 들어 빈도학파는 동전의 앞뒷면 편향성을 반영한 특정한 물리적 매개 변수 p를 얻기 위해 동전을 계속해서 던져 앞면이 나오는 횟수의 변화가 확률의 변화를 반영한다고 주장한다. 그러나 베이즈 학파는 이런 고정된 물리적 매개 변수 p가 전혀 존재하지 않을 수도 있다고 생각한다. 오히려 그들은 데이터가 '물리적 본체'보다 더 중요한 실체이며, 사람들은 '관찰자'가 얻은 데이터를 통해서만 추측과 추론을 할 수 있다고 본다. 그래서 그들은 이 '추측과 추론'의 과정에서 만들어지는 데이터 변화를 모델링하고자 하고, 그 방식은 베이즈 공식을 사용해 매개 변수를 계속해서 갱신하는 것과 같다. 실용성 면에서 볼 때 베이즈 학파도 어느 정도의 반복된 시행이 필요하고, 빈도학파 역시 여전히 베이즈 공식을 사용해야 한다. 그러나 그들은 이런 방법을 사용하는 목적에 대해 관점의 차이를 보이며, 물질세계에 대한 철학적 견해도 다르다.

빈도학파는 사물의 본체를 설명하고자 하는 반면, 베이즈 학파는 새로운 관측이 발생한 후 관찰자의 지식 상태가 어떻게 갱신되었는지를 설명하는 데 초점을 맞춘다. 이것은 세계관의 차이가 방법의 차이에 영향을 미치는 것이라고 볼 수 있다. 예를 들어 동전을 던지는 과정에서 빈도학파는 '여러 차례의 시행'을 강조하지만, 베이즈 학파는 '시행의 결과'를 갱신하는 방법의 탐색을 강조한다. 그럼 다시 한번 동전 던지기의 예를 통해 두 학파의 차이점을 알아보도록 하자.

베이즈 학파의 한 학자가 동전을 던진다면 그는 동전의 앞뒷면이 일정하게 나오는 사전 확률(0.5)을 먼저 정할 것이고, 이것은 그의 직관적 추측에 따른 것이다. 그런데 그가 동전을 100번 던졌을 때, 앞면이 겨우 20번밖에 나오지 않았다고 가정해 보자. 이 새로운 관측 결과는 그의 기존 신념에 영향을 주었고, 그는 이 동전이 앞뒷면이 동일한 확률로 나올지에 대해 의심하기 시작한다. 그래서 그는 베이즈 공식을 이용해 논리적 추론의 방식으로 이 동전의 불확정성에 대한 지식을 갱신하고, 0.5부터 출발해 새로운 추측 값을 얻는다. 그렇지만 빈도학파의 학자에게 '사전 추측' 따위는 필요하지 않다. 100번의 시행 중 앞면이 20번 나왔다면 그는 앞면이 나올 확률이 100분의 20, 즉 0.2 정도로 추정할 수 있다고 여긴다.

다시 말해서 빈도학파의 관점에서 출발한 관찰자가 동전 던지기를 연구하는 전략은 매우 간단하다. 그들이 계속해서 동전을 던지는 목적은 시행에서 앞면이 나올 빈도를 통해 [그림 2-3-1]처럼 확률 p에 가까워지려는 것이다. 그래프에서 볼 수 있듯이 시행에서 말하는 것은 공정한 동전이 아니다. 여러 차례에 걸친 시행의 결과로부터 얻은 빈도의 극한에서 앞면이 나올 확률은 0.6이기 때문이다.

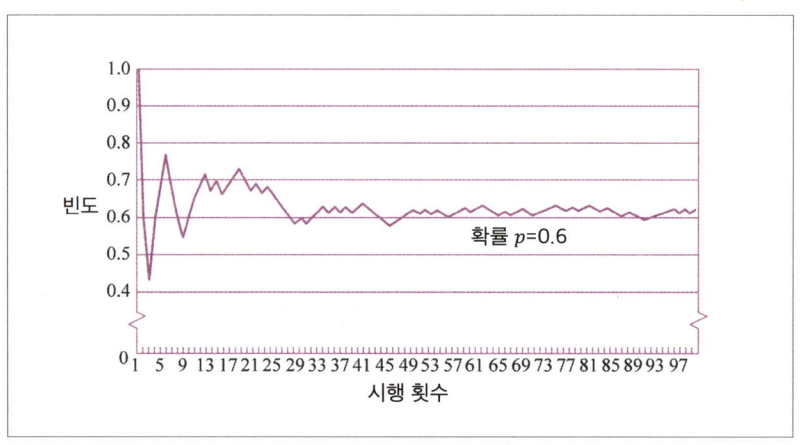

[그림 2-3-1] 빈도의 극한은 확률이다

빈도학파는 물리적 실체인 동전에 매개 변수가 p인 간단한 모델을 만들고, 여러 차례의 시행을 통해 p의 값을 얻었다. 베이즈 학파의 모델은 동전 자체가 아니라 동전의 특징에 대한 관찰자의 '신뢰도'를 겨냥한 것이다. 예를 들어 '이것은 공정한 동전이다.'라는 명제 A가 있고, 이 명제에 대한 관찰자의 신뢰도를 $P(A)$로 표시한다. 만약 $P(A)=1$이면 관찰자가 이 동전이 '앞뒤'로 공정하다고 굳게 믿는 것을 의미한다. $P(A)$가 작아질수록 동전의 공정성에 대한 관찰자의 신뢰도 역시 낮아진다. $P(A)=0$이면 관찰자는 이 동전이 불공정하다고 믿는 것이다. 예를 들면 이 동전은 앞뒤 양면이 모두 '앞면'일 수 있다. 이것을 좀 더 직관적으로 설명하기 위해 B, 즉 '이것은 앞앞 동전이다.'라는 명제를 설정하면 다른 가능성이 모두 배제되므로 $P(B)=1-P(A)$가 된다.

그럼 이제부터는 베이즈 학파의 관찰자가 베이즈 공식에 따라 그의 '신뢰도' 모델 $P(A)$를 어떻게 갱신하는지 살펴보도록 하자.

우선 그는 '사전 신뢰도'를 가지고 있다. 예를 들어 $P(A)=0.9$이고, 0.9는 1에 가깝다. 이것은 그가 이 동전이 공정하다고 믿을 가능성이 비교적 높다는 것을 나타낸다. 그런 후 동전을 한 차례 던져 '앞면(H로 표시)'을 얻는다. 그리고 그는 베이즈 공식에 따라 $P(A)$를 $P(A|H)$로 갱신한다.

$$P(H|A)P(A)=0.5\times0.9=0.45$$
$$P(H|\bar{A})P(\bar{A})=1.0\times0.1=0.1$$

$$P(A|H) = \frac{P(H|A)P(A)}{P(H|A)P(A)+P(H|\bar{A})P(\bar{A})} = \frac{0.45}{0.45+0.1} \fallingdotseq 0.82$$

갱신 후의 $P(A|H)=0.82$이고, 뒤이어 한 차례 더 던져서 또 앞면을 얻으면, 두 번의 앞면을 얻은 후의 갱신 값은 $P(A|HH)=0.69$이다. 세 차례 앞면이 나온 후의 갱신 값은 $P(A|HHH)=0.53$이다. 이처럼 계속 던져서 네 번 연속으로 앞면이 나오면, 새로 얻은 갱신 값은 $P(A|HHHH)=0.36$이다. 이때 이 동전의 공정성에 대한 관찰자의 신뢰도는 크게 떨어지고, 신뢰도가 0.5까지 떨어지기 시작하면 그는 이 동전의 공정성을 이미 의심하게 된다. 네 번 연속으로 앞면이 나오면 그는 이 동전을 양면이 모두 앞면인 가짜 동전이라고 믿을 가능성이 커진다.

이런 이유 때문에 베이즈 이론은 때때로 충분히 많은 반복된 시행을 통해 얻은 빈도로부터 확률을 구할 수 있지만, 이것은 확률의 본질이 결코 아니라고 여겼다. 확률의 개념은 명제에 대한 신뢰도로 확장되어야 하고, 이로 인해 빈도학파에서 주장하는 '객관적 확률'에 대응하는 개념으로 '주관적 확률'이 제시되었다.

04
주관과 객관 사이, 확률은 어디에?

흥미롭게도 누군가는 마작을 예로 들어 빈도학파와 베이즈 학파에 비유하기도 했다. 만약 마작을 둘 때 아직 뒤집지 않은 패들 가운데 무엇이 남아있는지만 고려하고, 이 패들이 다음에 나올 확률에 근거해 결정을 내린다면 당신은 빈도학파에 속한다.

반면에 베이즈 학파는 마작을 둘 때 더 복잡한 상황들을 고려한다. 그들은 테이블 위에 무슨 패가 있는지 기억해야 할 뿐 아니라 게임 과정에서 누가 어떤 패를 언제 냈는지까지 알아야 한다. 테이블 위에 아직 뒤집지 않은 패뿐 아니라 다른 사람이 손에 쥔 패도 알 수 없으니, 그 패에 대해서 그저 추측만 할 수 있을 뿐이다. 게다가 사람마다 마작을 두는 방식이 같을 수 없고, 이것은 사람의 주관적 영역이다. 각자 손에 쥔 패도 고정된 것이 아니고, 이 패 역시 게임의 흐름과 당시 상황에 따라 바뀔 수 있으니 '게임의 판세'와 관련된 지식을 끊임없이 갱신해야 한다. 대다수 마작의 고수들이 바로 이렇게 할 가능성이 높다. 그래서인지 누군가는 마작의 고수들이 모두 베이즈 학파에 속해 있다고 농담 삼아 말하기도 했다.

종합해 보자면, 베이즈 학파의 사고방식은 더 자연스럽고, 대뇌의 사고방식에 더 부합한다. 베이즈 추론은 새로 얻은 증거를 통해 기존의 신념을 끊임없이 갱신한다. 그리고 일단 신념이 갱신되면 갱신된 지식을 바탕으로 신뢰할 수 있는 판단을 내린다. 그러나 베이즈 학파는 절대적인 판단을 내리는 경우가 매우 적고, 늘 어느 정도의 불확정성을 남겨둔다. 이것은 생활 속의 실제 상황에서도 마찬가지다. 마작이든 포카든 모든 게임에는 불확정성 요소가 넘쳐나고, 이러한 불확정성은 '패'를 섞은 후의 객관적 분포로부터 오거나 혹은 모든 게임 참여자의 주관적 사고, 방법, 판단에서 오는 것이지 단지 논리적 추리에만 의지해 승패가 결정되지 않는다.

간단히 말해서 빈도학파는 '객관적' 상황을 중시하고, 베이즈 학파는 '주관적' 요소를 더 중시한다. 주관과 객관의 관념은 철학적 범주에 속한다. 주관은 사람과 관련된 의식, 사상, 인식 등을 가리키고, 객관은 사람의 의식 외의 물질세계 혹은 인식 대상을 말한다. 주관과 객관의 관계는 인식론의 근본 문제이다.

확률을 사건 발생에 대한 확신으로 표현하는 것은 사실상 확률에 대한 가장 자연스러운 설명이다. 빈도학파는 확률이 장기간에 걸쳐 발생하는 사건의 빈도라고 여겼다. 수많은 사건을 대상으로 할 때 확률에 대한 이러한 해석은 논리에 부합한다. 하지만 장기적 빈도가 없는 사건의 경우 이런 식의 해석은 이해하기 어렵다. 베이즈 학파는 확률을 사건의 발생에 대한 두려움으로 해석했고, 이것은 그들의 관점을 보여주는 큰 틀이기도 하다. 특정 상황에서 빈도학파와 베이즈 학파에서 말하는 확률은 일치한다. 누군가 비행기 사고의 발생을 두려워한다면, 이것은 그가 알아본 비행기 사고의 확률과 같아야 한다. 그러나 때때로 이것은 일치하지 않는다. 예를 들어 베이즈 확률의 정의는 대통령 선거와 같은 상황에 적용될 수 있다. 어느 후보가 당선될 확률은 해당 후보의 승리에 대한 당신의 확신에 달려 있다.

영국의 수학자이자 철학자인 프랭크 램지Frank Ramsey(1903-1930)는 1926년에 발표한 논문에서 주관적 확신을 확률의 해석 방식으로 삼을 것을 최초로 제안했다. 그는 이런 해석 방식이 빈도학파의 객관적 해석을 보완하거나 대체할 수 있다고 여겼다([그림 2-4-1] 참조).

[그림 2-4-1] 베이즈와 램지

확률은 때때로 주관적이다. 경마를 예로 들어보자. 대다수 관중은 말과 기수 등 다양한 요소에 대한 전반적인 지식을 갖고 있지 않고, 단지 주관적 요소에 의지해 경마의 결과에 베팅한다. 그들이 베팅한 말이 우승할 확률은 그들의 개인적 신념을 반영하고, 이것이 객관적 사실과 반드시 일치하는 것은 아니다. 그러므로 이것은 주관적 확률이다.

과학은 철학과 다르다. 물리적 세계가 객관적으로 존재하더라도, 문제를 해결하는 과학적 방법은 인간이 만드는 것이므로 주관적 요소를 완전히 배제할 수 없다. 의식을 했든 아니든, 명시적이든 암묵적이든, 어느 학파에 속해있든 주관적 요소의 존재는 피할 수 없다. 수학을 응용할 때는 구체적인 문제를 면밀히 분석한 뒤, 그중 가장 효과적인 해결 방법을 선택해야 한다. 주관적이든 객관적이든 과학을 초월한 '철학자'들이 단지 이론을 다르게 해석한 것에 불과한 주장은 구체적인 문제를 해결하는 데 전혀 도움이 되지 않는다.

빈도학파는 확률의 객관성을 강조했기 때문에 일반적으로 사건이 발생하는 빈도의 극한을 이용해 확률을 설명한다. 반면에 베이즈 학파는 확률을 설명할 때 불확정성에 대한 주관적 확신에 초점을 맞춘다. 또한 새로운 정보에 근거해 베이즈 학파의 공식으로 기존의 확신을 도출하거나 갱신할 수 있다.

의사 결정 문제에 속하는 확률이 임의의 시행을 통해 확정될 수 없다면 그것은 단지 사건에 대한 의사 결정권자들의 이해에 기초할 뿐이다. 이처럼 설정된 확률은, 의사 결정권자의 지식에 기반해 형성된 믿음을 반영하며, 임의의 시행을 통해 얻는 객관적 확률과는 구별되는 '주관적 확률'이다. 확률의 객관성은 모든 사용자로부터 독립적이고, 물리적 매개 변수에 의해서만 결정되는 것을 가리킨다.

흥미로운 점은 사람은 누구나 특정 사건에 확률값을 부여할 수 있기 때문에 주관적인 확률은 유일한 것이 아니라 사람에 따라 다르다는 것이다. 이 점은 현실과도 일치하며, 사람마다 같은 사건에 대해 가지고 있는 정보가 다르고, 사고방식이 다르다는 것을 반영한다. 따라서 이 사건이 발생할지에 대한 신뢰도 역시 같지 않다. 그러나 이러한 차이를 단순히 '옳고 그름'의 흑백 논리로 설명할 수 없으며, 이것 역시 물리적 세계의 현실이다.

그렇지만 일각에서는 이를 근거로 주관적 확률 학파를 비난하며 그들의 생각이 유물주의에 부합하지 않을 뿐 아니라 과학 연구의 취지에서도 벗어나 있다고 주장한다. 확률은 객관적 세계의 본질적 속성에 대한 설명이어야 하고, 주관적 의식과 독립적으로 존재해야 하는데 어째서 주관적이고 사람마다 다를 수 있을까? 사실상 주관적 확률을 인정한다고 해서 관념론을 의미하는 것이 아니다. 이것은 과학 활동에서 이론을 실험하고 갱신하는 생각의 과정을 더 정확하게 설명하기 위한 것이다.

동전 던지기를 다시 예로 들어보자. 모두가 동전 던지기에 대해 아무것도 모른다면 누구나 그 동전을 공정한 동전이라고 먼저 가정하고, 앞뒷면이 나올 확률이 각각 0.5라고 추측할 것이다. 그런데 우연한 기회에 A라는 사람이 허공에서 떨어지는 동전의 회전하는 모습을 힐끗 보게 되었고, 동전의 양면이 모두 같은 그림이고 뒷면이 없다는 사실을 알게 되었다. 그는 이 동전을 던져서 앞면이 나올 가능성이 높다고 확신했고, 이 동전의 위조 가능성을 의심했다. 그래서 그는 앞면이 나올 확률을 0.9로 보는 사전 추측을 내놓았다. 이것은 그의 주관적 확률이며, 동전의 공정성을 대변하지 않을 뿐 아니라 동전을 던졌을 때 앞뒤가 나오는 결과를 바꿀 수 없다. 즉, 동전의 객관적인 물리적 성질과 아무런 상관이 없다.

동전은 던져졌고, 뒷면이 나왔다. 이 결과는 A가 가지고 있던 생각을 완전히 뒤집어 버렸다. 그 동전은 그가 생각한 것처럼 앞뒷면이 같은 동전이 아니었다. 그래서 A는 베이즈 공식에 근거해 다소 '터무니없는' 사전 추측을 수정하고, 더 합리적인 사후 확률을 얻었다. 이것은 바로 우리의 뇌가 생각하는 방식이다. 영국의 유명한 경제학자 존 케인스John Keynes(1883-1946)가 '사실이 바뀌면 나의 관념도 따라서 바뀐다. 당신은 어떠한가?'라는 명언을 남겼듯이 증거에 따라 믿음을 갱신하는 것은 과학의 정신에 전혀 위배되지 않으며, 오히려 과학적 사고의 핵심이 된다.

일부 독자는 이런 질문을 할지도 모른다. "당신의 말대로라면 베이즈학파는 문제가 없어 보이는군요. 그렇다면 빈도학파의 모델은 틀린 건가요?"

그렇지 않다. 빈도학파의 방법은 여전히 매우 유용하며, 많은 영역에서 최고의 방법일 수 있다. 게다가 모든 것을 베이즈 학파의 관점으로부터 출발한다면 수많은 이론 분석이 곤경에 빠질 수 있다. 큰 수의 법칙과 중심 극한 정리의 경우, 이 두 가지 확률론의 기본 원리는 모두 빈도 학파의 다양한 실험에 기초한다.

그렇다면 확률은 도대체 객관적일까, 아니면 주관적일까? 이것은 '확률의 본질'에 관련된 철학 문제이며, 아래 열거된 몇 가지 예는 독자들이 다양한 상황에서 확률 유형에 대한 이해를 높이도록 도와줄 수 있다.

(1) 동전 혹은 주사위 던지기에서 특정한 한 면이 나올 확률은 그 물리적 속성에 의해 결정되고, 명확한 '객관적' 의의를 가지고 있으며, 여러 차례 시행을 통해 특정한 값에 점점 더 가까워질 수 있다.

(2) 지진 연구자가 어떤 지역에서 어느 시점에 규모 6의 지진이 일어날 확률을 예측할 때 이 지역의 객관적 지질 상황뿐 아니라 이 연구자와 관련된 수많은 '주관적' 요소가 작용한다. 이 예측은 여러 차례의 시행을 진행하기 어렵지만 지난 수년 동안의 역사적 기록을 참고할 수 있다.

(3) 경찰이 모월 모일 모처에서 특정 범죄자를 잡을 확률은 단지 주관적인 추측에 근거할 뿐이며 반복 시행이 불가능하다.

두 학파 사이에 불거진 논쟁은 오래전부터 이어져 왔고, 각자 자신만의 신앙, 내적 논리, 해석력과 한계를 가지고 있고 세계관도 다르다. 그런데도 불구하고 실용적인 면에서 여전히 두 학파의 방법을 결합할 수 있다. 만약 과학적 연구의 의미만 두고 봤을 때 두 학파의 통계학은 기본적으로 모두 큰 수의 법칙과 중심 극한 정리를 인정하고, 둘 다 베이즈 공식을 사용한다. 다만 두 학파가 이 정리를 사용하는 방식과 장소는 완전히 다르다. 두 파벌은 서로 다른 두 가지 철학관을 바탕으로 각종 통계 모델을 해석한다.

물리 이론 속의 양자역학도 확률과 관련된 다양한 해석이 존재한다. 양자 이론이 설명하는 것은 미시적 입자의 운동 법칙이어서 확률과 통계의 이론과 서로 얽히는 상황을 피할 수 없기 때문이다. 사실 베이즈의 추론 방법도 양자 이론 내에서도 활용될 수 있는 가능성을 보여주었으며, 이것이 바로 앞으로 소개할 '양자 베이즈 모델Quantum Bayisian Model'이다.

05
양자역학은 무엇으로 구원받을 수 있을까?

    세계적으로 유명한 이론 물리학자 스티븐 와인버그^{Steven Weinberg}는 2017년 1월 19일 《뉴욕 리뷰 오브 북스^{New York Review of Books}》에 양자 물리의 미래 전망에 대한 혼란과 우려가 담긴 글을 기고했고, 그중 양자론 확률 해석에 대한 내용은 깊이 생각해 볼만한 가치가 충분했다.

    그 내용은 다음과 같다. 확률이 물리학에 융합되면서 물리학자를 곤혹스럽게 만들었다. 그러나 양자역학의 진정한 어려움은 확률이 아니라 이 확률이 어디에서 왔는지에 있다. 양자역학의 파동함수를 설명하는 슈뢰딩거 방정식은 확정적인(결정론적인) 파동 방정식이며, 그 자체는 확률에 영향을 미치지 않는다. 심지어 고전역학 중 초기 조건에 극도로 민감한 '혼돈' 현상도 나타나지 않는다(필자 주: 이것은 슈뢰딩거 방정식이 선형 편미분 방정식이고, 혼돈은 비선형 특징을 가지기 때문이다). 그렇다면 양자역학에서 불확정성을 반영하는 확률은 도대체 어디에서 오는 것일까?

양자역학의 혼란

와인버그가 말한 것처럼 물리학자들은 양자역학의 여러 가지 이상한 현상 때문에 혼란을 겪었고, 철학적 이해의 차원에서 공감대를 형성하는 데 어려움을 느꼈다. 그렇다면 양자역학이 잘못된 것은 아닐까? 물론 아니다. 적어도 완전히, 절대적으로 이런 결론에 도달해서는 안 된다.

양자역학은 자연 과학사에서 실험을 통해 증명된 가장 정확한 이론 중 하나이다. 그것은 원자, 원자핵, 전자기력, 반도체, 초전도성 그리고 천문학에서 관측한 백색 왜성과 중성자별의 구조 등을 이해하는 이론의 기초이다. 그것을 바탕으로 발전한 양자역학은 특정 원자의 속성에 대한 이론적 예측이 실험 결과와 거의 차이가 없을 정도로 정확하며, 그 오차는 1억분의 1 수준에 불과하다.

양자역학은 바로 이렇게 기이한 이론이고, 지금의 첨단 과학 기술 제품 곳곳에서 응용되며 엄청난 성공을 거두었다. 그러나 논란이 끊이지 않으며 의견이 분분한 것도 현실이다. 양자이론에 대한 물리학자들의 견해 차이는 계산 결과가 아니라 해석에 있다. 닐스 보어 Niels Bohr와 아인슈타인 Albert Einstein의 논쟁이 시작된 지 무려 100년이 다 되어 가지만 세계적인 물리학자들은 여전히 논쟁을 멈추지 않고 있다. 그러나 우리가 미국 코넬대학의 물리학자 데이비드 머민 David Mermin이 했던 '입을 다물고 마음으로 계산하세요!'라는 말만 기억한다면 모든 일이 순조롭게 풀릴 수 있다. 어떤 학파에 속한 물리학자이든, 추상적이고 복잡한 이론을 성공적으로 공식화할 수 있다면, 다양한 미시적 시스템에 대한 연구와 계산을 통해 놀라울 만큼 정밀한 결과를 얻을 수 있다.

와인버그의 질문은 표면적으로 수학의 관점에서 출발한 문제이다. 공식에는 확률이 포함되지 않는데 왜 최종 결과는 확률로 해석하는가? 사실 물리학의 관점 역시 다르지 않다. 확률의 침투는 양자역학은 물론 물리학자들의 과학적 사고방식에도 혼란을 야기했다.

확률은 무엇인가? 확률은 사물의 불확실성에 대한 설명으로 정의할 수 있다. 하지만 고전물리학의 틀 안에서 불확실성은 우리가 가진 부족한 지식에서 비롯되며, 부족한 지식은 충분한 정보를 가지고 있지 않거나 너무나 많은 것을 알 필요가 없기 때문에 만들어진 결과이다. 예를 들어 동전을 위로 던진 후 다시 손으로 잡았을 때 앞면이 나올 수도 있고, 뒷면이 나올 수도 있다. 그러나 고전역학의 관점에서 보면 이런 무작위성은 동전의 운동을 통제하기 쉽지 않기 때문에 발생한다. 즉, 우리는 동전이 우리 손에서 벗어나 날아오를 때의 상세한 상황을 알 수 없다 (혹은 이해하고 싶어 하지 않는다). 만약 우리가 동전을 허공에 던져 올렸을 때 이동하는 지점마다 힘을 받는 상황을 정확히 알고 거시적 역학 방정식을 푼다면, 그것이 떨어질 때의 방향을 완벽하게 예측할 수 있다. 다시 말해서, 고전물리학은 불확실성의 배후에 아직 발견되지 않은 '숨겨진 변수'가 숨어 있고, 이를 찾아내기만 하면 모든 무작위성을 피할 수 있다고 여긴다. 다르게 말하면 숨겨진 변수는 고전물리학 속에서 확률이 발생하는 근원이다.

그렇지만 양자론에서의 불확실성은 다르다. 양자역학의 불확실성은 더 깊이 숨어 있는 어떤 숨겨진 변수에서 오는 것은 아닐까? 이것이 바로 당시 아인슈타인의 '신은 주사위를 던지지 않는다.'라는 말의 의미이기도 하다. 아인슈타인은 확률을 이해하지 못한 것이 아니라 당시 닐스 보어를 주축으로 한 코펜하겐 학파의 양자역학에 대한 확률적 설명 및 측량 과정에서 '파동함수의 붕괴'가 고전적 결과로 이어지는 '양자-고전'의 경계 개념을 받아들이지 않은 것이다. 그 후, 1935년 아인슈타인은 그가 가장 이해할 수 없는 양자 얽힘 현상을 겨냥해 두 명의 동료와 함께 '아인슈타인-포돌스키-로젠 역설 Einstein-Podolsky-Rosen, EPR'을 제기했으며, 이를 통해 코펜하겐 해석을 비판하고, 양자 시스템에 숨겨진 '숨은 변수'를 찾을 수 있기를 희망했다.

아인슈타인은 주로 확정성, 실재성, 국한성이라는 세 가지 방면으로 양자역학에 대한 의문을 제기했다. 이 세 가지는 모두 위에서 말한 '확률의 근원'과 관련이 있다. 아인슈타인의 EPR 논문은 발표된 지 이미 80년이 넘었고, 특히 존 스튜어트 벨 John Stewart Bell(1928-1990)이 벨의 정리 Bell's Theorem를 발표하면서 아인슈타인의 EPR 역설은 실험을 통해 검증할 명확한 방법을 갖게 되었다. 그렇지만 유감스럽게도 여러 차례의 실험 결과는 아인슈타인의 편에 서지 않았고, 드 브로이-봄 이론 de

Broglie Bohm theory의 '숨겨진 변수' 가설과 관련된 관점을 뒷받침하지도 않았다. 반대로 실험의 결과는 양자역학의 계산 결과가 얼마나 정확한지를 계속해서 입증했다.

와인버그가 2017년 1월에 발표한 논문에서 제기한 것은 여전히 양자이론의 해석에 관한 문제이지 계산 문제가 아니었다. 그러나 그는 기존 이론의 미래에 우려를 표했고, 양자역학의 '측량의 본질'에 의문을 제기했다. 양자역학에 대한 와인버그의 해석은 크게 두 가지로 나뉜다. 다중세계와 대응하는 '현실주의적' 해석과 코펜하겐 학파의 설명과 일맥상통하는 '도구주의적' 해석이다. 두 가지 해석 모두 만족스러운 결과를 낳지 못했고, 어쩌면 양자역학의 개념에 대한 대대적인 수정이 필요할지도 모른다.

코펜하겐 해석 및 문제점

이어지는 내용은 보어와 하이젠베르크Bohr & Heisenberg로 대표되는 양자역학 주류학파의 관점에 대한 간략한 설명이다.

우선 전자 이중 슬릿 실험을 예로 들어 양자역학의 '이상한' 현상, 즉 양자 역설에 대해 살펴보자. 이중 슬릿 실험에서 전자가 '이중 슬릿' 근처에서 (마치 총알을 발사하는 것처럼) 하나하나 발사된다. 고전적 관점에서 볼 때 하나의 전자는 분리될 수 없고, 전자들은 서로를 간섭할 리 없다.

그러나 실험 결과에 따르면 전자빔은 뒤편의 스크린에 간섭무늬를 만들어 냈다. 따라서 이것은 양자 효과이며, 전자가 빛과 마찬가지로 입자이자 파동이며, 파동-입자 이중성을 가지고 있다는 것을 보여준다.

드 브로이는 모든 물질이 파동-입자의 이중성을 가지고 있다고 여기며 '물질 파장'이라는 개념을 도입했다. 총알(고전적 입자)이 이중 슬릿에 발사되었을 때 간섭무늬가 보이지 않는 것은 총알의 질량이 너무 크고, 파장이 너무 작기 때문이다. 그러나 미시적인 전자는 간섭 현상을 관찰할 수 있다. 슈뢰딩거Schrödinger(1887-1961)가 도출한 방정식의 해는 미시적 입자(혹은 양자 시스템)에 대응하는 '파동함수'를 더욱 명확하게 부각시켰다.

전자 슬릿 실험에서 나타난 간섭무늬도 이미 매우 이상하지만, 전자의 행동을 '측정'할 때 더 기이한 움직임이 드러난다. 물리학자들은 전자 이중 슬릿 실험에서 나타나는 간섭 현상이 어떻게 발생하는지를 알아내기 위해 이중 슬릿 실험의 두 슬릿 입구에 두 개의 입자 탐측기를 배치하고, 전자가 도대체 어느 슬릿으로 가고, 어떻게 간섭무늬를 만들어 내는지 측정하려 했다. 그러나 그 과정에서 생각지도 못한 기이한 일이 벌어졌다. 일단 전자가 어느 슬릿을 통과하는지 관찰하려고 어떤 방법을 쓰기라도 하면 간섭무늬가 바로 사라졌고, 파동-입자 이중성은 보이지 않는 듯했다. 결국 이 실험은 고전적 총알 실험과 똑같은 결과를 보여주었다.

이처럼 기이한 양자 현상은 이미 무수히 많은 실험을 통해 증명되었다. 그러나 이러한 양자의 역설을 어떻게 이론적으로 설명할 수 있을까? 이와 관련해 다양한 해석이 존재하지만, 우리는 코펜하겐 학파가 어떻게 말하고 있는지 살펴볼 생각이다.

코펜하겐 학파는 미시적 세계의 전자는 고전물리학으로 설명할 수 없는 불확실한 중첩 상태에 있다고 여긴다. 예를 들어 측량되기 전의 전자가 슬릿에 도달하면 특정(위치의)한 중첩 상태에 놓인다. 즉, 슬릿 위치 A에도 있고, 슬릿 위치 B에도 모두 있다. 그 후 '각 전자는 동시에 두 개의 슬릿을 통과하고', 바로 간섭 현상이 발생한다.

그러나 일단 그 중간에 전자를 측정하는 순간 양자 시스템에 '파동함수 붕괴'가 발생해 원래 중첩 상태의 불확정성을 띠던 파동함수가 고정된 고유 상태로 붕괴된다. 다시 말해서 파동함수 붕괴는 양자 시스템을 전혀 다른 모습으로 바꿔버린다. 양자의 중첩 상태는 측정을 거치는 순간 고전물리학이 적용되는 세계로 돌아간다. 여기서 말하는 확률 법칙은 '본 법칙Born Rule'이라 불리며, 양자 시스템이 특정 고윳값으로 붕괴될 확률은 파동함수의 제곱과 연관이 있다.

위에서 설명한 실질적 범주에서의 물리적 의미는 이미 잘 알려진 '슈뢰딩거의 고양이'와 같다고 할 수 있다. 즉, 상자를 열기 전까지 고양이의 생사를 알 수 없다. 상자를 열어서 관찰해야만 고양이의 죽음 혹은 생존 상태를 확정할 수 있다.

이런 설명은 많은 문제점을 야기했다(다른 해석도 문제점을 가지고 있기는 마찬가지였다). 코펜하겐 학파의 해석에 혼란을 겪은 사람들은 이런 의문을 제기했다. '측정의 본질을 어떻게 이해해야 하는가? 누가 측정을 할 수 있는가? 오직 사람만이 측정을 할 수 있는가? 측정과 비측정의 경계는 어디에 있는가?'

물리학자 존 휠러John Wheeler(1911-2008)는 보어의 말을 인용해 "모든 근본적인 양자 현상은 그것이 기록된 후에야 비로소 하나의 현상이 된다."라고 말했다. 이렇게 현학적인 코펜하겐의 해석에 대해 사람들은 결국 '달은 우리가 뒤돌아볼 때만 존재하는가?'라는 의문을 제기하기에 이르렀다.

또한 파동함수의 붕괴는 모든 곳에서 동시에 일어나기 때문에 양자 얽힘 상태에 있는 두 입자 간에는 아인슈타인의 '유령 같은 원거리 작용 Spooky Action at a Distance'과 같은 현상이 발생하게 된다. 요컨대 양자역학에 대한 설명은 확정성, 실재성과 국한성을 위반한 것처럼 보인다. 고전 물리학은 물리학의 연구 대상이 '관찰 수단'과 독립적으로 존재하는 객관적 세계라고 여기는 것이고, 양자역학의 측정은 관찰자의 주관적 요소와 객관적 세계를 혼합해 두 가지를 분리할 수 없는 것처럼 보인다.

양자 베이즈 모델

21세기 초, 세 명의 학자(미국의 케이브스Caves, 폭스Fuchs, 샤크Schack)는

「베이즈 확률로서의 양자 확률」이라는 제목의 짧은 논문을 발표해 양자역학에 대한 새로운 해석을 제시했다. 세 명의 학자는 모두 경험이 풍부한 양자 이론 분야의 전문가였고, 그들은 양자 이론과 베이즈 학파의 확률 관점을 결합해 '양자 베이즈 모델Quantum Bayesianism'을 구축했다. 이것은 '큐비즘QBism'으로 간략히 불리기도 한다.

베이즈 학파의 주관적 확률 사고는 어떤 면에서 보면 양자역학의 코펜하겐 해석과 다른 듯 닮은 면을 가지고 있다. 이보다 앞서 미국의 물리학자 에드윈 제인스Edwin Jaynes(1922-1998)는 베이즈 확률을 앞장서 사용하며 통계물리와 양자역학을 연구했고, 이로써 몇몇 양자 정보학자들이 이후 양자 베이즈 모델을 구축하는 데 영향을 주었다.

양자 베이즈 모델은 코펜하겐 해석과 관련이 있지만 일부 측면에서는 분명한 차이점도 존재한다. 코펜하겐의 해석에 의하면 파동함수가 객관적으로 존재하고, 인위적인 '측정'이 이 객관적 존재를 간섭하고 파괴해 기존의 양자 중첩 상태가 '파동함수 붕괴'를 초래하도록 만들면서 역설을 초래했다. 그러나 양자 베이즈 모델은 파동함수가 결코 객관적으로 존재하지 않으며, 단지 관찰자가 사용하는 수학적 도구일 뿐이라고 여긴다. 파동함수가 존재하지 않으면 '양자 중첩 상태'와 같은 것도 있을 수 없고, 이렇게 되면 해석으로 인해 발생하는 역설을 피할 수 있다고 보는 것이다.

양자 베이즈 모델에 따르면 확률의 발생은 물질의 내재적 구조에 의

해 결정되는 것이 아니라 양자 시스템의 불확실성에 대한 관찰자의 신뢰도와 관련이 있다. 실제로 당시 보어는 파동함수가 수학적 추상일 뿐이며 실제로 존재하지 않는다고 이미 믿고 있었다. 지금의 양자 베이즈 모델은 보어의 관점을 수학적으로 뒷받침하고 있다. 베이즈 학파는 확률과 관련된 파동함수를 모종의 주관적 신념이라고 정의하며, 관찰자가 새로운 정보를 얻은 후 베이즈 정리의 수학 법칙에 따라 사후 확률을 얻고, 이를 통해 관찰자 본인의 주관적 믿음을 계속해서 수정할 수 있다고 보고 있다.

파동함수가 주관적인 것으로 간주된다고 해서, 양자 베이즈 모델이 모든 진리를 부정하는 허무주의적 이론인 것은 아니다. 이 이론을 지지하는 사람들은 양자 시스템 자체를 여전히 관찰자와 독립된 객관적 존재라고 말한다. 모든 관찰자는 다양한 측정 기술을 사용해 그들의 주관적 확률을 수정하고, 양자 세계에 대해 판단을 내린다. 관찰자가 측정을 하는 과정에서 실제 양자 시스템은 이상한 변화를 겪지 않으며, 변하는 것은 단지 관찰자가 선택한 파동함수일 뿐이다. 동일한 양자 시스템일지라도 관찰자에 따라 전혀 다른 결론을 얻을 수 있다. 관찰자는 서로 교류하며 각자의 파동함수를 수정해 새로 얻은 지식을 해석하며, 이를 통해 이 양자 시스템에 대해 더 완벽한 지식을 점차 갖게 된다.

양자 베이즈 모델에 따르면 상자 속의 '슈뢰딩거의 고양이'는 '죽었거나 혹은 살아 있는' 무서운 상태에 있는 것이 아니다. 그러나 상자 밖의 관찰자는 안의 '상태'에 대한 정보가 부족해 고양이의 '생사'를 정확히 판단할 수 없다. 그래서 그는 그것이 삶과 죽음의 중첩 상태에 있다고 주관적으로 상상하고, 파동함수라는 수학적 도구를 이용해 관찰자 자신의 이런 주관적 신념을 설명하고 갱신한다([그림2-5-1] 참조).

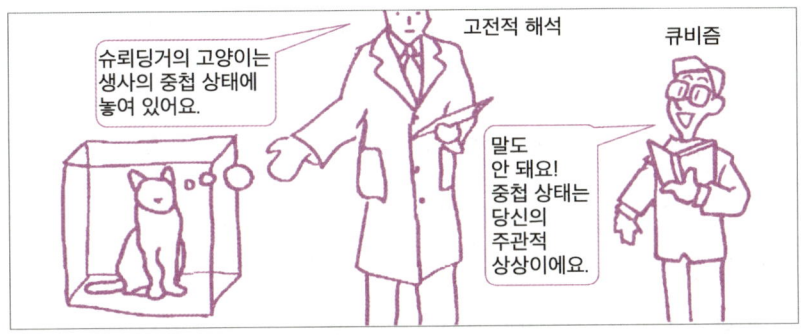

[그림 2-5-1] 양자 베이즈 모델

이 주관적 억측에서 나온 '중첩 상태'를 설명하기 위해 쉬운 예시를 하나 들어 보자. 2016년 미국 대선에서 도널드 트럼프와 힐러리 클린턴은 모두 '승패'의 가능성을 가지고 있었지만 결과는 예측하기 어려웠다. 트럼프의 한 지지자는 트럼프의 당락을 알기 전에 단지 주관적 추측에 따라 '승패' 확률(예를 들어 52%:48%)을 추측했고, 이것은 마치 트럼프가 '승패'가 공존하는 중첩 상태에 있는 것과 비슷해 보였다. 이런 중첩 상태의 확률 분포는 그의 주관적 억측이며, 다른 사람은 그것과 다른 확률 분포를 가진 주관적 중첩 상태를 가질 수 있다.

양자 베이즈 모델의 창시자 중 한 명인 크리스토퍼 폭스Christopher Fuchs는 베이즈 모델의 수학적 기초가 되어줄 중대한 발견을 했다. 그는 확률을 계산하기 위한 본 법칙이 파동함수를 도입할 필요 없이 확률론을 이용해 완전히 다시 쓰여질 수 있다는 것을 증명했다. 따라서 확률만을 이용해 양자역학의 실험 결과를 예측할 수도 있다.

폭스는 본 법칙의 새로운 접근 방식이 양자역학을 재해석하는 열쇠가 되기를 희망했다. 이러한 생각을 기점으로 지지자들은 확률 이론을 사용하여 양자역학의 표준 이론을 재정립하기 위해 노력하고 있다.

현재 이 목표는 아직 달성되지 못했고, 앞으로 결론이 어떻게 날지 지켜볼 필요가 있다. 그러나 어찌됐든 양자 베이즈 모델이 양자역학의 해석에 새로운 관점을 제공한 것만은 확실하다.

06
베이즈 당구대 문제

사실상 빈도학파와 베이즈 학파 사이의 가장 큰 차이점은 물리적 세계를 모델링할 때 사용하는 매개 변수에 대한 인식에서 나온다. 빈도학파는 모델의 매개 변수가 고정적이고, 실제 객관적으로 존재한다고 믿는다. 그들의 방법은 최대 우도법maximum likelihood과 신뢰 구간confidence interval을 사용해 매개 변수의 실제 값을 찾는 것이다. 그러나 베이즈 학파는 이와 정반대이다. 그들은 매개 변수의 '참값'이 아니라 각 매개 변숫값의 가능성, 즉 그 확률 분포에 관심이 있다. 베이즈 학파는 매개 변수를 확률 변수로 간주하며, 이때 각 값은 실제 모델에서 사용하는 값일 가능성이 있다. 차이점은 확률이 다르다는 것뿐이다.

지금 소개할 내용은 앨리스와 밥이 참가한 '베이즈 당구 게임'으로, 그들의 친구 찰리가 심판을 본다. 이 게임은 베이즈가 제안한 것이 맞지만, 여기서 소개하는 게임은 두 학파의 매개 변수에 대한 다른 이해와 처리 방법을 설명하기 위해 사용하는 현대 버전이다.

게임의 규칙은 비교적 간단하다. 게임이 시작되기 전에 찰리는 공을 테이블 위로 던지고, 공이 임의의 위치에서 완전히 멈추면, 이것을 [그림 2-6-1]처럼 앨리스와 밥의 '영역' 분계선의 표기로 삼는다. 그런 다음 찰리는 임의로 또 다른 공을 탁자 위에 굴린다. 공이 앨리스 쪽 영역에 멈추면 앨리스가 1점을 얻고, 공이 반대편에 멈추면 밥이 1점을 얻는다. 앨리스와 밥은 당구대 위의 자세한 상황을 볼 수 없고, 단지 공을 던질 때마다 누가 점수를 얻고 있는지, 자신과 상대방의 총점이 몇 점인지만 알 수 있을 뿐이다. 실제로 게임에서 앨리스와 밥은 아무것도 하지 않으며, 모든 것은 찰리의 손에 달려있다. 마지막으로 6점을 먼저 획득한 사람이 승리한다.

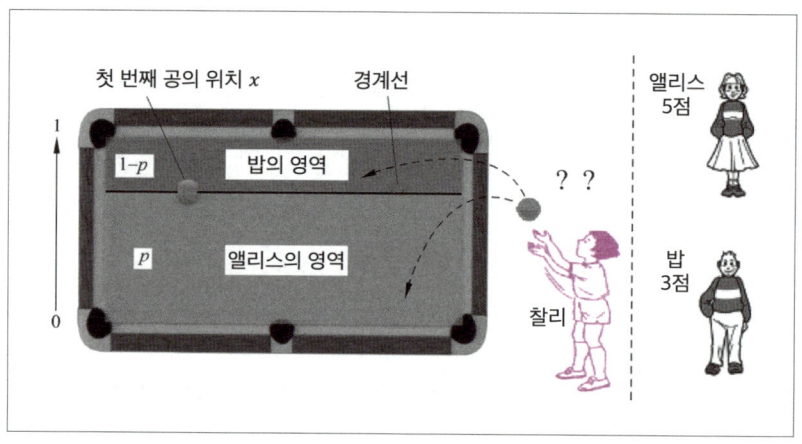

[그림 2-6-1] 베이즈 당구대 문제

만약 공을 여덟 번 던진 후 앨리스가 5점, 밥이 3점을 획득했다고 상상해 보자. 그렇다면 앨리스는 1점만 더 얻으면 승리하지만, 밥은 3점이 뒤져 있기 때문에 연속으로 3회를 이겨야만 승리할 수 있다. 상황은 확실히 밥에게 불리하다. 이때 밥이 최후의 승자가 될 확률은 과연 어떻게 구해야 할까?

찰리가 던진 공이 당구대 위의 어느 지점에서 멈추든, 그 확률은 모두 동일하다고 가정해 보자. 그렇다면 앨리스가 1점을 얻을 가능성은 그녀의 영역에 해당하는 면적에 정비례하고(혹은 [그림 2-6-1]에 상응하는 직사각형의 넓이), 밥도 마찬가지다. 공을 던질 때마다 앨리스가 이길(즉 밥이 질) 확률은 p이고, 이것은 그녀의 영역이 전체 당구대에서 차지하는 면적의 비율과 같다. 즉, p는 첫 번째 공이 멈추는 위치에 따라 결정되며, 우리는 이 p를 확률 모델의 매개 변수로 삼는다.

이 문제를 추상화하면 동전을 던지는 것과 다소 유사한 점을 발견할 수 있는데, 바로 p의 값에 의해 결정되는 이항 분포 문제이다. 그런데 이번에는 왜 동전이나 주사위를 던지지 않았을까? 그것이 동전이나 주사위의 상황과 다소 다르기 때문이다. 여기서 말하는 확률 p는 연속적으로 변하는 것이다. 동전의 앞면이 나올 확률 p는 조건에 의해 고정되는 물리적 매개 변수로 변하지 않는다.

베이즈 당구 문제에 등장하는 p는 연속으로 변하는 매개 변수이며, 이 문제에 대한 연구를 통해 우리는 빈도학파와 베이즈 학파가 이 문제를 처리하는 방식에서 어떤 유사점과 차이점이 있는지 확인할 수 있다.

빈도학파의 관점에 따르면 매개 변수는 고정된 것이다. 앨리스와 밥의 영역을 나누는 경계선의 표기는 시합 전에 단 한 번만 설정되므로, p

는 고정 매개 변수이다. 빈도학파의 목적은 게임이 특정 단계에서 얻은 데이터에 근거해 이 매개 변수를 찾아내거나 추정하고, 이를 통해 문제의 답을 구하는 것이다.

시합이 여덟 번 진행된 후 앨리스는 1점을 더 따면 이길 수 있다. 그래서 그녀가 최후의 승자가 될 확률은 찰리가 던진 공이 앨리스의 영역에 떨어져 멈출 확률 p이다. 밥의 입장에서는 연속해서 3번의 공이 자신의 영역에 떨어져야 하고, 그 확률은 $(1-p)$에 해당한다. 밥이 연속해서 세 번 모두 이길 확률은 $(1-p)^3$이다. 그렇다면 이 p를 어떻게 추정해야 할까?

수리 통계학에서는 우도 함수를 사용해 통계 모델의 매개 변수를 설명해 왔다. 이 함수의 최적화를 통해 매개 변수를 추정하는 방법을 '최대 우도 추정'이라고 부른다.

우도 함수는 무엇일까? '우도'와 '확률'은 의미상으로 유사하며, 모두 특정 사건의 발생 가능성을 가리킨다. 우도 함수는 제1장의 6단원에서 소개한 확률 분포 함수와 관련이 있다. 이 두 가지의 함수 형식은 서로 동일할 수 있지만 통계학의 관점에서 보면 명확한 개념의 차이를 보인다. 즉, 확률 분포 함수는 확률 변수의 함수로 매개 변수가 고정되어 있지만, 우도 함수는 매개 변수의 함수이고, 매개 변수에 따라 달라진다.

우도 추정을 할 때 먼저 일정한 확률 분포와 표본 값을 구하고, 우도 함수를 정의한다. 그런 다음 우도 함수가 가장 큰 값을 갖게 하는 매개 변수를 구하는데, 이것이 바로 최대 우도 추정의 매개 변수이다. 예를 들어 표본 값이 (m,n)인 이항 분포의 우도 함수는 $p^m(1-p)^n$이고, 여기서 매개 변수는 p이다. 찰리가 공을 8회 던져서 앨리스가 5회 승리하고 3회 졌다면, 우도 함수는 $p^5(1-p)^3$이다. 우도 함수의 최댓값 지점을 구하기 위해 이 함수를 p에 대해 미분하고, 0으로 설정한다.

$$\frac{d}{dp} 우도 함수(표본\ D) = \frac{d}{dp}[(1-p)^3 p^5] = 0 \Rightarrow p = \frac{5}{8}$$

이렇게 해서 위에서 언급한 최적의 우도 함숫값인 $p=\frac{5}{8}$를 얻었다. 최대 우도 추정으로부터 밥이 최후의 승자가 될 확률은 $P(밥|표본\ D) = (1-p)^3 = (\frac{3}{8})^3 = \frac{1}{19}$이다. 밥의 '배당률'= $P(밥)/(1-P(밥))$이고, 따라서 최종적으로 밥의 배당률은 1:18이다.

이것이 빈도학파의 계산 방법이라면, 베이즈 학파는 어떻게 계산할까?

베이즈 학파도 우도 함수를 사용한다. 그러나 그들은 p값을 최대 우도 추정 값인 $\frac{5}{8}$에 고정하지 않고, p를 0부터 1 사이에 존재하는 임의의 실수로 간주해 p값의 범위에 대한 적분을 진행한다.

$$P(밥|\,표본\,D) = \frac{\int_0^1 P(밥)\,우도\,함수(표본\,D)\mathrm{d}p}{\int_0^1 우도\,함수(표본\,D)\mathrm{d}p}$$

$$= \frac{\int_0^1 (1-p)^3(1-p)^3 p^5 \mathrm{d}p}{\int_0^1 (1-p)^3 p^5 \mathrm{d}p} = 0.09$$

이로부터 밥의 '배당률'=$P(밥)/(1-P(밥))$를 계산할 수 있고, 그 결과 밥의 배당률은 대략 1대 10이다.

이렇게 해서 베이즈의 결과는 1대 10이고, 빈도학파의 결과는 1대 18이라는 것이 밝혀졌다. 그렇다면 어느 것이 맞는 답일까? 두 가지 방법의 차이는 [그림 2-6-2]를 통해 설명할 수 있다.

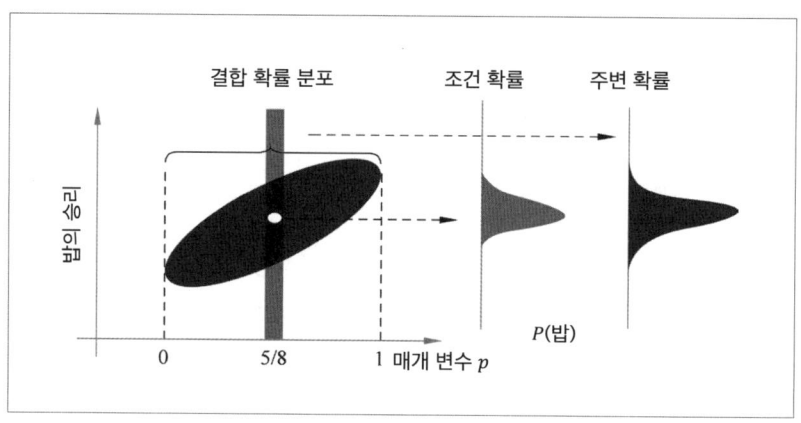

[그림 2-6-2] 조건 확률과 주변 확률

모델 매개 변수의 관점에서 볼 때 빈도학파는 고정된 '최대 우도 추정'의 매개 변숫값 $p=\frac{5}{8}$만을 고려할 뿐이다. 즉, [그림 2-6-2]에서 $p=\frac{5}{8}$ 부근의 직사각형 막대기로 표시된 구역을 사용해 밥의 최종 승리의 확률을 얻는다. 이것은 바로 [그림 2-6-2]의 오른쪽에 있는 조건 확률 분포 곡선이다. 그러나 베이즈 학파는 p값을 고정된 것이라고 보지 않으며, 모든 값이 만들어질 가능성을 열어두었다. 따라서 그들은 0부터 1까지 모두 가능한 p값의 분포를 상대로 적분을 진행했다. 이것은 모든 가능성을 염두에 둔 평균을 의미하며, 그렇게 얻은 값은 [그림 2-6-2]의 가장 오른쪽에 있는 주변 확률 분포 곡선과 같다.

다시 말해서 확률의 관점에서 볼 때, 두 가지 방법의 차이는 조건 확률과 주변 확률 중 어느 것을 사용하는지에 달려 있다. 만약 두 개 이상의 임의의 매개 변수가 있다면 이들의 다차원 공간에서의 무작위성을 설명하기 위해 보통 결합 확률 분포를 사용한다. [그림 2-6-3]은 확률 변수 X와 Y의 결합 확률 분포 및 주변 확률을 나타낸다.

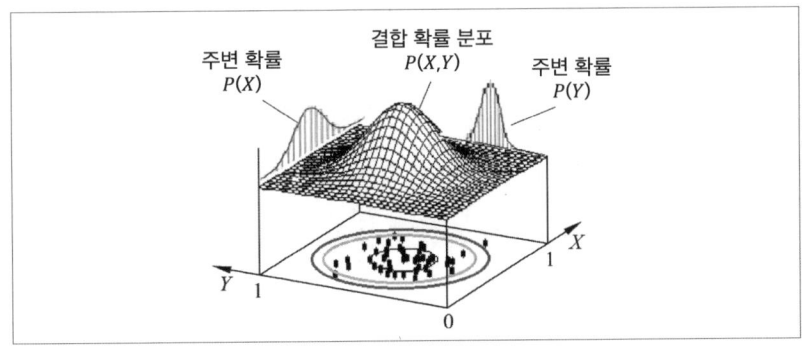

[그림 2-6-3] 결합 확률의 주변화

빈도학파는 모델의 매개 변수를 고정된 것으로 간주했고, 베이즈 학파는 매개 변수를 무작위 변수로 보았다. 이것이 두 학파의 근본적인 차이이다.

사실 베이즈 학파의 생각이 더 자연스럽고, 이것이 바로 베이즈 학파가 빈도학파보다 훨씬 일찍 만들어진 이유이기도 하다. 그러나 컴퓨터 기술이 아직 등장하지 않았을 때 이것은 베이즈 방법의 발전에 큰 걸림돌이 되었다. 빈도학파는 최적화 방법을 주로 사용해 처리하기 때문에 훨씬 편리했다. 지금은 베이즈 학파가 다시 갈수록 주목받고 있다. 두 학파는 매개 변수 공간에서의 인식 차이를 제외한다면 방법론적 측면에서 서로 영향을 주고받으며 발전하고 있다.

베이즈 학파는 모든 매개 변수를 분포를 가진 확률 변수로 보기 때문에 일부 표본 추출에 기반을 둔 방법을 사용해 복잡한 모델을 보다 쉽게 구축할 수 있다고 여긴다. 빈도학파의 장점은 사전 분포에 대한 가정이 없기 때문에 더 객관적이고, 편향되지 않는다. 일부 보수적인 영역(예를 들어 제약 산업, 법률)에서는 베이즈 방법보다 더 신뢰를 받는 경우가 많다.

때때로 이런 불확실성은 물체의 고유한 속성이며, 주관적 요소에서 독립한 객관적 존재이다. 예를 들어 동전 혹은 주사위의 물리적 편향성은 어떨까? 특정 면이 나타날 확률은 얼마나 될까? '공정'한가? 이런 것들은 모두 물체의 제조 과정에서 결정되며, 원칙적으로 빈도학파의 다중 실험 방법을 통해 그것의 확률을 탐색할 수 있다.

그러나 어떤 상황에서 '불확정성'의 객관적 의미는 명확하게 드러나지 않는다. 예를 들어 A 대학과 B 대학의 농구팀 경기에서 누군가 A 팀의 '승리' 확률을 예언했다면, 그것은 그의 개인적 관점과 두 농구팀의 실력을 결합해 얻은 주관적 추측이다. 이때 베이즈 정리를 사용해 확률 모델을 하나씩 갱신하는 방법이 더 적합하다.

[그림 2-6-4]는 두 학파가 서로 다른 관점으로 물리적 매개 변수를 다루고 있다는 것을 보여준다. 빈도학파는 매개 변숫값이 고정되어 있고, 여러 번의 측정을 통해 이 고정값에 가까워질 수 있다고 여긴다. 베이즈 학파는 고정된 표본 구간에서 매개 변수의 가능한 모든 값을 고려하고, 실험의 결과를 이용해 매개 변숫값의 확률을 갱신한다.

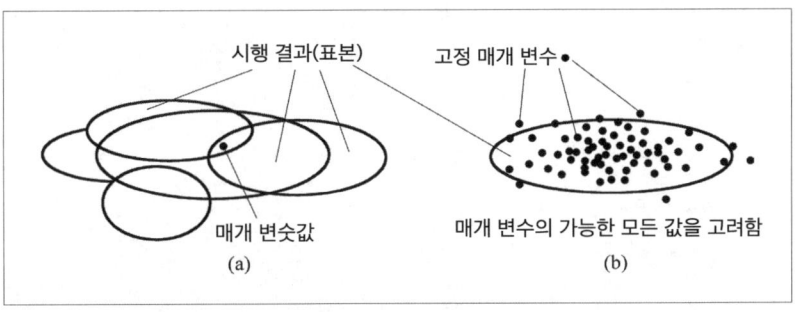

[그림 2-6-4] 매개 변수에 대한 두 학파의 견해 차이

(a) 빈도학파는 여러 번의 측정과 표본 구간의 변화를 통해 고정된 매개 변숫값을 점점 더 정밀하게 추정한다.
(b) 베이즈 학파는 고정 표본 구간, 매개 변수의 변화로부터 시작해 새로운 표본 데이터에 근거해 매개 변수 분포를 갱신한다.

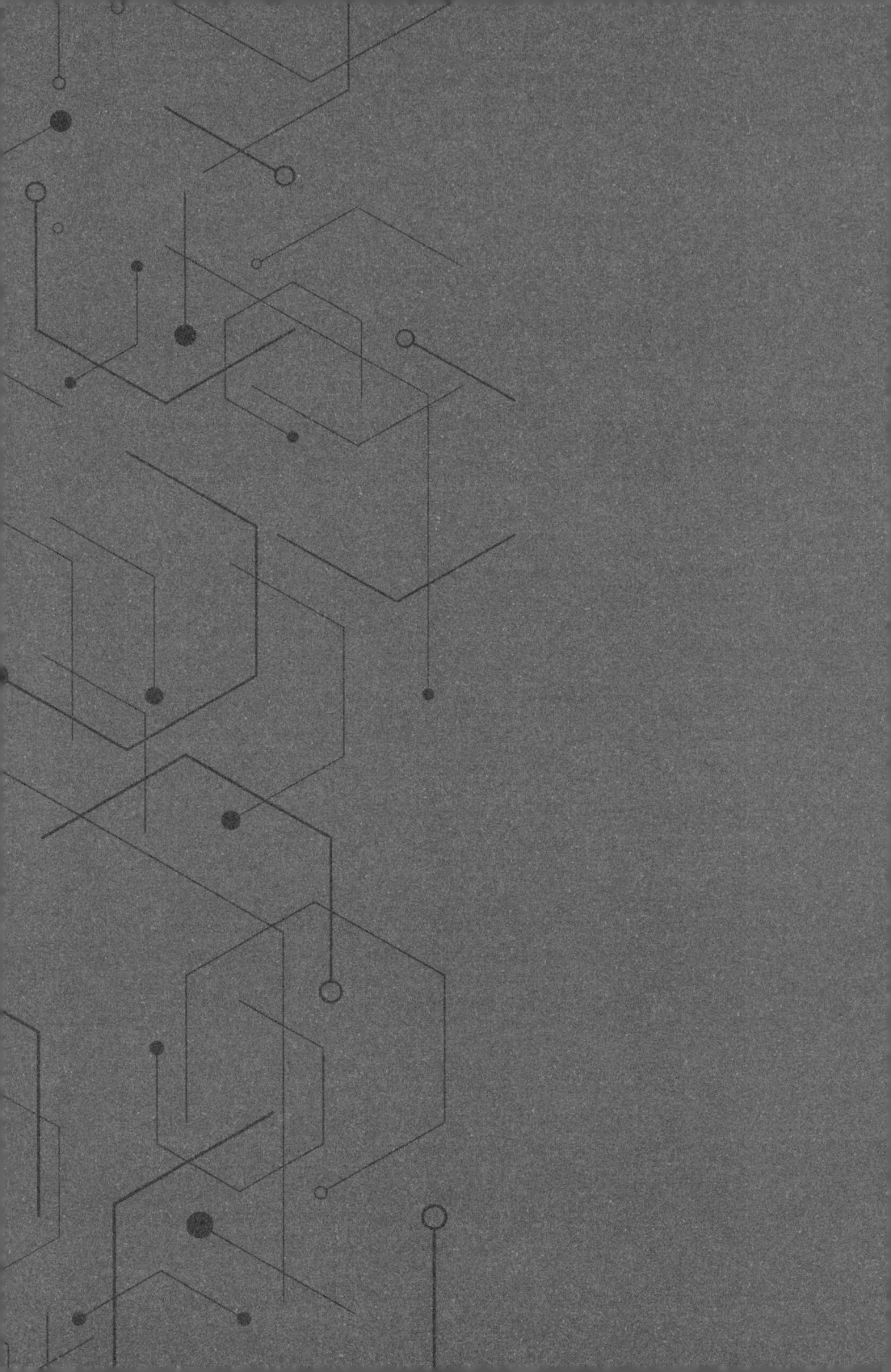

3

확률이 춤춘다: 랜덤한 세계의 움직임

앞서 언급한 내용을 통해 우리는 이 세상에 결정적 변수와 확률 변수가 존재한다는 것을 알게 되었다. 결정적 변수는 고전적 물리학 법칙으로 불리는 뉴턴 역학 혹은 맥스웰 방정식을 따른다. 고전물리학은 정역학과 동역학으로 구분되며, 건축물은 정역학을 따르고, 자동차 운전과 로켓 발사는 시간의 변화와 관련된 동역학의 규칙을 따른다. 예를 들어 단일 입자 시스템에서 3차원 공간을 이동하는 입자의 궤적 $x(t)$는 뉴턴의 제2법칙에 의해 결정되는 시간과 관련된 운동 방정식의 해이고, 전자기파가 따르는 법칙은 맥스웰 방정식의 해이다.

앞의 두 장에서 소개한 확률 변수의 확률적 속성은 '시간'이라는 개념을 아직 포함하지 않았다. 만약 확률 변수가 시간에 따라 변한다면, 이것은 '확률 과정 stochastic process'이 된다.

고전물리학에서는 고정된 변수들이 시간에 따라 어떻게 변하는지를 다루며, 그것이 바로 물리 시스템의 시간적 진화이다. 마찬가지로, 확률 과정도 나름의 운동 법칙을 따른다. 차이점을 보자면 확률 과정의 경우 그 변수가 우리가 늘 보는 공간 위치 $x(t)$ 혹은 전자기장 E, B와 같은 변수가 아니라 불확실한 값을 갖는 확률 변수라는 것이다. 이런 이유 때문에 확률 과정은 '무작위가 아닌 과정'에 비해 훨씬 처리하기 어렵다. 그러나 확률 과정은 일상생활 속 어디서나 볼 수 있고, 여전히 일정한 물리적 법칙을 따른다. 그렇다면 그것은 어떤 물리적 규칙을 따를까? 이것이 바로 이번 장에서 소개할 핵심 주제이다.

01
마르코프 체인(Markov chain)

여기서도 동전 던지기를 예로 들어보겠다. 동전을 한 번 던질 때마다 확률 변수 X가 만들어진다면, 우리가 동전을 계속 던졌을 때 일련의 확률 변수 X_1, X_2, …, X_i, … 등이 연이어 생성된다. 일반적으로 수학자들은 일련의 확률 변수들로 이루어진 계열sequence 또는 과정을 '확률 과정'이라고 부른다.

확률 과정에서 확률 변수 X_i는 i번째로 동전을 던진 결과이고, 시간 t_i의 '함수'로 이해될 수도 있으므로 '과정'의 원인이라고 부른다. 이산적인 시간의 과정은 때때로 '체인'이라고 불리기도 한다.

동전을 한 번 던져서 나온 값이 1 혹은 0인 확률 변수가 X라면, 이 동전을 연속으로 던져서 생성된(값이 1 혹은 0) 일련의 확률 과정을 베르누이 과정Bernoulli Process이라고 부른다. 베르누이 과정은 동전 던지기의 확률 과정을 설명하는 데 사용될 뿐 아니라 주사위 던지기는 물론 모든 상호 독립적인 확률 변수로 구성된 집합으로 확장될 수도 있다. 다시 말해서 베르누이 과정은 이산적인 시간과 이산적인 값을 갖는 확률 과정이다. 확률 변수의 표본 공간은 단지 성공(1) 혹은 실패(0)의 두 가지 값만을 가지며, 성공할 확률은 p이다. 예를 들어 여섯 면이 대칭인 주사위를 던져서 3이 나올 경우를 성공이라고 정의한다면 주사위를 여러 번 던진 결과는 $p=\frac{1}{6}$의 베르누이 과정이다.

마르코프 체인이란 무엇인가?

동전을 여러 번 던져도 확률 과정을 형성하지만(위에서 언급한 베르누이 과정), 이런 과정은 매번 던진 결과가 모두 서로 독립이고, 앞면 또는 뒷면이 나올 확률이 영원히 50대 50으로 비교적 단조롭다. 설사 주사위 던지기로 확장하더라도 각 면이 나올 확률이 50%는 아니지만 여전히 $\frac{1}{6}$로 고정되어 있다. 게다가 매번 '동전을 던지거나' 혹은 '주사위를 던지는' 시행은 서로 독립이다. 이러한 독립성은 앞서 소개한 '도박사의 오류'가 왜 '오류'인지에 대한 근본적인 이유를 구성하는 기초가 된다.

그렇지만 사실상 자연계 및 사회에 존재하는 확률 변수 사이에는 늘 상호 의존 관계가 존재한다. 내일 서울의 날씨가 비가 내리거나 혹은 맑을 가능성을 생각해 볼 때 동전 던지기처럼 각각 절반의 확률을 갖는 것은 아니다. 일반적으로 그것은 서울의 오늘, 어제, 그저께⋯ 혹은 며칠 전의 날씨와도 관련이 있다.

만약 단순하게 생각해서 내일 비가 올 확률이 단지 오늘 날씨와 상관 있다고 가정한다면 [그림 3-1-1(a)]의 간단한 도형으로 설명이 가능하다. [그림 3-1-1]에 표시된 기후 모델은 단순히 '비'와 '맑음'의 두 가지 날씨 상태만을 보여준다. 두 가지 상태는 화살표가 있는 여러 가지 곡선으로 연결되어 있다. 이 연결선은 오늘의 날씨 상황으로부터 내일의 날씨를 예측하는 방법을 보여준다. 예를 들어 [그림 3-1-1(a)]에 보이는 '비' 상태에서 시작하는 두 개의 연결선이 있고, '맑음'에서 끝나는 선은 '0.6'으로 표기되어 있다. 그것은 '오늘 비가 내리고, 내일은 맑을 확률이 60%'라는 것을 의미한다. 왼쪽 곡선은 한 바퀴를 돌아 다시 '비'로 돌아가 있고, 0.4로 표기되어 있다. 즉, '내일 계속 비가 내릴 확률이 40%'라는 의미이다. '맑음'에서 시작하는 두 개의 곡선도 비슷한 의미로 이해할 수 있다. 오늘 날씨가 맑다면 내일도 맑을 가능성이 80%이고, 비가 내릴 확률은 20%이다. 확률 과정에서 가능한 모든 상태의 집합(비, 맑음)은 확률 과정의 '표본 공간'을 형성한다.

위에서 제시한 예는 가장 전형적이고 간단한 마르코프 체인이고, 확률 과정의 창시자이자 러시아 수학자 안드레예비치 마르코프Andreyevich Markov(1856-1922)의 이름을 따서 만들었다.

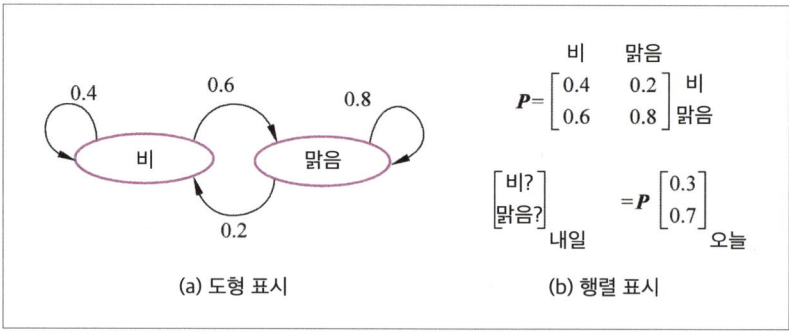

[그림 3-1-1] 전형적인 마르코프 과정(단순한 기상 모델)

마르코프 체인은 마르코프 속성을 가진 이산적 확률 과정이며, 매개변수와 표본 공간이 모두 이산적이다. 마르코프 속성은 '무기억성' 혹은 '무후효성'으로도 불린다. 즉, 다음 상태의 확률 분포는 현재 상태에 의해 결정될 뿐이며, 과거의 사건과 아무런 상관이 없다는 것이다. 앞에서 언급한 일기 예보의 예처럼 내일 날씨가 '맑거나' 혹은 '비가 올' 확률은 단지 오늘의 상태와 관련이 있을 뿐이고, 어제 혹은 그 이전의 날씨와 아무런 상관이 없다.

도형으로 마르코프 체인을 표시하는 것 외에도 위의 예처럼 내일과 오늘 '비가 오거나 맑을' 확률의 관계도 [그림 3-1-1(b)]의 행렬 P로 설명할 수 있고, 이를 '전이 행렬'이라고 부른다. 행렬의 몇 가지 수치는 시스템이 '한 단계' 발전한 후, 즉 오늘에서 내일로 상태가 전이될 확률을 나타낸다. P가 전이 행렬을 나타낼 때 상태는 바로 벡터이다. [그림 3-1-1(b)]에서 오늘의 상태는 0.3과 0.7의 성분을 갖는 벡터로 표시되며, 오늘 비가 내릴 확률이 30%이고, 맑을 확률이 70%이라는 것을 의미한다. 내일의 상태는 P와 오늘의 상태를 곱해서 얻는다.

시간의 흐름에 따라 전이 확률이 변하지 않는 마르코프 과정을 '시간 동질성 마르코프 과정'이라고도 부른다. [그림 3-1-2]에서처럼 어느 도시의 '맑음'과 '비' 상태가 전날의 상태와 동일한 전이 행렬 P를 곱해서 얻은 것이라 가정한다면, 그것이 바로 시간 동질성 마르코프 체인이다. 일반적으로 우리가 다루는 마르코프 과정은 대부분 '시간 동질적'인 것으로 가정된다.

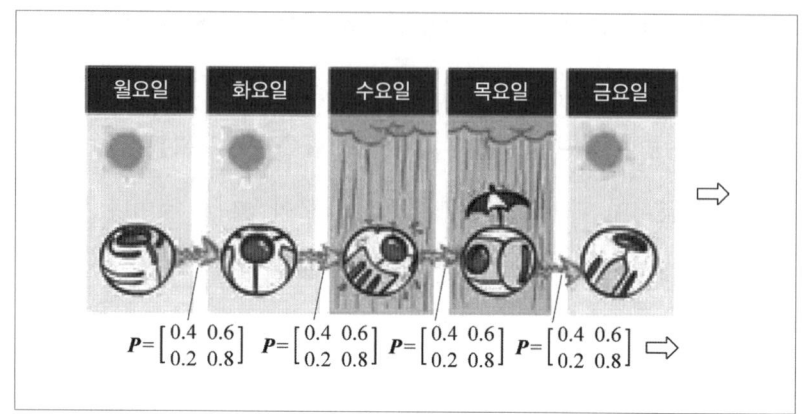

[그림 3-1-2] 시간 동질성 마르코프 체인

극한 확률 분포(주식 시장 모델의 사례)

시스템의 초기 상태 X_0와 전이 행렬 P가 주어지면, 마르코프 체인에서 미래의 매 순간에 해당하는 상태 $X_1, X_2, \cdots, X_t$를 차례대로 구할 수 있다. 때때로 사람들은 오랜 시간이 지난 후 점차 안정 상태로 흘러가는 마르코프 과정에 흥미를 보인다. 급수가 특정 값으로 수렴하는 것과 유사하게 마르코프 체인도 결국 초기 상태와 상관없이 극한 확률 분포 상태에 가까워지고, 이것을 '안정 상태'라고 부른다. 이어지는 내용은 간단한 주식 시장 마르코프 모델을 사례로 들어 이를 설명하고자 한다.

일주일 동안의 주식 시장을 간단한 세 가지 상태, 즉 강세장, 약세장, 정체로 표시한다고 가정해 보자. 그 전이 확률은 [그림 3-1-3]과 같다.

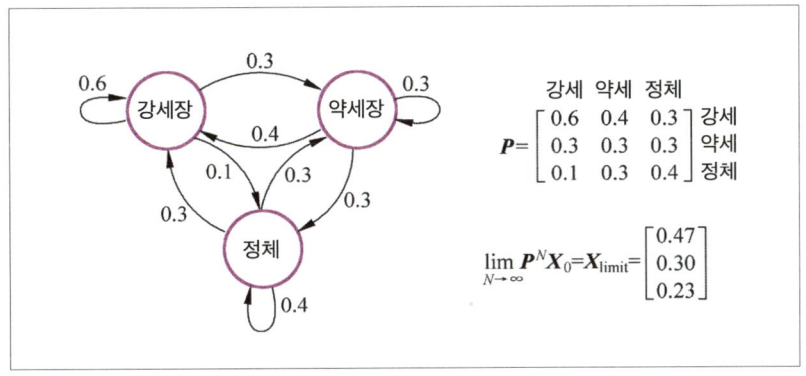

[그림 3-1-3] 극한 확률 분포(주식 시장의 예)

시간이 충분히 길면 이 마르코프 체인이 만들어 내는 일련의 확률 상태는 극한 벡터로 수렴한다. 즉, [그림 3-1-3]의 오른쪽 아래에 표시된 벡터이다. 이 벡터 $X_{limit}=[0.47, 0.3, 0.23]^T$의 상태는 시스템의 최종 안정 상태이며, 이것은 시스템의 극한으로 안정 상태 분포 벡터라고 불린다. 주식 시장의 예에서 안정 상태의 분포 벡터가 존재한다는 것은 이 특정 사례 속의 모델에 근거해 장기적인 시장 추세가 안정적으로 흘러간다는 것을 의미한다. 즉, 특정한 한 주의 주식 시장 상황이 47%의 확률이면 강세장, 30%의 확률이면 약세장, 23%의 확률이면 정체이다.

02
술 취한 사람의 방황: 랜덤 워크의 수학적 모델

뉴욕 맨해튼의 격자형 도로에서 술에 취한 사람이 걷고 있다고 상상해 보자. 그가 원래 있던 교차로 입구에서 네 가지 방향 중 하나를 무작위로 선택해 이동하고, 다음 교차로에서 또 하나의 방향을 무작위로 선택하고… 이런 식으로 계속해서 이동한다면 그가 걸어가는 길은 어떤 특징을 갖게 될까?

이 문제를 우리는 '술 취한 사람의 랜덤 워크'라고 부른다. 수학자들은 술 취한 사람이 이동한 길을 수학적 모델로 추상화하며 '랜덤 워크^{random} $_{walk}$'라고 불렀다. 맨해튼의 술 취한 사람은 2차원의 도시 바닥에서만 걸어 다닐 수 있으므로 '2차원 랜덤 워크'라고도 할 수 있다([그림 3-2-1] 참조).

랜덤 워크는 마르코프 체인의 특수한 경우로 볼 수 있다. 그것의 표본 공간은 위에서 언급한 동전 던지기처럼 간단하고 유한한 몇 가지로만 구성되지 않기 때문이다. 예를 들어 동전 던지기의 표본 공간은 '앞'과 '뒤' 두 가지로 구성되어 있고, 간단한 기상 모델의 표본 공간도 '비'와 '맑음' 두 가지만을 가지고 있다. 주사위 던지기의 표본 공간은 '1, 2, 3, 4,

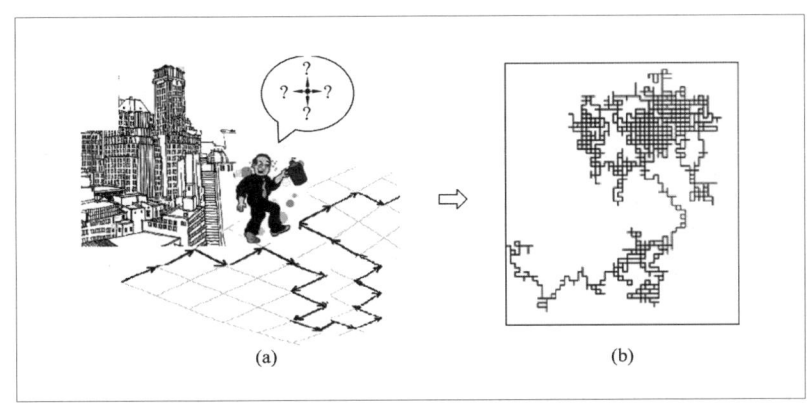

[그림 3-2-1] 술 취한 사람의 걸음과 2차원 랜덤 워크 경로

5, 6'의 여섯 가지로 이루어져 있고, 주식 시장은 '강세장', '약세장', '정체'의 세 가지로 구성된다. 이 외에도 확률 과정의 표본 공간은 무한히 확장되는 '물리 공간'으로 만들 수 있고, 여기서 말하는 '공간'은 1차원, 2차원, 3차원뿐 아니라 그 이상으로도 확장될 수 있다.

현실 세계에서도 이런 유형의 과정을 통해 더 많은 시스템을 시뮬레이션할 수 있다. 액체 속에서 미세한 입자들이 만들어 내는 브라운 운동과 확산 현상, 공중에서 새의 자유로운 비행 궤적, 강에서 물고기의 이동, 연못에서 개구리가 뛰는 모습, 전염병이 확산되는 경로 등에서 이러한 랜덤 워크 현상이 자주 발생한다. 또한 표본 공간은 연속적이면서 이산적일 수 있다. 랜덤 워크는 이산적 상태의 공간에서 일어나는 특수한 마르코프 체인이다.

술 취한 사람의 걸음을 왜 마르코프 체인이라고 말하는 것일까? 술 취한 사람의 시간 t_{i+1}에서 상태(즉 위치)는 시간 t_i에서 그의 상태(x_i, y_i) 및 그가 임의로 선택한 방향에 의해서만 결정되며, 과거(t_i 이전)에 걸어간 적이 있던 길은 상관이 없다.

사실상 제1장에서 정규 분포 실험으로 소개한 골턴의 핀 보드도 마르코프 체인의 예라고 볼 수 있다. 아래로 떨어지는 작은 공의 움직임을 생각해 보자. 그것이 움직이면서 핀에 부딪힌 후 왼쪽 혹은 오른쪽으로 이동할 확률은 모두 50%이고(혹은 일반적으로 왼쪽과 오른쪽의 확률은 각각 p, q이다), 그것의 수평 위치가 무작위로 1씩 증가하거나 1씩 감소하게 된다. 골턴의 핀 보드는 2차원 공간처럼 보이지만 공의 수직 이동 방향은 무작위가 아니라 아래로 한 칸씩 고정적으로 이동하기 때문에 실제로는 수평 방향의 1차원 랜덤 워크의 예로 볼 수 있다. 수직 방향으로 향하는 운동은 시간의 흐름으로 간주된다.

골턴의 핀 보드를 [그림 3-2-2(a)]처럼 바꿔서 1차원에서 술 취한 사람의 랜덤 워크 문제를 연구하는 데 쓸 수 있다. 핀 보드의 수평 방향을 x축으로 설정하고, 핀 보드의 왼쪽 어딘가([그림 3-2-2(a)]의 점선)를 절벽으로 삼는다($x=0$으로 설정). 술 취한 사람(핀 보드 꼭대기에 있는 공)이 처음에 $x=n$의 격자점, 즉 절벽에서 n 격자만큼 떨어져 있는 위치에 있다고 가정하고, 그가 걸을 때마다 오른쪽으로 향할(x 증가) 확률은 p, 왼쪽으로 향할 확률은 $1-p$이다. 그렇다면 술 취한 사람이 걸어가다 절벽 아래로 떨어질 확률은 얼마일까?

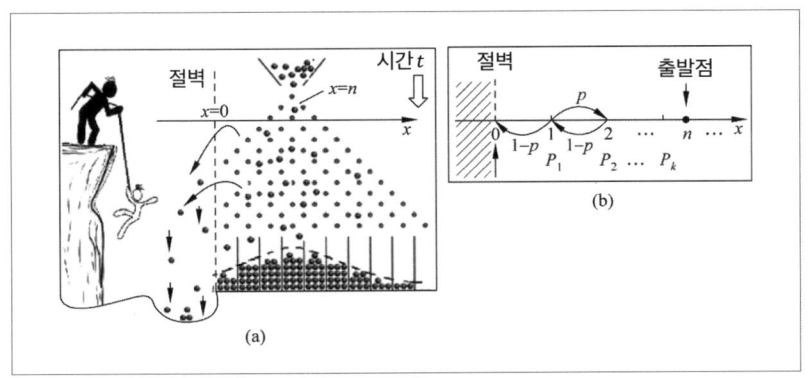

[그림 3-2-2] 술 취한 사람이 절벽 아래로 떨어지는 문제
(a) 골턴의 핀 보드부터 (b) 1차원에서의 랜덤 워크

    절벽의 위치가 $x=0$에 있기 때문에 대응하는 확률 변수 x의 값은 0이고, 따라서 격자점 $x=0$에 도달하는 것을 술 취한 사람이 절벽에서 떨어지는 판단 근거로 삼을 수 있다. 먼저 구체적인 수치를 이용해 위의 문제를 단순화시켜 보자. 예를 들어 술 취한 사람이 걸어갈 때 오른쪽으로 갈 확률은 $p=\frac{2}{3}$, 왼쪽으로 갈 확률은 $q=1-p=\frac{1}{3}$이라고 가정해 보자. 그렇다면 단순화를 한 후에 술 취한 사람이 $x=1$의 위치에서 걸어가기 시작해 절벽 아래로 떨어질 확률이 얼마일까?

    어쩌면 누군가는 재빨리 이런 대답을 내놓을지도 모른다. 술 취한 사람이 $x=1$에서 왼쪽으로 한 걸음 걸어가면 바로 절벽에 도달하고, 그가 왼쪽으로 걸어갈 확률은 $\frac{1}{3}$이므로 그가 절벽 아래로 떨어질 확률도 $\frac{1}{3}$이 아닐까?

    그러나 좀 더 신중히 생각해 보면 이것은 그렇게 간단한 문제가 아니다. $\frac{1}{3}$은 술 취한 사람이 왼쪽으로 첫걸음을 내디디면 절벽에서 떨어질 확률이다. 그러나 그가 오른쪽으로 첫걸음을 내디뎌도 절벽 아래로 떨어질 가능성은 여전히 존재한다. 예를 들어 오른쪽으로 한 걸음 걸어간 후 다시 왼쪽으로 두 걸음 걸어가면 마찬가지로 $x=0$의 격자점에 도달해 절벽 아래로 떨어지지 않을까? 따라서 절벽에서 떨어질 총 확률은 $\frac{1}{3}$보다 크다. 오른쪽으로 첫걸음을 내디뎌 $x=2$ 지점에 도달한 이후에도 절벽에서 떨어질 가능성이 있으므로, 그 확률까지 포함해야 한다.

이 문제를 더 명확히 분석하기 위해서 우리는 술 취한 사람이 $x=1$의 지점에서 $x=0$의 지점으로 걸어갈 확률을 P_1으로 표시한다. 이것은 바로 방금 단순화한 문제에서 해를 요구했던, $x=1$의 지점에서부터 걸어가 절벽 아래로 떨어질 확률이다. 마찬가지로 이 문제의 평행 이동 대칭성을 고려할 때 P_1 역시 술 취한 사람이 $x=k$에서 임의의 격자 지점을 향해 왼쪽으로 이동하여(몇 걸음이든 상관없다) $x=k-1$의 격자점 위치에 도착할 확률이다. 이때 우리가 주의해야 할 한 가지가 있다. 술 취한 사람이 한 걸음 걷는 것을 그의 격자점 위치가 한 격자 이동하는 것과 같다고 보아서는 안 된다. 격자점의 위치가 $x=k$에서 $x=k-1$까지 왼쪽으로 이동하려면 아마도 여러 걸음이 필요할 수 있다.

P_1 외에도 $x=2$의 지점으로부터 걸어가 절벽에서 떨어질 확률을 P_2라고 하면 $P_2=P_1^2$이다. $x=3$인 지점에서의 확률을 P_3이라고 하면 $P_3=P_1^3$이다. 그런 후 방금 분석한 것처럼 P_1에 대해 등식 $P_1=1-p+pP_1^2$를 열

거할 수 있다. 이로써 $P_1=1$ 혹은 $P_1=(1-p)/p$라는 답을 낼 수 있다. 따라서 이 문제에 대해 의미 있는 해는 $P_1=(1-p)/p$, $P_n=P_1^n$이다.

$p=\frac{1}{2}$일 때 $P_1=1$은 술 취한 사람이 결과적으로 반드시 절벽에서 떨어질 수 있다는 것을 의미한다. $p<\frac{1}{2}$일 때 $P_1>1$이 되며, P_n도 마찬가지다. 그러나 확률이 아무리 크더라도 최대 1이 될 수 있을 뿐이다. p는 술 취한 사람이 절벽의 반대 방향으로 걸어갈 확률이라는 것을 기억해야 한다. 그래서 술 취한 사람이 절벽의 반대 방향으로 걸어갈 확률이 $\frac{1}{2}$보다 작으면 그가 처음에 절벽으로부터 얼마나 멀리 떨어져 있든 결국 반드시 절벽에서 떨어질 수밖에 없다.

만약 $p=\frac{2}{3}$라면 $P_1=\frac{1}{2}$, $P_n=(\frac{1}{2})^n$이 나온다. n이 커질수록, 즉 술 취한 사람의 처음 위치가 절벽에서 멀리 떨어질수록 절벽에서 떨어질 가능성은 작아진다.

03
도박꾼의 파산과 새의 귀소

랜덤 워크 모델의 응용 범위는 매우 넓고, 술 취한 사람이 절벽으로 떨어지는 것과 유사한 버전도 여럿 존재한다. 그러나 그것을 설명하는 수학의 모델은 기본적으로 일치한다. 도박꾼의 파산 문제가 바로 그중 한 가지 예이다. 카지노에서 도박을 하는 도박꾼이 이길 확률은 p, 질 확률은 $1-p$이고, 매번 베팅 금액은 1만 원이라고 가정해 보자. 도박꾼이 처음 가지고 있던 자금을 n원이라고 했을 때, 이기면 돈이 1만 원 증가하고, 지면 1만 원 감소한다. 이때 도박꾼이 모든 돈을 다 잃을 확률은 얼마일까?

이 문제는 술 취한 사람의 랜덤 워크 문제를 해결하기 위해 제시한 수학적 모델과 완전히 일치한다. 베팅 금액은 술 취한 사람이 걸었을 때의 1차원 거리 x에 해당하고, 절벽의 위치 $x=0$은 베팅 금액을 다 잃고 파산하는 것과 같다.

위의 분석으로부터 알 수 있듯이 설사 $p=\frac{1}{2}$일지라도 술 취한 사람은 절벽 아래로 반드시 떨어진다. 도박꾼 문제에서 이길 확률이 $p=\frac{1}{2}$이라는 것은 공정 거래에 해당하지만 사실상 도박꾼 혹은 카지노가 이길 확률의 비는 49대 51이다. 공정한 거래라 할지라도 술 취한 사람과 마찬가지로 도박꾼도 결국 파산할 수밖에 없다. 이것은 최초 도박 자금이 얼마인지와 상관이 없다. 도박 자금은 한정되어 있는 반면에 상대방(카지노)은 이론적으로 무한한 자본을 가지고 있기 때문이다.

술 취한 사람의 랜덤 워크(혹은 도박꾼의 파산) 문제를 약간 변형하면 새로운 형태의 흥미로운 문제를 만들어 낼 수 있다. 예를 들어 술 취한 사람이 가는 길 양옆이 모두 절벽이라고 가정하고 양쪽 절벽으로 각각 떨어질 확률을 구해볼 수 있다. 이와 마찬가지로 도박꾼 문제에서 두 도박꾼 A와 B 중에서 누가 먼저 모든 것을 잃는지 그 확률을 구할 수도 있다. 술 취한 사람이 가는 길에 절벽이 없고, 길이 양쪽으로 끝없이 확장될 수 있다고 가정할 수도 있고, 술 취한 사람이 집 앞에서 출발해서 걸어 다니다가 다시 집으로 돌아올 수 있는 확률이 얼마인지도 계산할 수 있다.

위에서 언급한 모든 예는 가장 간단한 1차원의 랜덤 워크 문제에 해당한다. 1차원에서 2차원, 3차원은 물론 그 이상의 차원으로 확장될 수도 있다. 그러나 때로는 위에서 나온 '술 취한 사람이 집으로 돌아가는' 문제처럼 단순한 확장이 아니라면 답은 매우 다를 수밖에 없다.

먼저 1차원의 상황을 살펴보자. 술 취한 사람이 길게 이어져 있는 길을 왼쪽과 오른쪽 상관없이 무작위로 걸어간다고 가정해 보자. 다만 시간이 충분하면 그는 결국 출발점으로 돌아갈 수 있다. 따라서 집에 돌아갈 확률은 100%이다. 2차원의 상황도 비슷하다. 술 취한 사람이 집에서 출발해 길이 거미줄 모양으로 이어진(무한대로 크다고 가정한다) 도시를 무작위로 걷는다면 그가 교차로에 도달할 때마다 네 개의 방향(오던 방향도 포함) 중 하나를 선택할 확률은 모두 동일하다([그림 3-2-1(a)] 참조). 1차원의 상황과 비슷하게 시간이 충분하다면 이 술 취한 사람은 결국 집으로 돌아갈 수 있고, 그 확률은 여전히 100%이다.

헝가리계 미국인 수학자 조지 폴리아 George Pólya(1887-1985)는 이 '술 취한 사람이 집으로 돌아갈 수 있는지'에 대한 문제를 깊이 연구했고, 1921년에 1차원, 2차원 상황에서 그가 집으로 돌아갈 확률이 100%라는 것을 증명했다.

'술 취한 사람이 집으로 돌아갈 수 있는지'에 대해 1차원 혹은 2차원과 관련된 답은 그다지 놀라울 것도 없다. 폴리아는 차원이 더 높은 상황에서 술 취한 사람이 집으로 돌아갈 확률이 100%보다 훨씬 작다는 사실을 증명해 냈다. 3차원 네트워크에서 랜덤 워크가 진행되었을 때 다시 출발점으로 되돌아갈 수 있는 확률은 고작 34%이다.

술 취한 사람은 허공으로 걸어갈 수 없지만, 새의 활동 공간이야말로 3차원이다. 따라서 일본계 미국인 수학자 시즈오 가쿠타니 Shizuo Kakutani(1911-2004)는 폴리아 정리를 대중적이고 매우 유머러스한 말로 이렇게 정리했다. "술 취한 사람은 집으로 돌아가는 길을 찾을 수 있을지 모르지만, 술 취한 새는 영원히 집으로 돌아갈 수 없습니다."

랜덤 워크는 물리학에서 브라운 운동의 수학적 모델이기도 하다. 이는 바로 이어지는 내용에서 자세히 설명하고자 한다.

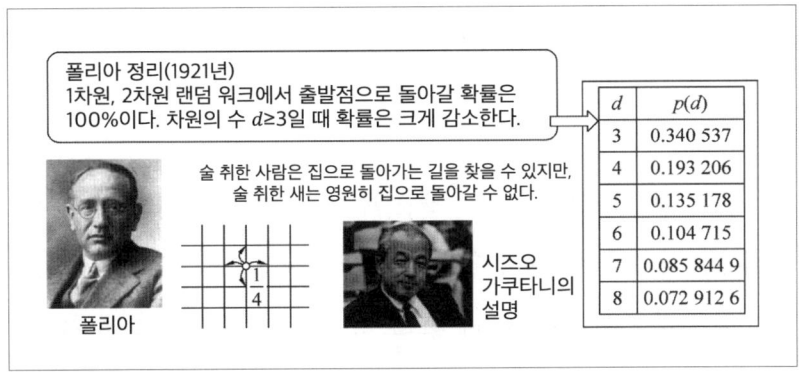

[그림 3-3-1] '술 취한 사람과 새의 귀소' 정리

04
미립자의 방황: 브라운 운동

확률 및 확률 과정의 수학 모델은 금융, 기상, 물리, 정보 및 컴퓨터 등 다양한 학문의 연구에서 광범위하게 응용되고 있다. 볼츠만, 맥스웰, 깁스 등 물리학자들은 이를 바탕으로 통계역학을 확립했고, 위너와 섀넌 등은 정보론을 구축했다. 브라운 운동은 확률 과정의 전형적인 사례이며, 이를 통해 통계 물리와 기타 관련 학과의 발전을 촉진했다.

브라운 운동의 연구 역사

1905년은 아인슈타인에게 기적 같은 한 해였다. 베른 특허청의 말단 직원이었던 그는 세상을 깜짝 놀라게 만든 다섯 편의 논문을 발표했고, 현대 물리학의 세 가지 분야를 위해 획기적인 공헌을 했다. 즉, 그의 광전 효과는 양자 시대를 열었고, 특수 상대성 이론은 고전적 시공간 개념을 뒤집었으며, 브라운 운동의 연구는 분자론의 발전을 촉진시켰다.

이 세 가지 업적 중에서 브라운 운동에 관한 아인슈타인의 연구는 종종 과소평가되는 경향이 있었다. 심지어 그 자신조차도 예외는 아니어서 늘 앞의 두 가지는 언급하고 브라운 운동을 생략할 때가 많았다. 그러나 그때의 역사를 돌이켜보면 브라운 운동에 관한 아인슈타인의 논문(그의 박사 논문을 포함)이 현대 물리학에 끼친 공헌은 다른 두 업적에 결코 뒤지지 않는다. 아인슈타인의 논문 내용이 인용된 횟수만 봐도 가장 많이 인용된 것은 EPR 역설이고, 브라운 운동이 그 뒤를 잇고 있으며, 그 다음이 바로 광전 효과 및 상대성 이론이다.

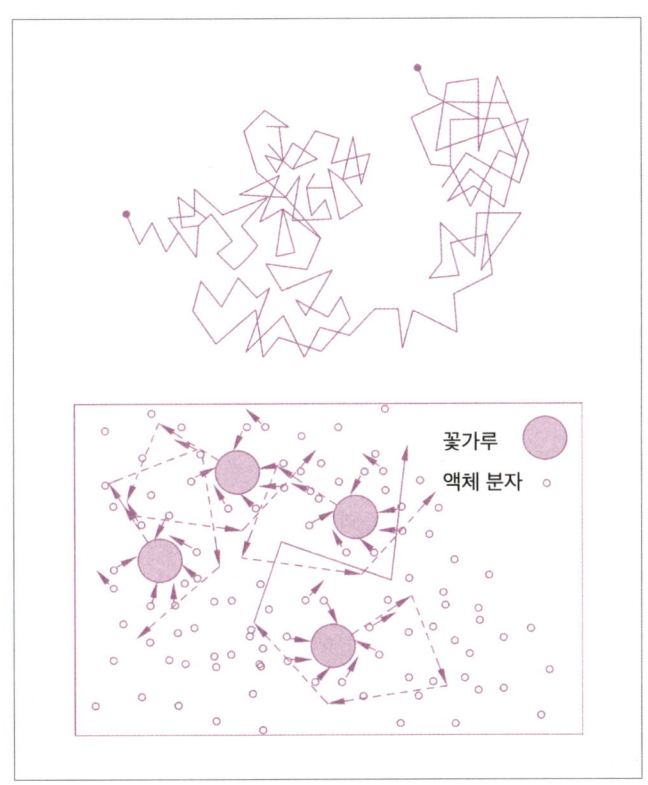

[그림 3-4-1] 브라운 운동의 혼잡한 궤적과 그 원인

로버트 브라운Robert Brown(1773-1858)은 1826년에 현미경을 통해 물에 떠 있는 꽃가루 입자가 계속해서 불규칙적으로 운동하는 것을 발견했다. 일부 학자들은 그것을 모종의 생명 현상으로 여겼지만, 이후 액체 혹은 기체 속에서 생물과 전혀 상관없이 부유하는 다양한 입자들이 이런 불규칙한 운동을 한다는 것을 발견했다. 1870년대 말이 되어서야, 이러한 운동의 원인이 외부 세계가 아니라 액체 자체에 있으며, 미세한 입자는 주변 분자들의 불균형한 충돌로 인해 움직인다는 주장이 제기되었다([그림 3-4-1] 참조).

오늘날 우리는 원자와 분자의 구조를 당연하게 받아들이지만, 200여 년 전만 해도 그렇지 않았다. 비록 돌턴Dalton이 1808년에 자신의 책에서 그의 상상 속에 존재하는 물질의 원자와 분자의 구조를 설명했지만 보이지도 만질 수도 없는 것을 믿을 사람이 당시에 몇이나 됐을까? 돌턴이 죽고 8, 90년의 세월이 흐른 후에도 유명한 오스트리아 물리학자 볼츠만Boltzmann(1844-1906)은 여전히 원자 이론을 지키기 위해 '에너지론Energetics'을 옹호하는 대표주자들과 싸우고 있었다.

1870년대에 볼츠만은 분자 운동으로 열역학 시스템의 거시적 현상을 설명하는 선구자의 역할을 수행했다. 과학 천재의 성격은 종종 상호 모순의 양면성을 가지고 있고, 볼츠만도 예외가 아니었다. 그의 강의는 유머러스했고 유창하며 생동감이 있었지만, 마음 깊은 곳에는 자부심과 열등감이 혼재되어 감정의 기복이 늘 큰 편이었는데, 이것은 조울증 환자의 상태와 비슷했다.

볼츠만을 주축으로 하는 원자론 지지자들은 물질이 분자와 원자로 구성되어 있다고 여겼던 반면에 에너지론 옹호자들은 에너지를 가장 기본적인 실체이자 세계의 본질로 간주했다. 에너지론을 제기한 독일 화학자 오스트발트Wilhelm Ostwald는 남다른 상황 대처 능력과 더불어 막힘없이 대답하는 논리적 말솜씨를 가진 인물로 과학계에서 상당한 영향력을 행사하고 있었으며, '원자'를 절대 믿지 않았던 에른스트 마흐의 강력한 지지를 등에 업고 있었다. 원자론의 지지자들은 거의 없는 듯했고, 심지어 그들 대다수가 말보다 실제 행동을 중시하는 실용주의자들답게 토론에 결코 참여하지 않았다. 이 때문에 볼츠만은 자신이 혼자서만 싸우고 있다고 느끼며 정신적 고통 속에 우울증을 겪었다. 볼츠만은 오랫동안 이어진 이 논쟁에서 결국 승리했지만 정신적으로 피폐해졌고, 끝내 스스로 생을 마감했다.

당시 원자론의 반대론자들이 입버릇처럼 했던 말은 바로 '진짜 원자를 본 적 있습니까?'라는 것이었다. 따라서 대다수 물리학자는 더 많은 실험적 사실을 이용해 원자의 존재를 증명하려 했다. 1900년에 오스트리아 물리학자 엑스너는 브라운 운동을 하는 미립자의 1분 동안의 변위를 반복적으로 측정했다. 그 결과, 입자의 속도는 입자 크기가 커질수록 감소하고, 온도가 높을수록 증가한다는 사실을 밝혀냈다.

이를 통해 그는 브라운 운동이 액체 속 분자들의 열운동과 밀접한 관련이 있음을 입증했다. 그 덕에 비록 분자와 원자는 너무 작아 보이지 않지만 그것들이 일으키는 브라운 운동은 볼 수 있게 되었다. 아인슈타인은 브라운 운동을 액체 분자의 충돌 결과로 귀결시키는 이 이론을 받아들였고, 브라운 운동의 분석을 통해 원자와 분자가 액체 속에서 정말 존재하는지를 증명하기 위한 정량적인 이론 설명이 가능해지기를 희망했다. 이것이 아인슈타인이 브라운 운동의 연구에 몰두하게 된 동기다.

브라운 운동과 분자 열물리학

브라운 운동이 액체 분자와 부유 입자의 충돌로 인해 발생하며, 부유 입자의 운동은 액체 혹은 기체 분자의 운동을 반영한다고 가정해 보자. 당시 실험 조건에서는 분자의 크기가 너무 작아 직접 관찰할 수 없지만, 분자보다 크기가 훨씬 큰 브라운 입자의 운동은 현미경을 통해 관찰할 수 있다. 또한 당시 원자론과 분자론은 여전히 의문투성이였지만 과학자들은 이미 이 가설에 대해 많은 연구를 진행했다. 예를 들어 분자 동력 이론 방면으로 클라우지우스, 맥스웰, 볼츠만 등이 막 구축하기 시작한 통계역학이 있었고, 열역학과 화학 방면으로 아보가드로 상수, 볼츠만 상수가 발견되어 사용 중이었다. 특히 나중에 발견된 분자 운동과 관련된 맥스웰-볼츠만 속도 분포는 물리학 역사상 최초의 확률 통계 법칙이었고, 압력과 확산을 포함한 수많은 기본 기체의 성질을 설명했으며, 분자 운동 이론의 기초를 형성했다.

액체 내부의 대량의 분자는 계속해서 복잡하게 무작위로 움직이며 사방에서 부유하는 입자와 충돌한다. 임의의 한순간에 각 입자는 매초마다 주변 분자와 약 1,021번 충돌할 수 있다. 이처럼 빈번한 충돌은 브라운 입자의 불규칙한 운동(무작위 운동)을 초래한다. 이러한 수많은 입자의 운동은, 단일 입자에 적용되는 고전적인 뉴턴의 법칙만으로는 분석하기 어렵다. 따라서, 작은 입자들의 집단적인 평균 운동을 계산하기 위해서는 통계적이고 확률적인 방법이 반드시 필요하다.

현실 속의 브라운 운동은 3차원 공간에서 발생하지만, 수학적 모델로써 가장 간단한 1차원적 상황을 연구해도 무방하다. [그림 3-4-2]는 바로 1차원 브라운 입자의 위치 x가 시간의 흐름에 따라 형성한 궤적을 보여준다. 초기 시간 $t=0$에서 모든 작은 입자가 $x=0$의 지점에 집중되어 있다고 가정하면, 액체 분자의 충돌로 인해 입자는 x의 양수 혹은 음수 방향으로 무작위 이동한다. 그 모습은 잉크 한 방울을 물에 떨어뜨렸을 때 퍼지는 현상과 유사하다. 만약 당신이 특정 입자에 시선을 집중한다면 이 입자의 운동 방향이 계속해서 바뀌고, 계속 불규칙적으로 점프하는 것을 볼 수 있다. 그러나 전체적으로 보면 어떤 입자들은 위로 향하고, 어떤 입자들은 아래로 향하고 있다. 대칭 요소로 인해 x의 양수와 음수 방향으로 움직일 확률이 서로 같기 때문에 모든 입자의 양수와 음수 변위가 서로 상쇄되어 평균값은 여전히 0이다. [그림 3-4-2]에서 볼 수 있듯이 평균 변위 0은 정지 상태를 의미하지 않고, 각각의 구체적 입자는 계속해서 끊임없이 움직이고 있으며, 시간이 지날수록 운동 궤적은 '0'에서 갈수록 멀어진다.

다시 말해서, 전체적으로 볼 때 시간이 지날수록 퍼지거나 확산되는 모습을 보인다. 그렇다면 이런 집단의 확산 운동을 어떻게 설명할 수 있을까? 변위의 평균값 0은 긍정의 효과와 부정의 효과가 서로 상쇄하기 때문에 변위를 제곱한 다음 다시 평균을 구하면 서로 상쇄하지 않게 된다. 이것은 입자 운동의 집단적 행동을 측정하는 데 사용할 수 있고, 이것이 바로 아인슈타인이 당시 브라운 운동을 연구하는 데 사용한 '평균 제곱 변위'이다. 사실상 평균 제곱 변위는 브라운 입자의 집단행동뿐 아니라 단일 입자의 장시간 무작위 운동의 통계 효과를 설명할 수도 있다.

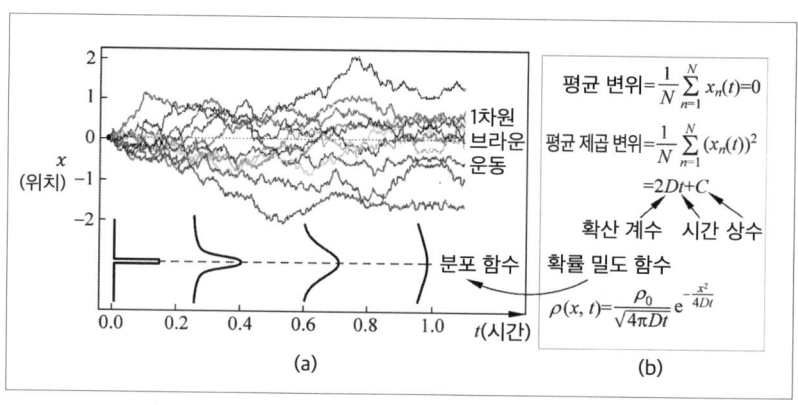

[그림 3-4-2] 시간에 따라 변하는 1차원 브라운 운동의 분포 함수

아인슈타인은 분자 운동론의 원리에 근거해 평균 제곱 변위와 시간 평균 제곱근 사이의 정비례 관계를 도출해 냈으며([그림 3-4-2(b)]의 공

식), 그중 비례 상수 D는 확산 계수라고 불리며, 브라운 운동을 하는 입자의 확산 속도를 나타낸다. 아인슈타인의 이론은 브라운 운동의 본질적 문제에 대한 원만한 대답이 되었고, 분자 운동론에서 중요한 아인슈타인-스몰루코프스키(브라운 운동을 독립적으로 연구한 또 다른 폴란드의 물리학자)의 관계식을 이끌어 냈다. 이 공식은 브라운 운동을 거시적으로 측정할 수 있는 확산 계수 D와 분자 운동의 미시적 매개 변수를 연결한 것으로 $D=\mu_P k_B T$이다. 그중 μ_P는 입자의 이동률이고, k_B는 볼츠만 상수이며, T는 절대 온도이다. 확산 계수는 한발 더 나아가 아보가드로 상수와 연관되어 있고, $D=RT/(6\pi\eta N_A r)$이다. 여기서의 R은 기체 상수이고, T는 온도이며, η은 매질의 점도이고, N_A는 아보가드로 상수이며, r은 브라운 입자의 반지름이다. 훗날 프랑스 물리학자 장 페랭Jean Perrin(1870-1942)은 1908년에 한 실험을 통해 아보가드로 상수를 측정함으로써 아인슈타인 이론을 증명하는 동시에 분자의 실제 존재에 대한 직관적이고 신뢰할 수 있는 증거를 제공했다. 그는 이 공로를 인정받아 1926년에 노벨 물리학상을 받았다.

브라운 운동과 랜덤 워크

아인슈타인은 확률 통계의 수학적 개념을 브라운 운동을 연구하는 데 적용한 최초의 인물이며, 그는 이 연구를 통해 브라운 운동 속에 숨겨진 심오한 물리적 본질을 탐구하고자 했다. 브라운 운동에 관한 엄격한 수학적 모델을 구축한 사람은 사이버네틱스의 창시자이자 미국 응용 수학자 노버트 위너Nobert Wiener(1894-1964)이다. 그래서 브라운 운동은 수학에서 위너 과정이라고 불린다.

위너는 미국에서 태어난 유대인으로 어린 시절부터 신동으로 불리었고, 그의 아버지는 자신만의 독특한 방식을 사용해 신동이었던 아들을 대상으로 '교육 실험'을 했으며, 그로 인해 위너는 청소년 시절부터 주목받는 과학 스타가 되었다([그림 3-4-3(a)] 참조). 그는 18세에 하버드대학에서 박사 학위를 받았고, 그 후 유럽으로 건너가 여러 명의 유명한 스승들 아래서 지도를 받았다. 그들 중에는 수학자 하디와 철학자이자 수학자였던 루소, 위대한 수학자 힐베르트 등도 포함되어 있었다. 위너는 21세에 하버드대학에 채용되어 미국으로 돌아갔다. 그러나 위너는 손놀림이 형편없이 둔했고, 커다란 덩치는 그를 더 우둔해 보이게 만들었다. 게다가 그는 고도 근시라는 치명적인 약점까지 가지고 있었다. 훗날 그가 MIT에서 일할 때쯤에는 시력이 너무 나빠 벽을 더듬으며 길을 걸을 정도였다고 한다. 또한 그는 풍부한 지식을 가지고 있었지만 강의를 할 때면 몰입하지 못하고 정신이 다른 데로 가 있는 경우가 많았다. 이로 인해 교수와 학생들 사이에서 그의 그런 행동이 웃음거리로 전락하는 경우가 자주 발생했다. 이런 요인들은 결국 이 젊은 천재가 성장하는 데 걸림돌이 되었고, 몇 차례 실직의 아픔을 겪은 후에 간신히 MIT에서 교수직을 맡게 되면서 그의 학술 연구의 전환점을 맞이하게 되었다.

제2차 세계 대전 중에 포병 사격 제어 시스템 개발에 참여하면서 위너는 통신 이론과 피드백에 관한 연구에 몰두하게 되었다. 게다가 그는 어릴 때부터 생물학에 관심이 많았고, 그 덕에 정보 이론과 사이버네틱스의 선구자가 되는 길을 걸을 수 있었다. 그의 유명한 저서 『사이버네틱스Cybernetics: 동물과 기계의 제어 및 통신의 과학에 관하여』는 사이버네틱스 이론의 탄생을 앞당겼다.

과거 확률과 통계는 '사람에게 해로운' 연구 과제였고, 그것이 야기한 끝없는 논쟁은 볼츠만을 정신적 스트레스로 스스로 생을 마감하게 만들었다. 훗날 볼츠만의 제자이자 통계역학을 연구한 네덜란드의 물리학자 파울 에렌페스트Paul Ehrenfest(1880-1933)도 1933년 9월 25일에 스스로 생을 마감했다. 위너도 극도로 예민한 성격이었고, 볼츠만에 비해 더 심각한 조울증을 가지고 있다 보니 그 역시 여러 차례 자살 충동을 느꼈다. 그러나 다행히 그의 정신적 환각은 현실이 되지 않았고, 그는 69세의 나이에 스웨덴에서 강의를 하던 도중에 갑작스러운 심장마비로 사망했다.

위너는 MIT에 재직할 당시에 이상적인 브라운 운동을 수학적인 관점에서 심도 있게 분석하고 연구했다. 그는 전자 회로에서 브라운 운동과 유사한 불규칙한 전류의 '입자 분산 효과'를 발견했다. 위너가 살던 시대에 이 문제는 전자 회로의 장애로 인식되지 않았지만 20년 후 위너 과정의 수학 모델은 전기 엔지니어의 필수 도구가 되었다. 전류가 특정 배수로 증폭할 때 명확하게 입자 분산 랜덤 노이즈가 나타났기 때문이다. 위너 과정의 수학적 모델을 통해 엔지니어들은 그것을 피할 수 있는 적절한 방법을 찾을 수 있게 되었다.

통신 및 제어 시스템이 수신하는 정보는 특정한 무작위 성격을 가지고 있고, 위너의 제어 이론 역시 통계 이론에 기초하고 있다. 원점에서 출발한 위너 과정 $W(t)(W(0)=0)$은 다음과 같은 몇 가지 특징을 가지고 있다([그림 3-4-3(b)] 참조).

[그림 3-4-3] 위너와 브라운 운동
(a) 위너 (b) 위너 과정

(1) 위너 과정은 랜덤 워크의 극한 과정이다. 일반적으로 랜덤 워크는 격자 공간 안에서 한 격자씩 이동하는 것이고, 격자 지점 사이의 거리를 d라고 가정하면, 위너 과정은 d가 0으로 가까워질 때 랜덤 워크 과정의 극한이다.

(2) 위너 과정은 균질한 독립 증가 과정이다. 시간 t마다 랜덤 매개 변수 $W(t)$는 정규 분포 $N(0, t)$에 부합하고, 증량 함수 $W(t)-W(s)$ 역시

랜덤 매개 변수이며, 정규 분포 $N(0, t\text{-}s)$를 따른다. 즉, 기댓값은 0이고, 분산은 $\sigma^2 = t\text{-}s$이다. 증량의 분포는 단지 시간차와 관련이 있고, 시간 간격의 출발점 s와는 관련이 없다. 이것을 '균질성'이라고 말한다. 임의의 시간 구간에서의 확률 분포는 다른 시간 구역에서의 확률 분포와 독립적이며, 이것을 '독립성'이라고 말한다.

(3) 위너 과정은 마르코프 과정이다. 이 과정의 미래 상태는 현재의 확률 매개 변수의 값 $W(t)$에만 의존한다.

(4) 위너 과정은 '마팅게일Martingale' 과정이다. 현재와 과거의 모든 관측값을 이미 알고 있다면 다음 관측값의 조건부 기댓값은 현재 관측값과 같다. 혹은 현재 상태가 미래를 예측하는 가장 최적의 추정치이다.

(5) 함수 $W(t)$는 t와 관련된 모든 곳에서 연속적이지만 그렇다고 모든 곳에서 미분 가능한 것은 아니다. 이 결론은 [그림 3-4-3]과 달라 보인다. 그림 속의 시간 간격은 너무 크지만 이론적으로 격자점 거리 d는 0에 가까워진다.

(6) 랜덤 워크와 마찬가지로 1차원과 2차원의 위너 과정은 반복적이다. 즉, 거의 확실하게 시작점으로 돌아오게 된다. 3 이상의 차원에서 위너 과정은 더 이상 반복되지 않는다.

(7) 위너 과정은 일종의 프랙탈Fractal이다. 격자점 거리 d와 달리 위너 과정은 측도 불변성 및 기타 특징을 가지고 있다.

4

'엔트로피', 혼돈 속의 질서를 말하다

물리학자들은 확률과 통계를 대량 입자를 포함한 시스템에 응용하여 통계 물리학의 발전을 이끌었다. 그중 엔트로피의 개념은 특히 중요한 역할을 담당하고 있다. 엔트로피라는 이름은 원래 열역학에서 유래되었으며, 이 이야기는 젊은 나이에 요절한 한 천재로부터 시작되었다.

01
카르노에서 시작된 이야기: 재능을 시샘한 자연

인류 역사에서 요절한 과학자는 적지 않다. 비록 그들은 2, 30대에 세상을 떠났지만 짧은 생애 동안 몇백 년에 걸쳐 빛을 발하는 위대한 업적을 남겼다. 그들은 마치 혜성처럼 화려한 불꽃을 태우다 한순간에 사라졌으니 안타깝기 그지없다.

노르웨이 수학자 아벨은 27세의 나이에 빈곤과 병으로 고생하다 세상을 떠났고, 프랑스 수학자 갈루아는 21세에 벌어진 한 차례 결투에서 죽고 말았다. 이 두 젊은 천재는 모두 '군론'의 선구자였고, 그들의 놀라운 업적은 수학 분야에 새로운 길을 개척하기에 충분했으며, 다른 학문의 발전에도 영향을 미쳤다. 그들이 만들어 낸 군론은 이제 이론 물리학에서 없어서는 안 될 수학 개념이 되었다.

물리학자 중에서도 젊은 나이에 세상을 떠난 개척자가 많으며, 그들은 물리학의 다양한 분야에서 위대한 업적을 남긴 기념비적 인물이다. 독일 물리학자 하인리히 헤르츠Heinrich Hertz(1857-1894)는 '전자파의 아버지'로 불리었지만 37세의 나이에 패혈증으로 사망했다. 그는 전자파의 존재를 증명한 인물이었다. '열역학의 아버지'로 불리는 카르노는 36세의 나이에 사망했다.

열은 무엇인가? 학생들에게 이 질문을 하면 아주 쉽게 대답할 것이다. "열은 에너지의 한 형태입니다." 그렇지만 과학자들은 이 결론에 도달하기 위해 아주 오랜 시간이 걸렸다. 인류가 추위와 더위를 느끼고 인지한 역사는 오래되었고, '열 동력'을 최초로 사용한 시기는 심지어 기원전으로 거슬러 올라간다. 고대 중국에서 발명한 수많은 장난감 역시 바로 이 '열'을 이용해 필요한 동력을 만들어 낸 것들이었다. 진나라 시대에 만들어진 반지등은 연소 과정에서 발생한 기류로 인해 갑옷과 비늘이 모두 움직였고, 이후 좀 더 발전한 주마등은 말과 마차, 사람이 마치 하늘을 나는 듯한 모습으로 회전하며 생동감을 더했다.

그렇다면 이 두 종류의 등은 어디서 동력을 얻었을까? 그것들은 바로 차가운 공기와 뜨거운 공기의 대류를 통해 만들어졌다. 당나라 시대에 등장한 폭죽, 송나라 시대의 '화전'은 모두 연료가 뒤로 분사되면서 발생하는 반작용의 힘을 이용해 물체를 하늘로 쏘아 올리는 장치로, 근대 비행기 기술의 가장 원시적 '조상'이라고 할만하다.

고대 서양에서도 '열역학 조상'이라 할 수 있는 다양한 발명이 있었다. 세계 최초 증기 기계의 원형은 바로 1세기에 고대 그리스 수학자 헤론이 발명한 증기 구동 장치였다. 1000여 년이 지난 후 17세기에 몇 명의 물리학자들이 모형을 개발했고, 영국인 제임스 와트가 1769년에 돌파

구가 될 만한 기술개발을 이루어 냈으며, 이를 기점으로 세상을 뒤흔든 최초의 산업혁명이 촉발되었다.

당시 '열 동력'이 산업 기술 방면에서 광범위하게 응용되면서 열 기계의 효율성 문제가 제기되었다. 이 난제를 풀기 위해 카르노는 열 기계에 관한 이론 연구의 길로 들어섰고, 이 문제를 해결하는 선구자가 되었다.

니콜라스 카르노Nicolas Carnot(1796-1832)는 프랑스의 젊은 엔지니어였고, 프랑스 대혁명 및 나폴레옹이 정권을 장악한 격동의 시대에 태어났다. 카르노의 아버지는 당시에 활약했던 정치가이자 기계와 열역학 연구에 매진했던 과학자였다. 카르노의 아버지는 정부에서 요직을 맡은 적이 있지만 말년에 국외로 추방되었고 타향에서 병사했다. 이 모든 것이 카르노의 인생에 지대한 영향을 미쳤다. 그의 아버지는 그에게 과학적 지식을 가르쳤고, 젊은 카르노가 이론적 재능과 실험 기술을 겸비하도록 도와주었다. 그러나 그의 정치적 액운은 카르노의 성격과 삶에 그늘을 드리웠고, 그의 오랜 친구였던 로벨린Robelin은 프랑스 잡지 ≪백과평론≫에 그를 이렇게 묘사하기도 했다. "카르노는 홀로 살다가 처량하게 죽어갔다. 그의 저서는 아무도 읽지 않았고, 누구에게도 인정받지 못했다."

카르노가 후세에 남긴 유일한 저서는 『불의 동력에 관한 논고』였다. 그는 생전에 동생의 도움을 받아 이 책을 자비로 출판했지만 학계의 주목을 받지 못했다. 결국 이 책은 읽는 사람이 거의 없어 오래 지나지 않아 절판되었다. 몇 년 후 카르노는 불행히도 성홍열에 걸렸고, 그것이 뇌염으로 악화된 것도 모자라 나중에는 전염성 콜레라까지 겹쳐 목숨을 잃고 말았다. 당시 콜레라는 끔찍한 전염병이었기 때문에 카르노의 발표되지 못한 방대한 양의 연구 원고를 포함해 그의 유품이 모두 불태워졌다.

카르노가 죽은 지 2년 후에 그의 책을 진지하게 읽은 첫 번째 독자가 나타났는데, 그가 바로 카르노보다 세 살 어린 파리 공과 대학 출신의 클라페롱이었다. 클라페롱은 논문을 통해 카르노의 이론을 소개했고, [그림 4-1-1]처럼 자신의 p-V 그래프의 방식을 이용해 이를 설명했다. 훗날 열역학을 연구한 두 명의 물리학자 켈빈Kelvin과 클라우지우스Clausius는 카르노에 대해 들어봤지만 그의 원작을 찾을 수 없었고, 클라페롱의 소개 글을 통해서만 비로소 카르노의 열기관 이론을 알 수 있었다.

카르노는 열기관의 일 수행 과정을 두 개의 등온 과정과 두 개의 단열 과정을 포함한 카르노 순환으로 정리했다. 즉, [그림 4-1-1]의 오른쪽 그림처럼 단열 팽창, 등온 압축, 단열 압축과 등온 팽창으로 이루어진 네 단계의 '이상적인 열기관'을 제시했다.

여기서 말하는 '이상'의 의미는 카르노 순환이 가역 순환이라고 가정했을 때이고, 실제 열기관 과정은 비가역적이다. 지금이야 카르노의 이론이 매우 간단해 보이지만, 당시에는 열기관의 본질을 파악한 것이었기에 열역학의 첫 번째 초석이 될 수 있었다. 그래서 지금의 열역학 교과서에는 여전히 카르노 순환과 카르노 정리를 소개하고 있다.

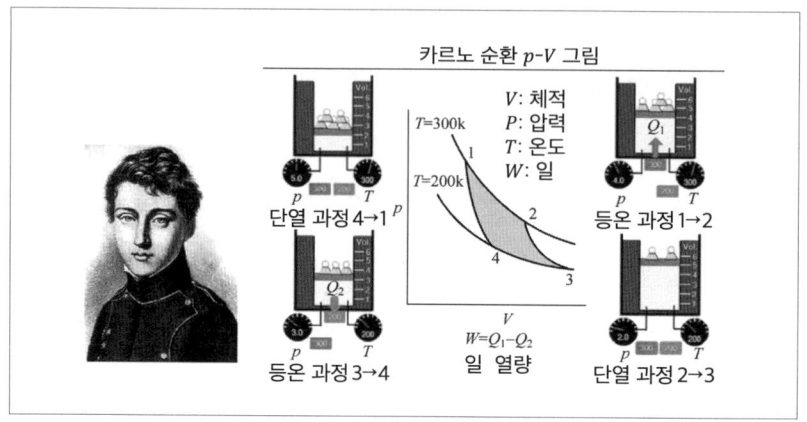

[그림 4-1-1] 카르노와 카르노 순환

카르노의 업적은 세 가지 방면으로 정리할 수 있다.

(1) 카르노는 열기관은 두 가지 다른 온도 사이에서 작동해야 하며, 열기관의 효율은 온도 차의 함수라는 사실을 처음으로 제시했다. 카르노는 아버지의 수력 기관에 관한 연구를 이어받아 이러한 결과를 얻었다. 그의 아버지는 '수력 기관에서 얻을 수 있는 최대 에너지가 온도 차와 관련이 있다'라고 여겼고, 이 생각은 카르노가 '증기 기관이 얻을 수 있는 최대 에너지가 온도 차와 관련이 있다'라는 결론을 얻는 데 영감을 주었다. 비록 그는 아직 열기관 효율이 온도 차와 정확히 관련이 있는지 알아내지 못했지만, 이 생각은 열기관의 효율을 개선하려는 사람들의

노력을 정확하고 합리적인 방향으로 이끄는 데 도움을 주었다. 이때부터 이론적 모델이 생겨났고, 사람들은 더이상 과거처럼 맹목적인 실험을 할 필요가 없어졌으며, 조잡하고 복잡한 기계를 만드느라 비용을 낭비하지 않아도 되었다. 이것은 산업 혁명의 발전을 촉진하는 데 중요한 역할을 했다.

(2) 카르노의 이론은 '열소설Caloric Theory'의 기초 위에서 만들어진 것이다. 당시 물리학계에서는 열을 물질과 유사한 것으로 간주했고, 고온 물체에서 저온 물체로 흐른다고 여겼다. 카르노는 위에서 말한 내용 때문에 열소설을 믿었고, '열의 흐름'을 물의 흐름에 비유했다. 그러나 카르노는 프레넬의 영향을 받아 '열소설'을 점차 외면하게 되었다. 프레넬Augustin Jean Fresnel은 열을 빛에 비유하며 두 가지 모두 물질의 입자 진동의 결과라고 여겼다. 카르노는 열기관이 고온의 열원 T_1에서 열량 Q_1을 흡수하고 저온 열원 T_2에 열량 Q_2를 방출하고, 열기관이 외부에 하는 일은 $W=Q_1-Q_2$라고 여겼다. 여기서 이미 열량과 일이 서로 변환 가능한 에너지의 한 형태라는 것을 암시하고 있다. 심지어 카르노는 열과 일의 등갓값이 3.7J/cal라는 것을 계산해 냈고, 이것은 제임스 줄James Prescott Joule(1818-1889)의 연구보다 20년 가까이 앞선 것이었다. 따라서 카르노는 그 당시에 이미 에너지 보존과 변환 문제를 고민하기 시작했고, 열역학 제1법칙의 경계에 거의 도달했다고 할 수 있다.

(3) '두 개의 동일한 온도의 열원과 동일한 온도의 냉온 사이에서 작동하는 열기관 중에서 가역 열기관의 효율이 가장 높다'라는 카르노 정리를 제시했다. 카르노 정리는 본질적으로 열역학 제2법칙의 이론적 근거로 볼 수 있다.

위에서 언급한 내용을 바탕으로 카르노가 열역학 분야에 뛰어난 공헌을 했다는 것을 알 수 있다. 그는 열기관 효율의 공정 문제를 해결했을 뿐 아니라 열역학이라는 새로운 물리학 분야를 개척했다. 만약 그가 젊은 나이에 죽지 않았다면 그는 아마도 열역학 제1법칙과 제2법칙을 제안한 최초의 인물이 되었을 것이다.

02
열역학 무대에 혜성처럼 등장한 엔트로피

'엔트로피'는 누구나 아는 용어는 아니지만 물리학에서 매우 중요하고 기본적인 개념이다. 열역학에서 탄생했지만 그 정의와 의의는 생물학이나 정보학, 심지어 물리학과 전혀 상관없는 분야까지 확장된다.

이 이야기는 엔트로피의 발상지인 열역학부터 시작해야 한다. 1824년 카르노는 카르노 정리를 증명했고, 이를 통해 열기관 효율의 상한선을 도출해 산업혁명 동안 열기관의 연구와 개선을 촉진시켰을 뿐 아니라 열역학 제1법칙과 제2법칙을 포함해 물리학 분야에서 신세계를 열었다. 그 후 독일 물리학자이자 수학자 루돌프 클라우지우스Rudolf Clausius(1822-1888)는 1850년 그의 논문「열전달의 힘과 그로부터 얻을 수 있는 열 법칙에 관하여」에서 이 두 가지 열역학 법칙을 다시 언급했다.

열역학의 제1법칙은 열에너지와 기계에너지 및 기타 에너지의 동등한 효능, 즉 열역학에서의 에너지 보존과 변화의 법칙에 대해 이야기하고 있다. 영국 물리학자 제임스 줄은 열과 관련된 많은 실험과 더불어 과열, 일과 온도 사이의 관계를 연구했다. 줄은 액체를 저어주는 등의 실험을 통해, 기계적인 작업이 액체의 온도를 상승시킨다는 사실을 관찰했다. 이를 통해 그는 기계적 에너지가 열에너지로 전환될 수 있음을 입증했다. 이뿐 아니라 줄은 전환 비율의 값을 정확히 측정하기도 했다.

따라서 클라우지우스는 1850년에 쓴 논문에서 줄의 실험에 근거해 열소설을 부정했고, 줄이 정한 열과 일의 등갓값에 근거해 물체가 '내부 에너지'를 가지고 있다는 개념을 제안해 처음으로 열역학 제1법칙을 명확하게 제시했다. 즉, 열이 일을 만들어 내거나 혹은 일이 열로 변환하는 모든 상황에서 두 가지의 총량은 변하지 않는다는 것이다. 열역학 제1법칙은 당시 일부 사람들이 최초의 영구 기관(즉 에너지를 소모하지 않고 작동하는 기계)을 만들기 위해 시도하겠다는 생각 자체를 부정했다.

클라우지우스는 에너지 보존을 반영한 열역학 제1법칙으로도 카르노 정리의 핵심을 온전히 담아낼 수 없다는 것을 깊이 깨달았다. 카르노 순환은 두 개의 등온 과정과 두 개의 단열 과정을 포함하며, 단열 과정에는 열량 교환이 없다. 두 개의 등온 과정 중 하나는 고온 열원 T_1으로부터 열량 Q_1을 흡수하는 것이고, 또 하나는 정온 열원 T_2로 열량 Q_2를 방출하는 것이다. 시스템이 외부로 하는 일은 다음과 같다.

$$W = Q_1 - Q_2 \qquad (4\text{-}2\text{-}1)$$

이 등식은 수학적 형식으로 에너지 보존을 표현한 것이다. 즉, 열 손실과 외부에 대해 수행한 일의 양이 같다는 것이다. 그러나 '열에너지'는 여전히 독특한 특성을 지니고 있다. 만약 우리가 카르노 열기관의 효율을 분석하면 다음과 같다.

$$\eta_{가역} = W/Q_1 = (Q_1-Q_2)/Q_1$$
$$= 1-Q_2/Q_1 = 1-T_2/T_1 \qquad (4\text{-}2\text{-}2)$$

이를 통해 열기관의 효율은 1에 도달할 수 없다는 것을 알 수 있다. 고온 열에너지에서 흡수한 열에너지 Q_1 중에서 일부 열에너지 Q_1-Q_2만 유용한 일로 전환되고, 나머지 일을 할 수 없는 열량 Q_2는 저온 열원으로 방출되기 때문이다. 카르노 열기관은 가역의 효율이 가장 높은 이상적인 열기관이지만, 현실 속의 열기관은 모두 비가역이다. 비가역적 열기관의 경우 그 열효율 $\eta_{비가역}$은 동일한 고온과 저온을 사용하는 열원의 카르노 열기관보다 훨씬 낮다. 다시 말해서 다양한 형태의 에너지가 서로 전환될 수 있다고 해도 기계 에너지는 무조건 전부 열로 전환될 수 있지만(기체의 내부 에너지 증가), 열에너지는 기계 에너지로 무조건 전환될 수 없다. 만약 시스템을 원래 상태로 되돌리려고 한다면 열에너지는 일부만 기계 에너지로 변환될 수 있다.

이 밖에도 우리의 일상 경험에 의하면 열은 고온 물체에서 저온 물체로만 자발적으로 전달될 수 있다. 만약 열을 저온 물체에서 고온 문체로 전달하려면 다른 종류의 동력을 소모해야 하고, 외부에서 시스템에 추가적인 일을 해야 한다. 따라서 클라우지우스는 위에서 언급한 생각으로부터 열역학 제2법칙의 '클라우지우스 서술'을 만들어 냈다. 즉, 다른 영향력이 만들어지지 않는 한 열을 저온 물체에서 고온 물체로 전달할 수 없다.

또 다른 영국의 물리학자 켈빈Kelvin(1824-1907)은 거의 같은 시기에 열역학 제2법칙을 연구했고, 다른 방식으로 그것을 설명하는 '켈빈의 서술'을 제시했다. 즉, 다른 효과의 도움이 없다면 단일 열원으로부터 에너지를 흡수해 완전히 유용한 일로 전환하는 것은 불가능하다.

열역학 제2법칙의 이 두 가지 정리 방식은 완전히 동등한 가치를 갖는다는 것이 증명되었다. 하지만 클라우지우스는 다음과 같은 고민을 계속 이어갔다. '열역학 제2법칙을 수학적으로 어떻게 표현해야 할까?' 실험에서 측량한 열과 일의 등갓값을 이용해 기계 에너지와 열에너지를 서로 전환할 수 있고, 그렇다면 열역학 제1법칙은 에너지 보존을 이용해 식 (4-2-1)과 같은 수학 등식을 만들어 낼 수 있다. 그럼 특정 보존량이 열역학 제2법칙과도 관련이 있을까?

클라우지우스는 카르노 순환을 심층 연구하는 과정에서 열과 온도의 비율(Q/T)이라는 물리량을 발견했는데. 이 물리량은 몇 가지 흥미로운 특징을 보였다.

카르노 열기관 효율을 계산하는 공식 (4-2-2)로부터 $Q_2/Q_1=T_2/T_1$를 얻었고, 약간의 변형을 거쳐 방출된 열량 Q_1을 음수 값으로 보면 식 (4-2-2)는 다음과 같이 정리할 수 있다.

$$Q_2/T_2+Q_1/T_1=0 \qquad (4\text{-}2\text{-}3)$$

혹은 시스템이 카르노 순환에 따라 한 바퀴 돈 후 Q/T의 총합이 0을 유지한다. 그래서 클라우지우스는 이를 통해 새로운 물리량 $S=Q/T$를 정의했다. S는 가역 순환을 거친 후 원래의 값으로 돌아오기 때문에 시스템 상태의 함수, 즉 상태 함수로 정의되어야 한다. 열역학에서 말하는 상태 함수는 거시적 함숫값의 변화가 초기 상태나 최종 상태와 관련 있을 뿐이고, 경로와 아무런 관련이 없다는 것을 가리킨다. 여기서 '초기 상태'와 '최종 상태'는 모두 열평형 상태를 의미한다. 시스템이 일단 열평형에 도달하면 그것의 상태 함수는 이 상태에 도달한 경로가 가역 과정이든 비가역 과정이든 상관없이 고정값을 갖는다.

열역학 제1법칙과 관련된 '내부 에너지' U 역시 거시적 상태 함수의 일종이다. 간단한 시스템의 경우 거시적 상태 함수에는 압력(p), 부피(V), 온도(T) 등이 포함된다. 이런 상태 함수가 반드시 서로 독립적인 것은 아니다. 예를 들어 이상적 기체로 구성된 시스템은 두 개의 거시적 물리량을 임의로 선택해 독립 변수(p와 V 혹은 T와 S)로 삼을 수 있고, 다른 상태 함수는 두 독립 변수의 함수로 표시될 수 있다.

클라우지우스는 $S=Q/T$(혹은 증량의 형태로 표현할 경우: $dS=d(Q/T)$)에 근거해 정의한 상태 함수 S를 수학적으로 열역학 제2법칙을 설명하는 데 사용할 수 있다는 사실을 발견하고 기뻐했다. 고립된 시스템의 경우 가역 순환을 거쳐 원시 상태로 회복되면 $dS=0$이고, 비가역 순환의 경우 $dS>0$이다. 다시 말해서 고립된 시스템 S의 값은 증가만 할 뿐 감소하지 않는다. 그렇다면 열역학 제2법칙은 부등식 $dS\geq 0$로 표현할 수 있다. 또한 엔트로피 값은 변하지 않거나 증가한다. 이는 열역학 과정이

가역인지 비가역인지 판단하는 기준으로 삼을 수 있다.

그렇다면 S에 어떤 이름을 붙여야 할까? 클라우지우스는 당시 S가 에너지와 비슷하지만 에너지가 아니라고 생각했다. 만약 열에너지 Q가 에너지의 변환이라면 S도 온도 T로 나누어야 하므로 에너지의 '친척' 쯤으로 간주할 수 있다. 여기서 더 나아가 제2법칙의 물리적 의미를 부여하면 이 양은 '이용할 수 없는 에너지'와 관련이 있는 것처럼 보인다. 그래서 클라우지우스는 그리스어에서 '변환'을 의미하는 단어를 찾아내 S의 이름을 붙였고, 그 글자의 모양은 'energy'와 약간 비슷하지만 영어로 'entropy'로 번역된다.

이제 보니 당시 S에 이름을 붙인 클라우지우스는 이 물리량의 중요성과 보편성을 과소평가한 것 같다. 클라우지우스는 그것을 에너지의 부속품으로 여겼기 때문이다. 그러나 어찌 됐든 엔트로피는 열역학에서 태어나 물리 세계에 모습을 드러냈고, 훗날 우주학, 블랙홀 물리학, 생물학, 정보론, 컴퓨터 과학, 생태학, 심리, 사회, 금융 등 다양한 영역으로 퍼져나가 지금까지도 수많은 혼란을 야기하며 연구할 가치가 있는 과학 개념이 되었다.

03
이름도 낯설고 성격도 까다로운 그 녀석

클라우지우스는 1865년에 발표한 논문에서 엔트로피를 정의했고, 그중 '우주의 에너지는 영원하다.'와 '우주의 엔트로피는 최댓값으로 수렴한다.'라는 명언을 남겼다.

이 두 문장은 열역학에서 두 가지(제1법칙, 제2법칙) 기본 규칙을 보여주지만, 당시에는 의욕을 꺾는 듯한 말처럼 들렸다. 특히 다양한 영구기관을 만들고 싶었던 엔지니어들은 물리 법칙이 상상력의 날개를 꺾어버리는 듯한 느낌을 받았다. 에너지는 증가하거나 감소할 수 없으며, 오로지 변화만이 가능하다. 사람들이 가장 불쾌하게 느낀 것은 바로 엔트로피라는 이상한 말이었다. 그것은 에너지를 다양한 등급으로 나눴다. 예를 들어 기계 에너지는 전부 유용한 일로 전환될 수 있지만 열에너지의 속성은 완전히 달라서 그중 일부분만 유용하고 나머지는 모두 소모되어 흩어지거나 버려진다. 자발적으로 만들어지는 모든 물리 과정에서 엔트로피는 단지 증가만 할 뿐이며 감소하지 않는다. 엔트로피의 증가는 시스템의 에너지가 계속해서 평가 절하되는 것을 의미한다.

물리학자 로저 펜로즈Roger Penrose는 2004년에 출간한 그의 저서 『실재로 가는 길The Road to Reality』에서 지구와 태양, 우주 사이의 에너지와 엔트로피의 변환 관계를 명확하게 분석했다. 펜로즈는 태양이 지구 에너지의 원천이 아니라 '낮은 엔트로피'의 원천이라는 관점을 제시했다.

우리는 태양이야말로 만물의 성장을 위한 근원이라는 말을 자주 한다. 여기서 말하는 '성장'은 무슨 의미일까? 생물체는 고립된 시스템이 아니라 개방적 시스템을 가지고 있고, 생명의 과정은 자발적으로 질서에서 무질서로 퇴화하는 엔트로피의 증가 과정이 아니다. 이와 정반대로 그것들은 활력이 넘치며, 무질서에서 질서로 발전하는 과정이다.

우리가 생명의 활력을 유지하려면 가능한 한 엔트로피를 줄여야 한다. 이것 역시 당시 슈뢰딩거가 '생명이란 무엇인가?'를 연구할 때 했던 생각이기도 하다. 즉, 죽음을 벗어나 살고자 한다면 생명체의 엔트로피 값을 낮추는 방법을 반드시 찾아야 한다는 것이다.

지구상의 수십억 생물체의 낮은 엔트로피의 원천은 결국 태양으로 귀결될 수밖에 없다. 지구는 낮에 태양으로부터 고에너지 광자를 받고, 밤이 되면 적외선이나 파장이 비교적 긴 다른 복사선의 형태로 에너지를 우주로 되돌려 보낸다. 요컨대 현재 태양과 지구 사이의 에너지 교환은 동적 평형 단계에 놓여 있다. 지구는 기본적으로 일정한 온도를 유지하고 있다(인간의 에너지 남용으로 인한 온실 효과는 제외). 다시 말해서 지구는 [그림 4-3-1]처럼 매일 태양에서 얻은 에너지를 받은 만큼 계속 우주 공간으로 '반환'하고 있다.

[그림 4-3-1] 지구와 태양의 '엔트로피' 교환

그러나 모든 광자의 에너지는 주파수와 정비례하기 때문에 태양으로부터 흡수한 광자의 주파수가 비교적 높으면 에너지가 더 커진다. 반면에 긴 파장으로 복사되어 나오는 광자는 주파수가 더 낮고, 에너지도 더 적다. 만약 흡수한 총에너지와 우주로 반환되는 총에너지가 서로 같다면 밖으로 복사되는 광자의 수는 흡수된 광자의 수보다 훨씬 많을 것이다. 입자의 수가 많을수록 엔트로피는 높아진다. 이것에 근거해 지구가 태양으로부터 낮은 엔트로피 에너지를 받아 높은 엔트로피의 형태로 우주로 반환한다는 것을 알 수 있다. 즉, 지구는 태양을 이용해 자신의 '엔트로피'를 낮추는데, 이것이 바로 만물 성장의 비밀이다.

위의 논점 중에 '입자의 수가 많을수록 엔트로피가 높아진다'라는 말은 또 어떻게 해석해야 할까? 이것은 우리가 소개할 주제이기도 한 엔트로피의 통계 물리학적 해석과 연관되어 있다.

통계 물리는 19세기 중엽에 시작되었다. 당시 뉴턴 역학은 탄탄한 기초에 근거해 널리 인정받았지만, 물리학자들은 뉴턴의 고전적 이론으로 산업 열기관과 관련된 기체 동역학과 열역학 문제를 처리하는 데 어려움을 겪었다. 분자와 원자의 이론 역시 막 확립되기 시작한 터라 학계는 혼돈에 빠졌고, 다양한 관점이 충돌했다. 그렇다면 열역학 방면의 거시적 현상을 미시적 입자의 동역학 이론으로 설명할 수 있을까? 이 연구의 중심에 있던 인물은 오스트리아 물리학자 볼츠만과 전자기장 이론을 정립한 영국의 제임스 맥스웰$^{James\ Maxwell}$(1831-1879)이다.

볼츠만은 통계 물리학의 관점에서 엔트로피를 집중적으로 연구했다. 심지어 그의 묘비에는 비문 대신 볼츠만 엔트로피의 계산 공식이 새겨져 있을 정도다([그림 4-3-2] 참조).

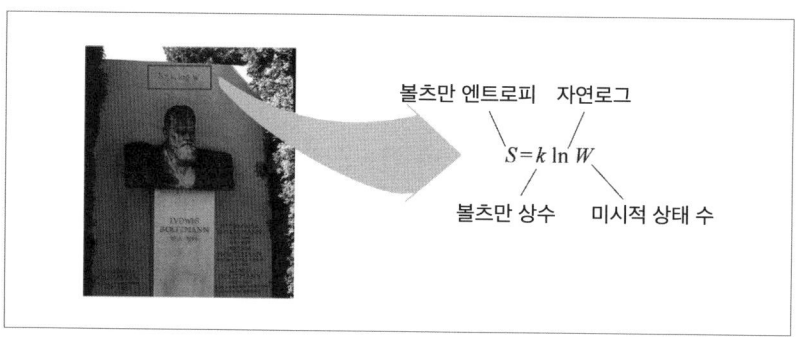

[그림 4-3-2] 볼츠만 엔트로피

현재 사용하는 기호로 표시하면 $S=k_B \ln W$, $k_B=1.38\times10^{-23}$ J/K이고, 이것은 볼츠만 상수에 해당하며, 그 차원은 정확히 '에너지/온도'와 같다. 온도와 에너지를 연결해도 우리가 앞서 소개한 열역학 엔트로피 정의, 즉 에너지와 온도의 몫에 부합한다. 공식에서 곱해지는 값은 e를 밑으로 하는 로그이다. 로그 함수의 W는 거시 상태에 포함된 미시 상태의 수이고, 거시(열역학)와 미시(통계) 사이의 관련성을 설명한다. 통계역학의 관점에서 보면 우리는 $\ln W$ 값에만 흥미가 있기 때문에 상수 k_B는 잠시 고려하지 않아도 된다.

볼츠만 엔트로피 공식은 '입자 수가 많아질수록 엔트로피도 높아진다'라는 이치를 설명할 수 있다. 입자 수가 많아질수록 포함하는 미시 상태의 수 W도 커지기 때문이다. 가장 간단한 예로 앞뒤가 다른(단 나올 확률은 동일) 동전으로 '입자'를 대신해 보자. 동전의 가능한 상태 수는 $W=2$(앞과 뒤)이고, 두 동전의 가능한 상태 수 W는 4(앞앞, 앞뒤, 뒤앞, 뒤뒤)로 증가한다. W가 커질수록 $\ln W$도 커지고, 이것은 입자 수가 많아질수록 엔트로피도 높아진다는 사실을 확실히 보여준다.

동전의 수가 계속 증가하는 상황에서 50개의 동전이 하나도 겹치지 않게 접시 위에 펼쳐지는 다양한 가능성을 고려해 보자. 우리의 시력이 동전 양면의 그림을 분별할 만큼 충분히 좋지 않아 동전 '앞면'과 '뒷면'의 상세한 분포 상황을 모른다고 가정했을 때, 모든 그림은 똑같아 보인다. 따라서 우리는 간단하게 $n=50$으로 이 거시 상태를 정의한다. 즉, n은 동전 시스템의 유일한 '거시적 매개 변수'이다.

그러나 현미경으로 보면 동일한 거시적 매개 변수에 대응해 다양한 앞뒤 분포의 미시적 구조가 있다는 것을 발견할 수 있다. 미시적 구조의 총수 $W=2^{50}$으로부터 이 거시적 시스템의 엔트로피가 입자 수 $n(n=50)$에 정비례한다는 것을 알 수 있다.

수학자들은 우리를 위해 간단한 도구를 제공해 주었다. 그들은 위에서 말한 '수많은 종류의 미시 상태'를 '표본 공간'으로 표시했다. 표본 공간에서 모든 종류의 미시 상태는 하나의 점에 대응한다. 예를 들어 동전 하나($n=1$)의 경우 앞면과 뒷면 두 가지 상태를 1차원 직선 위에 두 개의 점으로 표시할 수 있다. 동전 두 개($n=2$)의 네 가지 상태는 2차원 공간에 네 개의 점으로 표시할 수 있다. 그러나 $n=50$일 경우, 표본 공간의 차원은 50으로 증가하게 된다. 동전 50개의 앞면과 뒷면 분포의 가능한 미시 상태를 50차원 공간에서 2^{50}개의 점으로 표시해야 한다.

위의 분석을 요약하자면 엔트로피는 무엇인가? 엔트로피는 미시 상태 공간의 특정 집합에 포함된 점의 개수에 대한 로그이며, 이 점들은 동일한 거시 상태(n)에 대응한다.

동전의 예는 상태 숫자가 무엇인지를 설명하기 위한 간단한 비유에 불과하다. 실제 물리학 시스템의 상태 숫자는 시스템의 구체적 상황에 따라 결정된다. 열역학은 거시적 물리량, 즉 시스템을 전체로 간주했을 때(그것의 내부 구조와 무관)의 열 물리량을 말한다. 예를 들어 이상 기체 Ideal Gas의 경우 압력(p), 부피(V), 온도(T), 엔트로피(S), 내부 에너지(U) 등이 있다. 통계 물리학은 미시적 물리량, 즉 시스템의 물질 구조 성분(분자, 원자, 격자, 장 등)을 고려한다. 1870년대 분자와 원자 이론이 막 수

용되었을 때 볼츠만은 시대를 앞서 분자의 고전적 운동을 이용해 열역학 시스템의 거시적 현상을 설명했지만 많은 저항에 부딪혔다. 이 이야기는 다음에 다시 다룰 생각이다.

이상 기체를 예로 들면 통계역학의 관점에 따라 온도 T는 시스템이 열평형에 도달했을 때 분자 운동의 평균 운동 에너지의 척도로 정의할 수 있다. 즉, 온도는 시스템의 각 자유도가 평균적으로 가지는 에너지를 나타낸다. 내부 에너지 U는 온도 T와 관련이 있으므로 분자의 평균 운동 에너지의 함수일 뿐이다. 앞에서 주어졌던 열역학 엔트로피(클라우지우스 엔트로피)는 총에너지와 온도의 비율이며, 시스템의 온도는 각 자유도의 에너지로 이해할 수 있다. 따라서 엔트로피는 미시적 자유도의 수와 같다. 이러한 결론은 통계 엔트로피(볼츠만 엔트로피)의 정의에 부합하고, 클라우지우스 엔트로피와 볼츠만 엔트로피가 등가라는 것을 설명한다.

이상 기체에 대해 말하자면 동전의 예에서 표본 공간은 분자 운동의 '위상 공간'으로 대체되어야 한다. 위상 공간은 몇 차원일까? 만약 단원자 분자를 고려한다면 각 분자의 상태는 그것의 위치(3차원)와 운동량(3차원)에 의해 결정되며, 자유도가 6이고, n개의 분자는 $6n$개의 자유도를 갖는다. 만약 이원자 분자라면 회전 자유도 3개를 추가해야 한다.

동전의 이산 상태 공간과 달리 고전 열역학과 통계 물리학에서 사용하는 위상 공간은 연속 변수의 공간이다. 따라서 엔트로피는 위상 공간에 존재하는 '체적'과 관련된 특정 로그이며, 이와 관련된 체적에 존재하는 점은 동일한 거시 상태에 해당한다.

미시 상태의 수는 무차원적인 양으로 상태 공간 혹은 위상 공간의 차원 수와 아무런 관련이 없다. 동전의 예에서 $n=1, 2$ 혹은 50이든 상관없이 상태 수는 모두 정수일 뿐이다. 하지만 연속 변수의 상황에서 위상 공간의 부피는 실제로 길이나 면적 혹은 고차원 공간의 '부피'일 수 있다. 이것은 구체적 응용 조건을 배제한 '엔트로피' 수학 모델이며, 엔트로피의 통계 본질을 반영한다.

04
우주를 관통하는 시간의 화살

고립된 시스템의 엔트로피는 증가만 할 뿐 감소하지 않는다. 이것이 엔트로피 증가 원리이자 열역학 제2법칙이다. 이것은 물리학에서 '시간의 화살'을 과학적으로 설명하는 이론이며, 엔트로피 값의 증가는 시간의 화살에 정확한 물리적 의미를 부여한다.

시간의 화살이 있을까? 이 질문에 대한 답은 너무나 명확하다. 우리는 일상에서 시간이 한 번 가면 다시 돌아오지 않고, 쏜살같이 지나가 버리고, 시간의 발걸음은 멈추지 않으며 되돌릴 수 없다는 말을 종종 쓰고는 한다. 일상생활은 물론 그 범위를 우주로 확장해도 시간이 한 방향으로 흐르는 예는 셀 수 없이 많다([그림 4-4-1] 참조). 예를 들어 지금까지 고대 무덤에서 죽은 이가 살아서 나오거나 혹은 노인이 다시 젊은 모습으로 되돌아가는 일은 인류 역사상 일어난 적이 없다. 이런 사실만 봐도 시간은 되돌릴 수 없고, 오로지 한 방향으로만 움직일 뿐이다. 뉴턴은 위대한 인물이지만 그의 고전 역학의 법칙은 '돌이킬 수 없는' 시간의 물리적 본질을 반영하지 못했다. 뉴턴의 방정식은 시간이 흐르는 방향과 아무런 관련이 없고, 이것은 정방향과 역방향 모두 똑같이 적용된다. 뉴턴의 역학뿐 아니라 아인슈타인의 상대성 이론 및 슈뢰딩거 등의 양자론도 시간의 화살을 포함하지 않고 있다.

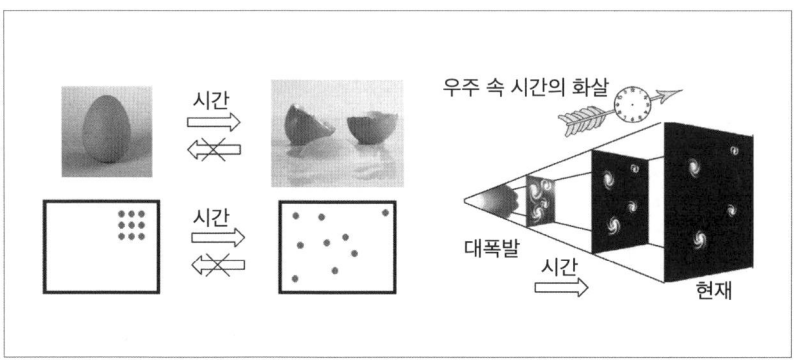

[그림 4-4-1] 시간의 방향

시간의 화살이 갖는 의미는 무엇일까? 시간의 화살은 인과 법칙과 관련이 있다. 만약 시간이 앞으로 혹은 뒤로도 움직일 수 있다면 인과 관계의 역전과 논리적 모순과 같은 불합리한 일들을 수도 없이 초래할 것이다. 따라서 뉴턴 역학 및 상대성 이론의 경우 시간의 방향이 방정식에 자연스럽게 반영되지 않았기 때문에 과학자들은 종종 시간의 방향을 인위적으로 정의해 인과 관계 및 논리적 법칙에 위배되는 현상의 발생을 피하려 할 수 있다. 그러나 열역학 제2법칙의 이론적 틀은 방정식 속에 시간의 화살을 포함하고 있기 때문에 거시적 세계의 모든 곳에서 볼 수 있는 '진화' 현상을 뒷받침할 수 있다.

통계 물리학의 목적은 미시적 규칙에서 출발해 열역학의 거시적 성질을 설명하는 것이다. 미시적 세계를 설명하는 기본 물리 법칙(뉴턴의 법칙, 슈뢰딩거 방정식 등)은 가역적이고, 방정식에 시간의 화살이 없다는 것을 의미한다. 그러나 그것들은 거시적 현상 속 시간의 방향성을 어떻게 만드는 것일까? 비가역 과정의 본질은 무엇일까? 이런 질문에 어떻게 답해야 할지는 지금까지도 여전히 논란이 되고 있다.

당시 볼츠만은 고전 역학으로 열역학을 통합하려고 시도했다. 1872년 그는 시간의 흐름에 따라 감소하는 H 함수를 정립해 시간을 되돌릴 수 없는 진화 방정식, 즉 볼츠만 방정식을 얻었다. 이것은 열역학 제2법칙을 미시적 차원에서 설명하는 듯했다.

그러나 훗날 여러 물리학자들이 H 함수에 의문을 제기했다. 사실 볼츠만은 H 함수를 정립할 때 '분자 혼돈'이라 불리는 가정을 도입했는데, 이 가정에 따르면 분자는 충돌 전과 후에 비대칭적인 상태에 있으며, 이는 시간의 비대칭성을 내포한다. 또한 푸엥카레의 회귀 법칙은 볼츠만에게 가장 치명적인 타격을 입혔는데, 미시적 운동의 회귀성을 지적하고, 볼츠만의 H 함수가 단일 방향의 감소 추세를 계속해서 유지하지 못하고 일정 시간이 지난 후에 그 초깃값으로 돌아갈 수 있다는 것을 증명했다. 이런 의심들은 볼츠만을 극도의 곤경과 고통 속에 빠뜨렸고, 결국 그는 비극적으로 밀려나며 어쩔 수 없이 열역학의 진정한 해석을 확률론에서 구할 수밖에 없었다. 즉, 엔트로피의 증가 법칙의 본질이 확률론이고, 사물은 항상 그것의 최대 확률 상태로 향한다는 것이다.

시간의 화살이 어디에서 기원하는지에 대해서는 통계학의 관점에서 완벽하게 설명하지 못했지만, 시간이 한 방향이라는 것은 공인된 사실이다. 생물학에서 생물의 진화와 생물 개체의 생로병사는 한 방향으로만 발전할 뿐이다. 우주학에서도 시간의 화살이 존재하고, 누군가는 그것이 우주의 대폭발이라는 이 초기 조건에서 시작되었다고 여긴다. 우주 공간의 팽창은 전자기파가 파장의 근원을 향해 수축하기보다는, 바깥을 향해 퍼져 나가는 경향을 보이게 만든다. 물론 수축 파장도 동일한 방정식을 만족시킨다. 다시 말해서 이것은 전자기파 분야에서의 시간의 화살을 형성했고, 열역학 시간의 화살, 우주 시간의 화살, 전자기 시간의 화살뿐 아니라 정보론과 생물학에서도 시간의 화살을 파생시켰다.

시간은 무엇인가? 공간은 무엇인가? 시간과 공간의 물리적 본질을 심층 탐구하는 것은 시간의 화살 문제를 포함한 물리학의 난제를 해결하는 열쇠이다.

시간의 화살 문제를 두고 현대 물리학자이자 우주학자인 스티븐 호킹과 로저 펜로즈는 격렬한 철학적 논쟁을 벌였다. 호킹을 포함한 대다수 물리학자들의 관점은 우주가 통일된 시간의 화살을 가지고 있으며, 그 근원을 우주의 시작점인 빅뱅에서 찾는 경향이 뚜렷하다. 그들은 우주의 다른 구체적 물질 시스템의 시간 방향성은 모두 우주 빅뱅이라는 시간의 화살에서 파생된 것이라고 본다. 그러나 다른 물리학자들은 모든 시스템이 자체 시간의 화살을 가지고 있고, 우주의 팽창이나 수축은 물론 열역학의 시간의 화살과도 전혀 상관이 없다고 여겼다. 펜로즈 등은 우주의 반복 순환 가설을 제기하며 한 번의 대폭발에서 또 다른 대폭발로 계속해서 이어진다고 주장했다. 즉, 단조롭고 극도로 낮은 엔트로피의 특수 상태에서 다양하고 극도로 높은 엔트로피의 일반 상태로 폭발하며 끊임없이 팽창하는 새로운 우주가 만들어지는 것이다.

호킹과 펜로즈는 모두 초기 블랙홀 연구의 전문가이고, 블랙홀의 사건의 지평선 부근 혹은 대폭발한 우주의 '특이점' 부근에서 시간의 개념은 매우 기이한 형태로 변질되며 이해하기 어려워진다. 따라서 블랙홀 물리, 블랙홀 열역학의 연구는 어쩌면 시간의 본질 문제를 탐구하는 데 도움이 될 수 있다.

일반 상대성 이론에서 말하는 블랙홀은 간단한 '세 가지 속성'만 있지만, 열역학적 의미에서 보는 블랙홀은 엔트로피를 가지고 있는데, 이것은 미시적으로 정보의 불확정성을 가지고 있음을 의미한다. 이는 휠러의 제자였던 베켄슈타인이 발견한 것이다. 당시 베켄슈타인에게 영감을 준 것은 펜로즈와 호킹, 두 물리학자의 연구였다.

펜로즈는 '펜로즈 과정'을 고안했고, 특정 조건 아래서 블랙홀로부터 에너지를 추출할 수 있다는 것을 발견했다. 호킹은 두 개의 블랙홀이 하나로 합쳐지면 블랙홀의 면적이 원래 두 개의 블랙홀 면적의 합보다 작지 않다는 것을 수학적으로 증명했다. 이 블랙홀의 사건의 지평선

총면적이 감소하지 않을 것이라는 결론과 '엔트로피는 감소하지 않을 것'이라는 열역학 제2법칙은 서로 매우 흡사하다. 베켄슈타인은 이로부터 블랙홀의 엔트로피는 사건의 지평선 면적과 정비례해야 한다고 추측했다.

베켄슈타인의 블랙홀 엔트로피 개념은 '엔트로피 증가 원리'와 완벽하게 일치한다. 블랙홀에 어떤 물질을 던진다고 가정해 보자. 만약 차 한 잔을 부으면 블랙홀은 질량을 얻고, 블랙홀의 면적은 질량과 정비례를 이룬다. 질량이 증가하면 면적이 증가하고, 결국 엔트로피도 증가한다. 블랙홀 엔트로피의 증가는 그 안으로 던진 차의 엔트로피의 손실과 상쇄한다.

베켄슈타인의 블랙홀 엔트로피는 [그림 4-4-2]를 참고해 대략적으로 이해할 수 있다.

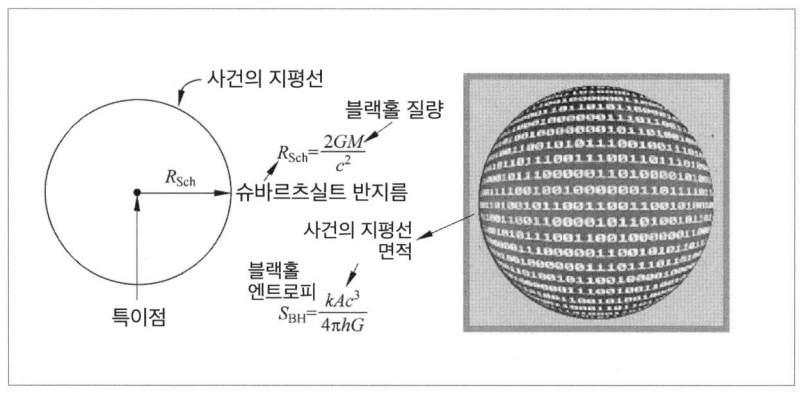

[그림 4-4-2] 블랙홀 엔트로피

호킹은 일련의 계산을 거쳐 마침내 베켄슈타인의 '표면적이 바로 엔트로피'라는 개념을 인정했고, 유명한 호킹 복사Hawking Radiation 개념을 제기했다. 그렇지만 일반적인 상황에서 계산한 블랙홀의 온도 값은 매우 낮고, 심지어 우주의 마이크로파 배경 복사에 해당하는 온도 값(2.75K)보다도 훨씬 낮기 때문에 우주 공간에서 호킹 복사를 관측할 가능성은 그리 높지 않다. 그러나 공식을 통해 블랙홀의 온도가 블랙홀 질량 M과 반비례하는 것을 알 수 있고, 따라서 빅뱅 초기에 생성된 마이크로 블랙홀에서 호킹 복사를 관측하는 것이 가능하다.

블랙홀은 시공간의 특이점을 포함하고 있고, 일반 상대성 이론의 극단적인 응용의 산물이다. 게다가 블랙홀의 열역학은 양자 이론과도 연관되어 있다. 따라서 블랙홀은 시공간의 본질을 심층 탐색하고, 더 나아가 시간의 화살을 연구하기에 최적의 장소를 제공한다.

2015년 레이저 간섭계 중력파 관측소LIGO는 블랙홀 합병 사건으로 생성된 중력파를 수신했고, 이를 통해 물리학자들은 블랙홀 열역학 방면의 이론적 개념이 실제로 검증될 가능성이 있다고 여겼다.

05
맥스웰의 도깨비

　케임브리지대학의 한 물리학자가 아인슈타인에게 "당신은 뉴턴의 어깨 위에 서 있습니다."라고 칭찬한 적이 있다. 그때 아인슈타인은 이렇게 대답했다. "아니요. 나는 맥스웰의 어깨 위에 서 있습니다!"

　아인슈타인의 대답은 매우 적절했고, 그의 물리적 사고와 흥미가 모두 맥스웰의 발자취를 따르고 있다는 것을 정확하게 드러냈다. 아인슈타인의 주요 업적인 두 상대성 이론 중 특수 상대성 이론은 맥스웰 전자기 이론과 고전 역학의 모순을 해결하기 위해 정립되었고, 반면에 일반 상대성 이론은 이전 사고의 연속이었다. 아인슈타인이 1905년에 발표한 브라운 운동에 관한 또 다른 논문을 보면 그가 한때 맥스웰이 연구에 주력했던 분자 운동 이론에도 깊은 관심을 가지고 있었음을 알 수 있다.

　맥스웰은 48세까지밖에 살지 못했지만, 물리학에 획기적인 공헌을 했다. 그는 유명한 고전 전자기 이론을 제기한 후 1865년부터 연구 방향을 열역학으로 전환했다. 맥스웰은 클라우지우스의 분자 운동에 대한 혁신적인 업적에 주목했고, 가우스 등 수학계 인물들이 정립한 확률 이론에 굉장한 흥미를 느꼈다. 그래서 그는 확률과 통계 방법을 열역학에 응용해 분자의 미시적 운동 메커니즘으로부터 열역학의 거시적 규칙을 설명하려고 시도했다. 맥스웰은 분자 사이의 탄성 충돌을 기본 출발점으로 삼아 큰 성공을 거두었고, 매우 중요한 맥스웰 속도 분포 법칙을 가장 먼저 찾아냈다.

오늘날 우리는 현대 통계역학의 지식을 이용해 다양한 방법으로 맥스웰 분포를 도출해 낸다. 예를 들어 엔트로피 증가 원리에 근거해 양자 효과를 무시하고, 확률 정규화 및 시스템 평균 에너지가 온도와 연관 있다는 두 가지 제약 조건을 추가하면 시스템의 분자 운동이 맥스웰 분포에 부합한다는 결론을 쉽게 얻을 수 있다. 또한 볼츠만은 이 법칙을 퍼텐셜 에너지의 범주까지 확장했고, 그런 이유 때문에 훗날 이것을 '맥스웰-볼츠만 분포'라고 불렀다. 이와 더불어 맥스웰이 전자기 이론에 기여한 엄청난 공헌은 통계 물리에서 그의 선구자적 역할을 가릴 정도였다.

맥스웰은 초창기에 기체 동역학 이론을 연구했고, '기체의 절대 온도는 입자 운동 에너지의 척도'라는 관점을 견지했지만, 일정 온도 T에서 모든 분자의 운동 에너지는 단일한 고정값이 아니라 통계 분포의 법칙, 즉 [그림 4-5-1]의 분포 곡선을 따른다고 여겼다. 개별 입자의 속도는 다른 입자와의 충돌로 계속해서 변하지만, 대량 입자의 경우 특정한 속도 범위에 있는 입자가 차지하는 비율은 거의 변하지 않는다. 맥스웰 분포는 시스템이 평형 상태에 있을 때의 분포 상황을 나타낸다. 시스템의 온도가 높아질수록 곡선(그리고 피크)은 속도가 높은 오른쪽 영역으로 이동하고, 최댓값은 하락한다. 그러나 분포 곡선 아래쪽에 포함된 면적은 변하지 않고(=1), 모든 확률의 합이 1이 되는 조건을 따라간다.

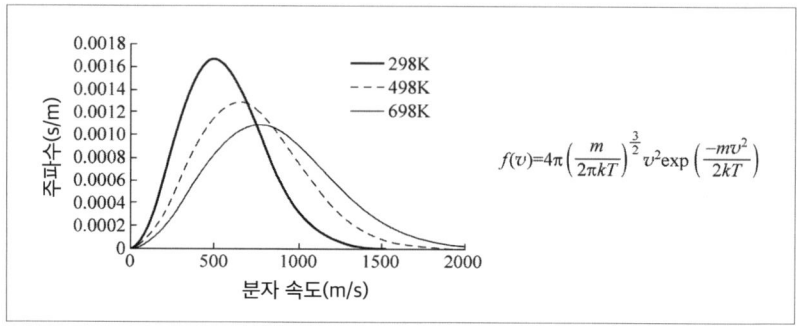

[그림 4-5-1] 맥스웰 분포

맥스웰 분포는 열역학 제2법칙과 서로 일치한다. 온도가 다른 두 개의 시스템이 서로 접촉한다고 가정했을 때, 충돌을 통해 빠른 속도로 이동하는 분자는 에너지를 천천히 이동하는 분자에 전달하고, 마침내 두 분자 사이에 새로운 균형 상태를 유지하는 온도에 도달한다.

1865년 열역학의 창시자 중 한 명인 클라우지우스는 엔트로피 증가 원리를 무한한 우주에 적용해 '열적 죽음 이론'을 제시했다. 맥스웰은 확률 통계의 관점에서 이 가설을 진지하게 고민했고, 우주의 이런 '개방 시스템'에 적합한 특정 메커니즘이 대자연 속에 반드시 있으며, 어떤 조건에서 시스템이 열역학 제2법칙을 '위반'하는 것처럼 보이게 만든다는 것을 깨달았다. 그러나 당시 맥스웰은 이 문제에 대해 명확히 설명할 길이 없었고, 유머러스하게 '작은 악마'를 상상했는데, 그것이 바로 유명한 '맥스웰의 도깨비Maxwell's demon'이다. 맥스웰은 이 지적인 작은 생명체가 개별 분자의 움직임을 감지하고 제어할 수 있다고 상상했다. [그림 4-5-2]처럼 '도깨비'는 고온 시스템과 저온 시스템 사이의 분자 통로를 장악하고 제어하고 있다.

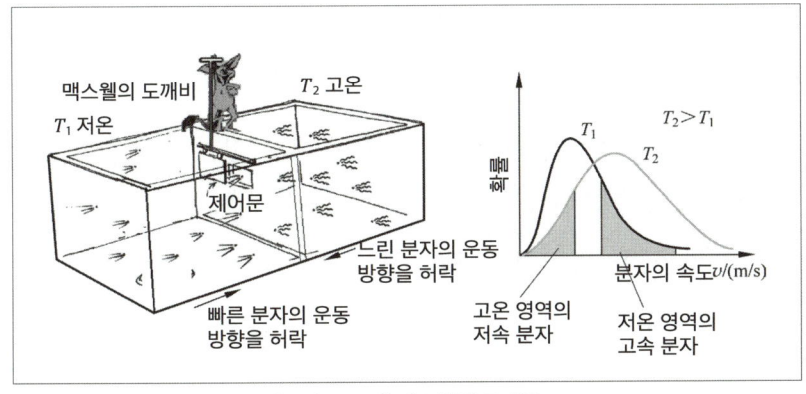

[그림 4-5-2] 맥스웰의 도깨비

맥스웰의 가상의 '도깨비'는 분자 운동 속도의 통계 분포 속성을 이용한다. 맥스웰 분포에 따르면 저온 영역일지라도 빠른 분자가 적지 않고, 고온 영역에도 느린 분자가 많다. 만약 분자의 움직임을 제어할 수 있는 '도깨비'가 정말 있다면 두 영역의 중간에 하나의 문을 설치하고, 빠른 분자만 저온에서 고온으로 이동하도록 허락하고, 느린 분자는 고온에서 저온으로 이동하게 할 것이다. '도깨비'의 이런 관리 방식에 따라 양쪽의 온도 차는 점점 커져 고온 영역의 온도는 점점 높아지고, 저온 영역의 온도는 점점 낮아지게 된다. '도깨비'가 만든 온도 차를 외부에서 하는 일에 사용할 수 있을까? 이 생각은 제2종 영구 기관의 판박이처럼 보이기도 한다.

역사적으로 보면 맥스웰은 1867년 맥스웰의 도깨비를 처음 제기했을 때 "이것은 열역학 제2법칙이 통계적 정확성만을 가지고 있다는 것을 증명합니다."라고 말했다. 다시 말해서 맥스웰은 이것을 이용해 엔트로피 증가 원리가 시스템의 통계 법칙이라는 것을 설명하고 싶었을 뿐이었다. 맥스웰은 열역학 제2법칙이 단일 분자의 운동 행위가 아니라 대량 분자가 드러내는 통계 법칙을 설명하는 것이라고 여겼다. 통계 법칙에 따르면 열은 고온에서 저온으로만 흐를 수 있다. 그러나 개별 분자의 경우 저온 영역의 분자가 자발적으로 고온 영역으로 이동하는 것은 충분히 가능하다.

이 '도깨비'가 물리학자들을 곤혹스럽게 만든 역사는 거의 150년에 가깝고, 학자들은 끊임없이 그 연구에 매진하고 있다.

그다지 널리 알려지지 않은 헝가리 태생의 물리학자 레오 실라르드 Leó Szilárd(1898-1964)도 그런 연구자 중 한 명이었다. 실제로 실라르드는 매우 혁신적인 물리학자이자 발명가였다. 그는 1933년에 핵 연쇄반응을 고안해 원자 폭탄의 연구와 개발을 성공으로 이끌었고, 엔리코 페르미와 함께 핵 연쇄반응에 대한 공동 특허를 획득했다. 또한 그는 전자현미경 및 입자 가속기 등을 고안해 냈다. 그러나 그의 구상은 학술 간행지에 발표된 적이 없었던 탓에 이런 '노벨상 수준'의 공헌들이 결국 타인의 공으로 돌아가 버렸다. 실라르드는 열역학의 '도깨비'를 연구했고, 1929년 맥스웰과 비슷한 아이디어를 바탕으로 당시 맥스웰의 '통계' 의도와 상관없이 분자 '하나'만을 관리하는 단순한 도깨비 시스템을 구축했다.

실라르드는 그의 박사 논문에서 구상한 아이디어를 실험에 적용해 맥스웰의 도깨비가 단일 분자 열기관을 제어하도록 만들었다([그림 4-5-3] 참조). '도깨비'는 측정을 통해 분자가 왼쪽에 있는지 아니면 오른쪽에 있는지 밝혀낸다. 만약 측정 결과 분자가 왼쪽에 있다면, 시스템의 왼쪽에 얇은 로프로 무거운 물체를 연결한다. 그러면 단일 분자 기체는 등온 과정을 거치며 주변 환경으로부터 열을 흡수해 팽창하고, 이 과정에서 무거운 물체를 들어 올리는 일을 하게 된다. 만약 결과가 오른쪽으로 나오면 무거운 물체를 시스템의 오른쪽에 걸어두고, 단일 분자 기체는 똑같은 과정을 거치면서 일을 한다.

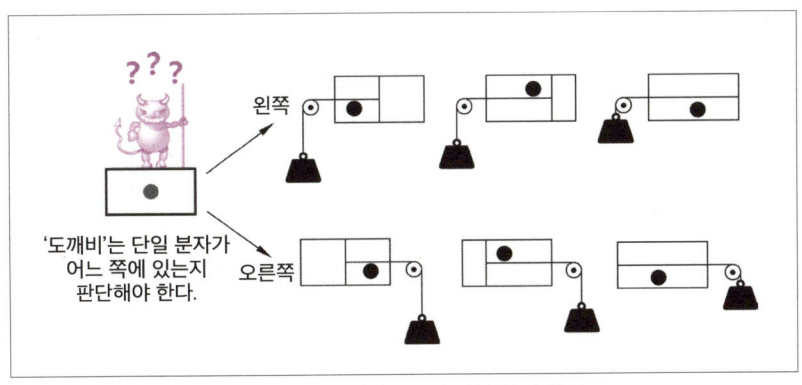

[그림 4-5-3] 실라르드의 단일 분자 엔진

'도깨비'의 측정 과정을 고려하지 않으면, 이 모델은 마치 열역학 제2법칙을 위반하는 영구 기관처럼 보인다. 엔트로피를 감소하게 만드는 영구 기관은 당연히 불가능하고, 실라르드는 그 문제의 근원을 '측정'에서 찾으려 했다. '도깨비'는 정보를 얻기 위해 측정을 한다. 즉, 매번 순환을 완성하고 시스템의 원래 상태로 회복되는 과정에서 적어도 이진법에서 1비트의 정보를 얻어야 한다. 정보의 획득은 대가를 치러야 하는데, 그것은 바로 주변 환경 엔트로피의 증가이다. 따라서 시스템의 '열 엔트로피($k_BT \times \lg 2$)'의 감소는 '도깨비'의 측정 과정에서 발생하는 '정보 엔트로피($\lg 2$)'로부터 비롯된다. 시스템의 총 엔트로피 값도 이에 따라 증가하고 열역학 제2법칙은 여전히 성립된다.

칭찬할 만한 점은 실라르드가 단일 분자 엔진(이원 시스템)의 분석을 통해 '정보 엔트로피', '이진법' 등의 개념을 처음으로 알아냈다는 것이다. 역사를 거슬러 올라가 보면 섀넌은 1948년이 되어서야 정보론을 제기했지만, 실라르드의 작업은 1929년에 이미 완성되었다. 그 당시 그는 이미 많은 모호한 아이디어를 가지고 있었고, 처음으로 정보의 물리적 본질을 인식하고, 정보와 에너지 소모를 연결시켰다.

1961년 미국 IBM의 물리학자 롤프 란다우어Rolf Landauer(1927-1999)는 란다우어 원리를 제기하고 증명했다. 이 원리에 따르면, 컴퓨터는 정보를 삭제하는 과정에서 극소량의 열을 주변으로 방출하게 된다. '엔트로피'의 관점에서 이 문제를 보면 2차원 확률 변수의 엔트로피는 1비트이고, 고정값을 가질 때의 엔트로피는 0이다. 정보를 제거한 결과는 이 2차원 시스템의 엔트로피를 0에서 1비트로 증가시키고, 필연적으로 전기 에너지를 열에너지로 전환시켜 주변 환경에 방출할 수밖에 없으며, 이것이 바로 컴퓨터가 계속해서 열을 방출하는 이유이기도 하다. 이 열의 값은 환경 온도와 비례하며, 정보를 삭제하는 과정에서 전기 에너지를 열에너지로 변환하는 것은 비가역적 열역학의 과정이다. 따라서 컴퓨터가 계산을 통해 열을 발산하는 과정도 비가역이다.

그러나 란다우어는 여기서 더 나아가 회로 혹은 알고리즘을 개선해 정보의 삭제를 줄이고, 이로써 열에너지의 방출을 줄일 수 있을지를 고민했다. 이런 고민 끝에 그는 '가역 연산Reversible Computing'의 개념을 제안했고, IBM의 동료였던 찰스 베넷Charles H. Bennett과 함께 연구를 진행했다. 가역 연산은 바로 손실된 데이터를 복구하고 새롭게 사용함으로써 컴퓨터의 에너지 소모를 최대한 줄이는 것이다. 베넷은 양자 연산과 양자 정보 분야의 전문가로서 가역 연산을 통해 에너지 소모를 어떻게 피할 수 있는지를 보여주었고, 1981년 발표한 논문에서 에너지를 소모하고 발산시키는 '맥스웰 도깨비'가 존재하지 않으며, 이런 소모와 발산은 '도깨비'가 이전 판단의 '기억'을 제거하는 과정에서 발생한다고 밝혔다. '망각'의 대가는 에너지의 소모이고, 이 과정은 논리적으로 되돌릴 수 없다.

150년 동안 이어져 온 '맥스웰 도깨비'는 지금도 끊임없이 논쟁의 대상이 되고 있다. 이론 물리학자들은 이 사고 실험을 통해 열역학의 통계적 의의를 심층 분석하고, 반면에 실험 물리학자들은 첨단 기술을 이용해 실험실 안에서 그것을 연구하고 있다.

이와 관련된 첫 번째 실험 연구는 텍사스대학교 오스틴 캠퍼스의 마크 라이즌Mark Raizen 연구팀에서 이루어졌다. 그들은 레이저 광선을 이용해 원자를 자기장 트랩에 밀폐했고, 원자가 받는 평균 퍼텐셜 필드, 즉 광학 퍼텐셜은 맥스웰 도깨비의 역할을 대신해 원자의 이동 방향을 제어하고 차가운 원자와 뜨거운 원자를 배열했다. 2012년 독일 아우크스부르크대학의 에릭 루츠Eric Lutz와 그의 동료들은 란다우어의 정보 삭제 원리를 검증하는 실험을 통해 정보를 삭제하기 위해 어느 정도의 에너지가 필요한지를 알아냈고, 란다우어의 이론이 정확하다는 것을 증명했다.

5

정보는 얼마나 어지러운가?: 정보 엔트로피 이야기

슈뢰딩거는 '생명체는 음의 엔트로피에 의존해 살아간다.'라는 명언을 남겼고, 존 휠러는 '세상 만물은 모두 비트(정보)다.'라고 말했다. 이처럼 물리학자들은 '엔트로 피'와 세상 만물과의 연관성을 일찌감치 예언했다. 그러다가 마지막으로 이 개념을 물리학에서 정보 세계로 확장한 사람은 정보의 아버지로 불리는 클로드 섀넌 Claude Shannon(1916-2001)이었다.

01
정보 세계에 뛰어든 엔트로피

볼츠만 엔트로피의 표현 공식 $S=k_B \ln W$에서 W는 동일한 거시 상태에서 미시 상태의 수 혹은 위상 공간의 부피에 대응한다. 하지만 이 정의는 약간 모호하다.

우선 '동일한 거시 상태'는 무슨 의미일까? 거시 상태가 인위적 약속이든 측정 기술에 의존하는 정의이든 완전히 고정된 명확한 개념은 아닌 듯하다. 따라서 사람들은 다음과 같은 의문을 가질 수 있다. 엔트로피가 측정 기술과 관련이 있을까? 엔트로피는 절대적일까? 아니면 상대적일까? 우리는 이런 문제에 대한 심층 연구를 잠시 접어 두고, 볼츠만 엔트로피에 대응하는 거시 상태를 미시적 에너지와 서로 같은 상태로 잠시 이해하도록 하자. 이로부터 우리는 확정된 에너지 Ei에 대해 가능한 구성 형태의 확률을 'P_i'라고 계속 가정할 수 있다. 이렇게 해서 볼츠만 엔트로피 공식을 확률의 형식, 즉 $S_i = -C(E_i) \ln(1/P_i)$로 표현할 수 있다. 이 공식에 나오는 비례 상수 C는 에너지의 함수이다. 만약 시스템에 하나의 에너지 값에 그치지 않고 여러 개의 미시적 에너지 값이 $E=E_1, E_2, \cdots$ 이런 식으로 존재한다면 볼츠만 엔트로피 공식은 수정이 좀 필요해진다. 1878년 미국 물리학자 조시아 깁스^{Josiah} ^{Gibbs}(1839-1903)는 엔트로피를 다음과 같은 식으로 나타냈다.

$$S_{\text{깁스 엔트로피}} = -k_B \sum_i p_i(E_i) \ln p_i(E_i) \qquad (5\text{-}1\text{-}1)$$

깁스가 도출해 낸 엔트로피 공식 (5-1-1)은 엔트로피의 정의를 에너지가 유일하게 확정되지 않은 시스템, 즉 비평형 상태의 시스템으로 확장시켰고, 엔트로피가 비평형 상태의 통계 연구에서 가장 기본이 되는 물리적 개념이 되도록 만들었다. 이후의 이야기는 다음에 더 자세히 하고 여기서는 논하지 않겠다. 1948년 미국 수학자 클로드 섀넌은 정보론을 정립했고, 정보 엔트로피의 개념을 제시했다.

$$S_{\text{정보 엔트로피}} = -\sum_i p_i \log_2 p_i \qquad (5\text{-}1\text{-}2)$$

우선 정보 엔트로피 공식 (5-1-2)와 통계 엔트로피 공식 (5-1-1) 사이에 어떤 차이점과 유사점이 있는지 비교해 보자. 첫째, k_B는 볼츠만 상수이고, 정보 엔트로피는 당연히 고려하지 않는다. 둘째, p_i는 확률이며, 깁스 엔트로피에서는 일정한 에너지를 가진 미시 상태가 나타날 확률을 의미하고, 정보 엔트로피에서는 이를 일반화하여 어떤 정보의 확률 변수에 대한 확률로 확장하였다. 셋째, 식 (5-1-1)의 로그는 e를 밑으로 하고, 식 (5-1-2)에서 로그의 밑은 2이다. 이 점은 본질적으로 차이가 없고, 두 가지 엔트로피 정의 속에 등장하는 로그는 모두 임의의 실수를 밑으로 삼으며, 얻은 단위가 다를 뿐이다. 당연히 자연로그에서 얻은 단위는 내트^{nat}이고, 2를 밑으로 할 때 얻은 단위는 비트^{bit}이다.

그래서 식 (5-1-1)과 식 (5-1-2)의 형식은 완전히 같다. 따라서 어떤 사람들은 두 가지 엔트로피에 구분이 없다고 말하고, 또 어떤 사람은 열역학의 엔트로피를 정보 엔트로피에서 '도출'해 낸다. 사실 두 가지 엔트로피는 확실히 똑같은 수학적 기초를 가지고 있어서 수많은 개념과 결론을 서로 차용하거나 대응시킬 수 있다. 통계 물리학에서도 '정보'와 관련된 내용을 일부 포함하고 있다. 그러나 두 식은 자신만의 물리적 의의와 응용 범위를 가지고 있고, 완전히 같을 수 없다.

정보 엔트로피를 이해하려면 정보가 무엇인지를 먼저 이해해야 한다. 이것은 고루하면서도 현대적 문제여서 지금까지도 해결되지 못한 채 의견이 분분하다. 이런 특징은 특히 사회에서 인식하는 광범위한 정보의 차원에서 더 두드러진다.

만약 당신이 '무엇을 정보라고 합니까?'라고 묻는다면, 사람들은 모두 뉴스, 음악, 사진 등 '정보'라고 불리는 일련의 것들을 잔뜩 나열할 수 있다. 그러나 '정보란 무엇입니까?'라고 묻는다면 대답하기 어려워진다. 당신은 '음악이 정보입니다.'라고 말할 수 있지만 '정보는 음악입니다.'라고 말할 수 없고, '사진이 정보입니다.'라고 말할 수 있어도 '정보가 사진입니다.'라고 말할 수 없기 때문이다. 정보에 대해 정의를 내리는 일은 쉽지 않다. '정보'의 정의는 수많은 구체적 정보의 표현 형식으로부터 그것의 공통점을 추상적으로 요약해야 하기 때문이다.

고대 사람들에게 정보는 통속적인 의미의 '소식'이었다. 반면에 현대인들은 상당히 구체적이면서도 과학적으로 접근한다. 따라서 그들은 정보에 대해 이런 식의 질문을 던진다. 정보는 도대체 어디서 오는 것일까? 정보는 주관적일까? 아니면 객관적일까? 상대적일까? 절대적일까?

예를 들어 수도권에 폭우가 쏟아지자 당신은 이 소식을 전화로 타지역에 사는 두 친구에게 알려주었다. 그런데 A는 이미 알고 있었다고 말하고, B는 전혀 몰랐다고 말한다. 그렇다면 이 정보는 A에게 새로운 정보가 되지 못했고, B에게는 새로운 정보를 하나 추가해 주었다. B가 안고 있던 강아지도 전화에서 흘러나오는 목소리를 들었지만, 인간의 언어를 알지 못하니 당신의 말이 강아지에게 정보가 될 수 없다.

정보는 모호한 것일까? 아니면 정확한 것일까? 숲으로 걸어 들어가 보니 햇볕이 아름답게 내리쬐고, 부드러운 바람이 몸을 감싼다. 복숭아꽃과 자두꽃 등 다채로운 색깔의 꽃들이 만발하며, 제비가 날아다니고 새들이 노래한다. 대자연은 우리에게 수많은 정보를 전달하고, 이런 것들은 정확하게 측정할 수 없는 모호한 정보들인 셈이다.

정보와 '지식'은 같은 것일까? 당연히 아니다. 다들 알다시피 지금의 정보화 사회는 정보로 넘쳐나지만 그중 '좋은 것과 나쁜 것'이 섞여 있어 부모들은 자신의 아이가 인터넷에 중독되지 않기를 바랄 뿐이다. 많은 사람이 '정보는 발달했지만, 지식은 빈곤해졌다'라고 말한다. 그래서 정보는 지식과 결코 같은 것이 아니다.

문학가, 철학자, 사회학자… 다양한 직업군의 사람들은 '정보'에 대해 서로 다른 이해와 견해를 가지고 있다. 그중 물리학자들은 정보를 어떻게 이해하고 정의할까?

물리학자들의 연구 대상은 물질과 물질의 운동, 즉 물질과 에너지이다. 그들의 관점에서 볼 때 정보는 무엇일까? 정보는 이들에게 익숙한 두 개념인 물질과 에너지 가운데 하나로 분류될 수 있을까?

정보는 분명 물질이 아니지만 물질의 속성이어야 하고, 에너지와 좀 비슷하게 들리지만 에너지도 아니다. 물리학의 에너지는 정확하고 측정이 가능한 정의를 일찌감치 가지고 있고, 그 에너지가 가늠하는 것은 물체(물질)가 일을 하는 능력이다. 정보는 이 '일'과 직접적인 연관이 없는 듯하다. 물론 우리는 정보의 유용성은 물론 개인과 사회가 정보를 이용해 가치를 만들어 낼 수 있다는 것을 안다. 이것이 '일하는 것'과 조금 유사하기도 하다. 그러나 물리학자들은 이런 생각에 대해 여전히 고개를 가로저으며 다르다고 말한다. 그리고 그것은 마치 정신적인 가치를 말하는 듯하다.

정보는 정신적인 범주에 속할까? 그렇지 않다. 과학자들의 눈에 정보는 여전히 인간의 주관적 정신 세계와 별개이며, 객관적으로 존재하는 것이다. 따라서 결국에는 누군가 이렇게 말하기도 했다. "우리의 객관적 세계는 세 가지 기본 요소로 구성되어 있습니다. 그것은 물질과 에너지 그리고 정보입니다."

미국 학자인 하버드대학의 A. G. 오팅거^{A. G. Oettinger} 교수는 이 세 가지 기본 요소에 대해 명확한 정의를 내렸다. "물질이 없으면 아무것도 존재할 수 없습니다. 마찬가지로 에너지가 없으면 아무것도 발생할 수 없고, 정보가 없으면 어떤 의미도 없습니다."

'정보는 무엇인가?'에 대한 질문에 명확한 정의를 내리기 어렵지만, 물리학에서 정의한 물질과 에너지를 서로 비교함으로써 과학자들은 큰 깨달음을 얻었다. 그들은 정보의 개념이 이렇게 혼란스러운 것은 우리가 그것에 대해 정량적 설명을 못 했기 때문일 수도 있다고 본 것이다. 과학 이론은 물리량의 정량화를 요구하고, 정량화를 한 후에야 수학 모델을 정립할 수 있다. 만약 우리가 '정보'를 정량화할 수 있다면 문제 해결이 훨씬 쉬워질 수 있다.

그래서 1940년대 후반에 훗날 정보와 데이터 통신의 아버지로 찬사를 받은 젊은 과학자 섀넌이 과학 기술의 역사적 무대 위로 등장했다.

섀넌은 두 가지 큰 공헌을 했다. 첫 번째는 정보 이론, 정보 엔트로피의 개념의 정립이고, 두 번째는 기호 논리와 스위치 이론의 연결이다. 섀넌의 정보론은 정보량의 개념을 명확히 하는 데 결정적으로 기여했다.

사실 섀넌은 정보의 정량화를 이룬 최초의 인물이 아니었다. 1928년 R.V.H. 할리^{R.V.H. Harley}는 $NlogD$라는 식으로 정보량을 표시하자고 건의한 적이 있다. 1949년 사이버네틱스 창시자 위너는 계량 정보의 개념을 열역학에 도입했다. 1948년, 섀넌은 정보를 사물의 운동 상태나 존재 방식의 불확실성을 설명하는 개념으로 보았으며, 할리의 공식을 각 확률 p_i가 서로 다른 경우로 확장하여 정보량 공식을 도출해냈다. 이렇게 해서 그는 우리를 위해 정보론을 탄생시키고, '정보'의 과학적 의의를 정의하며 '정보의 아버지'가 되었다.

정보량

'정보'에 대한 엄격한 정의는 잠시 접어두고, 여기서는 아래 열거한 다섯 개의 문장으로 대표되는 정보량에 대해 논해 보겠다.

'여동생이 책을 읽는다.'
'여동생이 오늘 책을 읽는다.'
'나의 여동생이 오늘 책을 읽는다.'
'나의 여동생이 오늘 학교에 가서 책을 읽는다.'
'나의 여동생이 오늘 시내에 있는 학교 도서관에 가서 노자의 책을 읽는다.'

위에 열거한 문장 안에 정보가 '상당히' 들어있다는 것을 딱 봐도 쉽게 알아챌 수 있다. 예를 들어 몇 가지 문장 속에 처음부터 뒤로 갈수록 점점 더 많은 정보가 담겨 있다. 즉, 각각의 문장 안에 포함된 정보량이 확실히 갈수록 많아지고 있다. 여기서 언급한 문장에 포함된 '정보량'은 사람들이 일반적으로 이해하는 직관적인 의미에 기반하고 있다. 그렇다면 섀넌의 정보 엔트로피 공식 (5-1-2)에 따라 정보를 어떻게 이해하고, 정보량을 어떻게 정의할 수 있을까?

정보 엔트로피는 통속적인 의미에서 '정보'에 포함된 정보량이라고 대략 이해할 수 있다. 다시 한번 동전과 주사위 던지기의 간단한 상황을 예로 들어 정보 엔트로피의 공식을 설명하고자 한다.

동전 던지기의 결과는 두 개의 값의 확률 변수이다. 만약 동전의 양면이 대칭을 이루지만 도안이 다르다면 앞면과 뒷면이 나올 확률은 $\frac{1}{2}$로 서로 완전히 같다. 그렇다면 식 (5-1-2)에 따라 계산한 결과는 다음과 같다.

$$S_{\text{대칭 동전}} = (2 \times 0.5) \times (-\log_2(\frac{1}{2})) = 1 \text{비트}$$

정육면체 주사위를 던진 결과도 확률 변수이다. 주사위는 6개의 면을 가지고 있기 때문에 이 확률 변수의 값은 A, B, C, D, E, F로 그 범위를 기록할 수 있다. 만약 공정한 주사위라면 여섯 개 면이 나올 확률은 서로 동등하고, 각 면이 나올 확률이 모두 $p = \frac{1}{6}$이면 다음과 같은 식이 완성된다.

$$S_{\text{대칭 주사위}} = \sum_{i=1}^{6} p_i(-\log_2(p)) = \log_2 6 > 2\text{비트}$$

동전과 주사위 던지기의 예에서 $-\log_2(p_i)$는 '결과는 특정 면이다'라는 이 사건이 가지고 있는 정보량으로 볼 수 있다. 확률 p_i 합은 1보다 작아서 정보량은 늘 양수이다. 이 두 가지 예로부터 한 가지 흥미로운 사실을 발견할 수 있다. 즉, 동전 던지기에서 앞면이 나올 확률은 $\frac{1}{2}$로 주사위를 던졌을 때 'A'가 나올 확률 $\frac{1}{6}$보다 크다는 것이다. 그러나 전자의 정보량은 1비트로, 2비트보다 큰 후자의 정보량보다 적다. 다시 말해서 확률이 갈수록 작아지는 사건일수록 포함된 정보량은 도리어 점점 많아진다.

이 말은 얼핏 들으면 이상하게 느낄 수 있지만 위에서 여동생이 책을 읽는 것과 관련된 몇 가지 문장과 대조하면 과연 그렇다는 것을 발견할 수 있다. 마지막 한 문장에 포함된 정보량은 첫 번째 문장보다 훨씬 많고, '나의 여동생이 오늘 시내에 있는 학교 도서관에 가서 노자의 책을 읽는다.'가 발생할 확률은 '여동생이 책을 읽는다.'가 발생할 확률보다 확실히 훨씬 작다. 이로부터 '확률이 작으면 정보량이 커진다'라는 원리가 검증되었다.

동전을 대칭으로 만들지 않았다면 두 개의 면이 나올 확률은 달라진다. 예를 들어 '앞'이 나올 확률이 0.99이면, '뒤'가 나올 확률은 고작 0.01이다. 만약 이런 동전을 계속해서 던지다 보면 대부분 앞면이 나올 테니 지루하게 느껴질 수 있다. 그러다 갑자기 '뒷면'이 한 번 나오면 우리는 그것이 더 많은 정보를 주었기 때문에 기분이 좋아질지도 모른다. 이 동전이 앞뒷면을 모두 가지고 있다는 것을 새삼 확인하는 그런 기분이 들 것이다. 이것은 일어날 가능성이 낮은 일이 실제로 일어났을 때 더 많은 정보를 제공할 수 있다는 것을 보여준다.

정보 엔트로피

동전 던지기 혹은 주사위 던지기의 예는 간단하지만 적잖은 문제를 설명해 줄 수 있다. 만약 '여동생이 책을 읽는다.'라고 말하는 이런 문장에 포함된 정보량은 정확히 계산하려면 훨씬 더 복잡할 것이다. 문장 안의 각 단어가 나올 확률은 다소 다르고, 한 마디 속에 포함된 모든 단어의 확률은 일정 방식으로 조합되어 이 문장이 나올 확률을 결정한다. 그래서 섀넌이 제시한 공식 (5-1-2)는 언어 문장에만 적용되는 것이 아니라 일반적인 '정보 소스'도 겨냥하며, 확률 변수 안의 모든 가능한 사건 정보량의 평균값으로 이 확률 변수 '정보 소스'의 정보를 측정한다. 그리고 이것은 정보 엔트로피 혹은 정보 소스 엔트로피, 자기 정보 엔트로피 등으로도 불린다. 앞에서 계산해 얻은 $S_{대칭\ 주사위}$와 $S_{대칭\ 동전}$은 모두 정보 엔트로피이다.

정보 엔트로피를 계산하는 공식 (5-1-2)는 연속 확률 변수로 확장할 수 있으며, 단지 식 (5-1-2)의 시그마 부호를 적분으로 대체하고, $p(x)$로 p_i를 대체하면 된다. 여기서 $p(x)$는 정보 소스의 사건 표본의 확률 분포이다.

  통신은 바로 정보의 전송 과정이고, 간단히 말해서 정보 소스(발신), 정보 채널(전송), 목적지(수신)로 구성된 세 가지 요소를 포함한다. 예를 들어 서현이 준영으로부터 메시지를 받았다면, 준영이 보낸 메시지는 정보 소스이고, 메신저 앱은 채널이며, 서현이 받은 메시지는 목적지이다. 섀넌의 정보 엔트로피는 정보 소스뿐 아니라 정보 채널의 용량, 즉 전송 능력도 설명할 수 있으며, 그의 이론은 통신 문제를 경험에서 과학으로 전환시켰다.

  위에서 열거한 '여동생이 책을 읽는다.'라는 문장의 예는 의미로부터 전달되는 정보의 양을 쉽게 이해할 수 있도록 도와준다. 이런 이해는 사람들의 경험에 기초한 것이고, 어쩌면 정보의 양과도 관련이 있을 수 있지만, 통신 공학 차원에서 말하는 정보량과 완전히 동일하다고 할 수 없다. 과학적인 관점에서 위의 예에 나온 각 문장의 정보 엔트로피는 각 단어의 정보량으로부터 엄격하게 공식을 통해 계산해 낼 수 있고, 해당 문장의 의미로 판단하는 것과 완전히 다르다. 예를 들어 중국어와 영어의 정보 엔트로피를 공학적으로 계산하는 방법은 일상에서 말하는 의미와 관련이 없으며, 영어를 계산할 때는 단어가 아니라 자모를 사용한다. 비록 한자는 한 글자일지라도 의미를 갖지만, 영어의 자모는 한 개만으로 어의를 갖는 경우가 드물다.

  영어는 26개의 자모(공백 제외)가 있고, 모든 자모를 사용할 때 그것들이 각각 나올 수 있는 확률이 서로 같다고 가정한다면 각 자모의 정보량은 다음과 같다.

$$정보량(영어 자모 한 개) = (-\log_2(p_{영어})) = -\log_2(\frac{1}{26}) = 4.7비트$$

한자의 수는 너무 많아서 자주 쓰는 글자만 해도 약 2,500개 정도이다. 만약 각각의 한자가 나올 확률이 같다면 각 한자의 정보량은 다음과 같다.

$$정보량(한자 한 개) = (-\log_2(p_{한자})) = -\log_2(\frac{1}{2500}) = 11.3비트$$

위에서 계산한 영어 자모의 정보량과 한자의 정보량은 모든 원소가 나올 확률이 서로 같다는 것을 가정한 것이다. 하지만 이것은 사실과 전혀 부합하지 않는다. 영어의 26개 자모는 각자 확률을 가지고 있고, 수천 개의 한자가 나올 확률도 크게 다르다. 그래서 문장의 정보 엔트로피를 계산하고자 한다면 그중 각 단어의 확률을 먼저 알아야 한다. '여동생이 책을 읽는다.'라는 예에서 각 한자의 확률을 모른다 해도 뒤에 나오는 문장이 앞에 나오는 거의 모든 '글자'를 포함하고 있고, 이것으로부터 다섯 문장의 정보 엔트로피가 확실히 점점 커진다고 판단할 수 있다.

위의 계산으로부터 알 수 있듯이 평균 확률 분포의 경우 영어 자모 한 개의 정보량이 4.7비트이고, 한자 한 글자의 정보량이 약 11.3비트이다. 이것은 무엇을 의미할까? 영문판과 중문판이 있는 책 한 권이 있고, 두 책 모두 쓸데없는 말을 덧붙이지 않아 표현하는 정보의 총량이 완전히 같다고 가정해 보자. 그렇다면 중문판의 한자 수는 영문판의 자모 수보다 분명히 적어야 한다. 이것이 한자의 장점이라고 할 수 있는지 모르겠지만 영문책을 중국어로 번역한 책의 페이지 수가 좀 더 적은 것만은 확실하다.

섀넌의 이론은 확률론을 도구로 삼기 때문에, 정보 엔트로피는 본질적으로 확률론적 의미의 엔트로피라고 할 수 있다. 통계역학 역시 확률론을 사용한다는 점에서 불확실성을 다룬다는 공통점이 있지만, 통계역학과 열역학의 엔트로피는 주로 거시적인 현상을 미시적인 관점에서 설명하는 데 중점을 두며, 또한 엔트로피가 시간의 비가역성을 표현한다는 물리적 의미를 더 강조한다. 통계 물리학에서의 엔트로피는 계system의 상태량state function이며, 대부분의 경우 전달되는 양으로 사용되지 않는다. 반면, 정보이론에서는 엔트로피가 종종 '전달량(정보의 양)'으로 쓰이기 때문에, 두 엔트로피 개념이 혼동되기 쉽다.

02
엔트로피의 다양한 얼굴들

자기 정보 엔트로피, 조건부 엔트로피, 결합 엔트로피, 상호 정보

섀넌은 확률로 로그를 구한 후의 평균값에 근거해 정보 엔트로피를 정의했다. 만약 하나의 확률 변수만 있을 경우, 예를 들어 하나의 정보원이 있다면, 이는 해당 정보원의 자기 정보 엔트로피를 의미한다. 여러 개의 확률 변수가 있다면 그것들의 조건 확률, 결합 확률 등을 정의할 수 있고, 이것과 서로 대응해서 조건부 엔트로피, 결합 엔트로피, 상호 정보 등이 생긴다. 그들 사이의 관계는 [그림 5-2-1]과 같다.

가장 간단한 상황을 예로 들어보자. 두 개의 확률 변수 X와 Y만 있고, 이 둘이 독립이라면 서로에게 영향을 미치지 않는 두 개의 확률 변수로 간주할 수 있을 뿐이다. 이런 상황에서 [그림 5-2-1(a)]에 나오는 두 개의 원은 교집합이 없고, 변수 X와 Y는 각각 자기 정보 엔트로피 $H(X)$와 $H(Y)$를 갖는다. 만약 두 변수 사이에 상관관계가 있다면, 두 원이 겹쳐지는 정도로 그 연관성을 시각적으로 표현할 수 있다. [그림 5-2-1]의 조건부 엔트로피 $H(X|Y)$는 확률 변수 Y가 정해진 조건 안에서 X의 평균

정보량을 표시한다. 이것과 비슷하게 조건부 엔트로피 $H(Y|X)$는 확률 변수 X가 정해진 조건 아래서 Y의 평균 정보량을 가리킨다. 결합 엔트로피 $H(X|Y)$는 두 개의 변수 X, Y가 동시에 나타나는(동시에 동전과 주사위를 던지는 경우) 정보 엔트로피이다. 즉, 이 두 개의 확률 변수가 동시에 발생할 때 필요한 평균 정보량을 말한다. [그림 5-2-1]에 보이는 두 개 원의 교차 부분 $I(X;Y)$는 상호 정보라고 부르며, 이것은 두 변수 사이의 상호 의존성 정도를 측정하는 것으로 두 확률 변수가 공유하는 정보량으로 볼 수 있다.

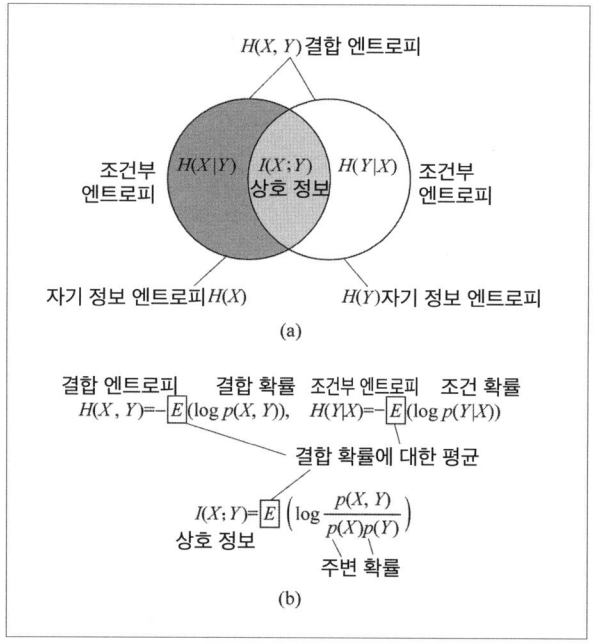

[그림 5-2-1] 자기 정보 엔트로피, 조건부 엔트로피, 결합 엔트로피와 상호 정보 사이의 관계

정보론의 엔트로피는 [그림 5-2-1]의 $H(X)$, $H(Y)$, $H(X|Y)$, $H(Y|X)$ 등처럼 일반적으로 대문자 H로 표시하지만, 상호 정보는 보통 $I(X;Y)$로 표시하고 H를 사용하지 않는다. 그 이유는 그것이 확률 함수의 평균값에서 직접 도출된 것이 아니라 '확률 비율'의 평균값으로 우선 표시되기 때문이다. [그림 5-2-1(b)]의 공식에서 볼 수 있듯이 결합 엔트로피는 연합 확률의 평균값이고, 조건부 엔트로피는 조건 확률의 평균값이지만, 상호 정보는 '결합 확률을 두 개의 주변 확률로 나눈' 값의 평균값이다.

직관적으로 말하자면 엔트로피는 확률 변수의 불확실성의 척도이고, 조건부 엔트로피 $H(X|Y)$는 Y가 주어진 후 여전히 남아 있는 X의 불확실성의 척도이다. 결합 엔트로피는 X와 Y가 함께 나타났을 때 불확실성의 척도이다. 상호 정보 $I(X;Y)$는 Y가 주어진 후 남아 있는 X의 불확실성이 감소하는 정도이다.

상호 정보의 개념은 정보론의 핵심으로 채널의 전송 능력을 측정하는 데 사용할 수 있다. [그림 5-2-2]에서 볼 수 있듯이 정보원(왼쪽)이 발신한 정보는 채널(중간)을 거쳐 목적지(오른쪽)에 전달된다. 정보 소스에서 보낸 신호와 목적지에서 받은 신호는 두 개의 다른 확률 변수이며 각각 X와 Y로 표기한다. 목적지에서 받은 Y와 정보 소스에서 보낸 X 사이의 관계는 두 가지 가능성, 즉 독립 혹은 상호 관련성을 벗어나지 않는다. 만약 Y와 X가 독립적이라면 채널에서 외부 요소의 간섭으로 정보가 완전히 손실되었다는 것을 의미한다. 이때의 상호 정보 $I(X;Y)=0$이고, 수신한 정보는 완전히 불확실하다. 이것은 통신에서 최악의 상황을 의미한다. 만약 상호 정보 $I(X;Y)$가 0이 아니라면 [그림 5-2-2]에 보이는 중첩 부분이 존재하고, 이것은 불확실성의 감소를 뜻한다. [그림 5-2-2]에서 두 원이 중첩하는 부분이 커질수록 상호 정보가 많아지고, 이것은 정보의 손실과 소음이 갈수록 적어지는 것을 의미한다. 만약 Y와 X가 서로 완전히 의존한다면 이 둘의 상호 정보는 최대로 많아지고, 이것은 그들 각자의 자기 정보 엔트로피와 같다.

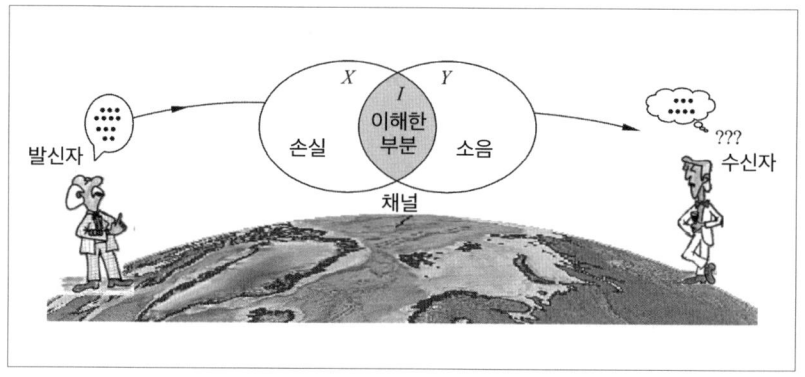

[그림 5-2-2] 정보 전송 과정에서의 상호 정보

상호 정보의 본질 역시 엔트로피이고, 두 개의 확률 변수 X와 Y가 그들의 결합 엔트로피에 대한 상대 엔트로피로 표현될 수 있다. 상대 엔트로피는 상호 엔트로피, 교차 엔트로피, KL 발산 등으로도 부를 수 있다.

우선 확률 변수 X에 대해 두 확률 함수 $p(x)$, $q(x)$가 있을 때 상대 엔트로피는 다음과 같이 정의된다.

$$D(p\|q) = \sum_{i=1}^{n} p(x)\log \frac{p(x)}{q(x)}$$

상호 정보의 경우 [그림 5-2-1(b)]의 $I(X;Y)$ 표현식처럼 두 확률 변수 X와 Y에 의해 정의되며, 상대 엔트로피로 볼 수도 있다. 어느 정도는 두 확률 변수 사이의 거리를 측정하는 지표로 간주할 수 있다.

두 확률 변수의 상호 정보는 확률론에서 자주 쓰는 상관 계수와 다르다. 상관 계수는 두 확률 변수의 선형 의존 관계를 나타내지만, 상호 정보는 일반적인 의존 관계를 말한다. 상관 계수는 일반적으로 수치 변수에만 사용하고, 상호 정보는 부호로 표시되는 확률 변수를 포함해서 더 광범위하게 사용될 수 있다.

03
쥐와 독약 문제

흥미로운 수학 문제 중에 정보 엔트로피와 관련된 것이 많은데 그중에서 먼저 '쥐와 독약'의 문제를 소개하고자 한다.

1부터 100까지 번호가 매겨진 똑같이 생긴 병 100개가 있다. 그중 99개의 병에는 물이 들어 있고, 한 개의 병에만 독약을 탄 물이 들어 있다. 쥐가 독약이 든 물을 한 모금 마시면 하루 만에 죽을 수 있다. 현재 당신에게 일곱 마리의 쥐와 하루의 시간이 주어진다면 어느 번호의 병에 독약이 들어 있는지 어떻게 알아낼 수 있을까?

이 문제를 '문제 1'이라고 부르겠다. 이 문제를 해결한 방법은 이진법 응용의 고전적인 사례라고 말할 수 있다.

우선, 병의 십진법 일련번호를 일곱 자리의 이진법 코드로 바꾼다. 그런 후에 첫 번째 쥐가 이진법 코드의 첫 번째 자리가 1인 병의 물을 마시게 하고, 두 번째 쥐는 이진법 코드의 두 번째 자리가 1인 병의 물을 마시게 하고… 이런 방식으로 실험을 반복하면, 쥐들이 다음 날 생존하거나 죽는 과정을 통해 특정한 이진 코드가 형성된다. 즉, 쥐가 죽으면 1에 대응하고, 그 반대라면 0에 대응하는 식으로 일곱 마리 쥐의 생사를 한 줄로 배열하는 것이다. 예를 들어 결과를 생사로 나눴을 때 '사생사사생생사'이면 독이 든 병의 이진법 라벨은 바로 1011001이고, 이것을 십진법으로 변환하면 89가 나온다.

이 문제는 다양한 매개 변수 측면에서 여러 가지로 확장과 일반화를 할 수 있고, 각 상황의 답을 구하기까지 필요한 시간이 달라질 수 있다. 예를 들어 우리가 문제에 약간의 변화를 주면, 그것이 바로 '문제 2'가 된다.

똑같이 생긴 100개의 병이 있고, 각 병마다 일련번호가 1부터 100까지 매겨져 있다. 그중 99개의 병에는 물이 있고, 한 개의 병에는 독약을 탄 물이 들어 있다. 쥐가 그 독약을 탄 물을 한 모금 마시기만 하면 하루 뒤에 죽게 된다. 지금 당신에게 이틀의 시간이 주어진다면 당신은 독이 든 병을 알아내기 위해 적어도 몇 마리의 쥐가 필요할까?

원래 문제와 비교해 봤을 때 이 문제에 두 가지 변화가 있다는 것을 알 수 있다. 하나는 당신에게 주어진 시간이 하루 더 늘어났다. 쥐가 독약을 마시면 하루 뒤에 죽기 때문에 이 이틀은 두 번의 실험을 할 수 있다는 것을 의미한다. 이것은 당신에게 추가로 주어진 시간 축(실험 횟수)이고, 더 적은 수의 쥐를 이용해 똑같은 목표에 도달할 수 있게 해 줄 수 있다. 두 번째는 문제를 제기하는 방식이다. 이번에는 '당신은 적어도 몇 마리의 쥐가 필요합니까?'라고 물었고, 이런 종류의 질문에 대한 대답은 최솟값만 추정하면 충분하다. 실험에 필요한 쥐가 많을수록 유리하지만, 고용주는 돈을 주고 그것을 사야하기 때문에 경제적 효익을 고려해야 한다. 그렇다면 합리적 방안을 어떻게 정할 것인가? 이럴 때가 바로 정보론이 등장할 적기이다.

정보론을 이용한다고 해도 실제로 그것의 고차원적 이론을 적용하는 것은 불가능하며 단지 섀넌이 정의한 계산 정보량(엔트로피)의 공식을 적용할 수 있을 뿐이다. 소 잡는 칼로 닭을 잡는 것처럼 쓰임에 맞지 않는 모양새이지만 소 잡는 칼의 날카로운 칼끝으로 작은 구멍을 내는 것도 나쁘지 않다. 섀넌에게 감사하고 싶은 점은 그가 정량 연구의 과학 분야에서 원래 모호했던 정보 개념에 정량화를 적용하는 천재적인 공헌을 해 준 것이다. 그 덕에 우리는 수학 문제를 풀 때 소 잡는 칼로 작은 시도를 해 볼 수 있게 되었다.

이 문제뿐 아니라 뒤에서 소개할 '공의 무게 문제'도 모두 이 '소 잡는 칼'의 도움을 어느 정도 받을 수 있다. 실제로 필자는 수많은 수학 문제의 해결이 이 '소 잡는 칼', 즉 정보와 관련되어 있다고 보고 있다. 정보의 관점에서 문제를 분석하면 높이 올라가 멀리까지 볼 수 있기 때문에 문제를 더 깊이 이해할 수 있고, 다양한 학문을 더 쉽게 통합해 다른 사람의 경험을 거울삼아 자신을 발전시키는 효과를 낼 수 있다.

과학(수학에만 국한되지 않는다) 분야의 대다수 연구는 본질적으로 '정보'를 처리하는 과정이기도 하다. 쓸모없는 정보를 버리고 모든 방법을 동원해 정확하고 유용한 정보를 얻어 원래 문제 속에 존재하는 불확정성을 제거하고 더 정확한 과학적 규칙을 얻는 것이다.

섀넌의 정보 개념에 근거해 정보는 부정확성을 제거할 수 있다. 우리는 수학 문제를 해결할 때도 부정확성을 제거하고 정확한 답을 얻어야 한다. 단지 '쥐 문제'만 이런 것이 아니라, 대다수 문제도 결국 많든 적든 '부정확성'을 제거하는 과정이라고 볼 수 있다. 따라서 우리는 섀넌의 도구를 빌려 우리의 문제 안에 어느 정도의 부정확성이 존재하는지 연구할 수 있다. 다시 말해서 어느 정도의 정보량이 있어야 문제를 해결할 수 있는지, 문제가 제한하는 수단에 따라 얻을 수 있는 정보량이 달라지는 문제를 어떻게 완벽하게 해결할 수 있는지 연구할 수 있다.

쥐와 독약에 관한 문제를 구체화해 보자. 100개의 병 가운데 한 개의 병에는 독이 들어 있다. 그렇다면 각 병마다 독이 들어 있을 확률은 $\frac{1}{100}$이다. 이때 독이 든 병을 확정하기 위해 필요한 정보량은 $H = -(p_1 \log p_1 + p_2 \log p_2 + \cdots + p_{100} \log p_{100})$이다. 모든 병은 완전히 동일하기 때문에 이것은 등확률 문제이고, $p_1 = p_2 = \cdots = p_{100} = \frac{1}{100}$이며, $H = -\log(\frac{1}{100})$이다.

이제 쥐로부터 얻을 수 있는 정보량을 계산해 보자.

우선 '문제 1'을 고려했을 때 주어진 시간은 하루이다. 하루가 지나면 모든 쥐는 죽거나 살게 되므로 1비트의 정보를 제공할 수 있다. 그러나 일곱 마리의 쥐는 7비트의 정보를 제공할 수 있다.

위에서 언급한 독이 든 병을 확정하는 데 필요한 정보량 H의 공식을 다시 살펴보면 다음과 같다.

$$H = -\log(\frac{1}{100}) < -\log(\frac{1}{128}) = 7비트$$

따라서 '문제 1'은 당연히 해결이 가능해야 하며, 이 가능성은 정보론에서 온다. 실제로 해결 가능성뿐 아니라 정보량의 비트 수를 계산하는 이런 방법은 우리의 사고를 확장하도록 도와준다. 문제를 해결할 때 다른 사람이 문제를 해결하는 방법을 배우는 것도 물론 중요하지만, 다른 사람이 이런 방법을 어떻게 생각해 냈는지 깊이 연구해 보는 것이 더 중요할 수도 있다. 예를 들어 이 '쥐와 독약 문제'에 대해 이진법을 생각해 냈다면 이 문제는 답을 찾기 쉬워진다. 그렇지 않으면 답을 찾기 위해 속수무책으로 오랜 시간을 궁리하는 수밖에 없다.

'문제 2'에 대해 다시 논의해 보자. '문제 2'에 필요한 정보량 H의 계산은 '문제 1'과 동일하다. 그렇지만 각 쥐로부터 얻을 수 있는 정보량의 계산은 다소 다를 수 있다. 그 이유는 우리가 이 '문제 2'를 어떻게 해결할지에 대해 아무 말도 하지 않았기 때문이다.

'문제 2'와 '문제 1'의 차이는 쥐가 연이어 두 번의 실험에 참여할 수 있다는 것뿐이다. '문제 1'에서는 한 번의 실험으로 쥐는 오직 생존 또는 사망, 두 가지 상태 중 하나만 가질 수 있다. 따라서 이용할 수 있는 정보량은 1비트이다. 만약 두 번의 실험을 할 수 있다면 그 실험에서 생사의 가능성을 따져봤을 때 논리적으로 네 가지의 가능성이 나온다. 바로 생생, 생사, 사생, 사사이다. 그러나 그중에서 세 번째 상황인 사생은 발생할 수 없다. 첫날 실험에서 죽은 쥐는 두 번째 실험 후 또 살아날 리 없기 때문이다. 그래서 우리는 첫날 실험에서 죽은 쥐를 두 번째 실험에서 제외해야 한다. 결과적으로 '문제 2'의 경우 쥐는 세 가지 상태를 갖게 되고, 각각의 확률은 $\frac{1}{3}$이다. 그래서 각 쥐로부터 얻은 정보량은 $S = -(\frac{1}{3}\log(\frac{1}{3}) + \frac{1}{3}\log(\frac{1}{3}) + \frac{1}{3}\log(\frac{1}{3})) = \log 3$이다. 만약 이 식의 로그가 3을 밑으로 취한다면 각 쥐가 얻을 수 있는 정보량은 삼진법 수이다.

쥐가 몇 마리나 되어야 총 정보량이 log100보다 클까? 방정식을 풀면 다음과 같다.

$$k \times \log 3 > \log 100 \Rightarrow 3^k > 100, k \geq 5$$

따라서 적어도 다섯 마리는 있어야 하고, 이것이 바로 '문제 2'의 해법이다.

'문제 2'는 이미 해답이 나와 있다. 실험에는 최소한 5마리의 쥐가 필요하다. 게다가 이론적으로 보았을 때, 5마리의 쥐가 제공할 수 있는 최대 정보량은 검사 가능한 병의 수로 환산하면 $3^5 = 243$으로, 이미 100을 훨씬 초과한다. 여유가 충분하므로 실제로 구현하는 데 큰 어려움은 없을 것이다.

그러나 어찌 됐든 다섯 마리 쥐가 독이 든 병을 판단할 수 있을지는 구체적인 실험 방안을 생각해 내야 정확히 결론을 내릴 수 있다. 따라서 우리는 계속해서 '문제 3'('문제 2'의 확장)에 대해 고민해야 한다. 즉, 두 번의 실험을 할 수 있다는 조건에서 독이 든 병을 어떻게 찾을 수 있을까?

방금 정보량을 계산하는 방법을 거슬러 가면 '문제 1'의 최적의 답은 이진법와 관련된 실험 방법으로 얻어졌다. '문제 2'에서 쥐의 수에 관한 하한을 추정할 때 삼진법을 사용했다. 그렇다면 두 번의 실험을 할 수 있는 조건하에 독이 든 병을 찾아내는 최적의 방안은 삼진법과 관련이 있을까?

일단 시도해 보자. 우선 병의 번호를 다섯 자리인 삼진법으로 변환한다. 왜 다섯 자리일까? 쥐가 다섯 마리라서? 맞다. 같은 이유로 가장 큰 십진법 번호 100은 '다섯 자리의 삼진법'으로 표시해야 한다. 이 100개의 다섯 자리 삼진법 번호는 다음과 같다.

00001,

00002,

00010,

00011,

00012,

00020,

00021,

00022,

⋮

10201

첫 번째 실험: 왼쪽에서 오른쪽 순으로 첫 번째 쥐에게 삼진법 코드의 첫 자리가 2인 모든 병의 물을 마시게 한다. 두 번째 쥐에게 삼진법 코드의 두 번째 자리가 2인 모든 병의 물을 마시게 하고… 계속해서 같은 방식을 이어간다. 이렇게 해서 다음 날 나타난 모든 쥐의 생사는 독이 든 병의 삼진법 코드의 해당 자리 숫자가 2인지에 대한 여부를 결정짓는다. 즉, 쥐가 죽으면 2, 쥐가 살면 1 또는 0이다.

첫 번째 실험에서 죽은 쥐의 죽음은 헛되지 않다. 그 쥐의 죽음은 독이 든 병의 삼진법 코드의 해당 자리 숫자가 2인지를 결정짓는다. 비록 이 쥐는 '2' 때문에 희생되지만, 그 덕에 그 숫자가 어느 자리에 있는지 알 수 있다.

첫 번째 실험에서 죽지 않은 쥐는 헛된 모험을 한 게 아니며, 우리를 위해 정보를 제공했다. 독이 든 병의 삼진법 코드의 해당 자리 숫자가 2가 아니라는 것을 알려주었기 때문이다. 따라서 우리는 삼진법 코드 중 해당 자리 숫자가 2인 병을 독이 들어있지 않은 것으로 확신해 제외시킬 수 있다.

두 번째 실험: 첫 번째 실험에서 살아남은 쥐에게 삼진법 코드의 특정

자리 숫자가 1인 병의 물을 마시게 한다. 하루가 지난 후 쥐의 생사는 독이 든 병의 삼진법 코드 중 해당 자리의 숫자가 1 혹은 0인지를 결정한다. 즉, 쥐가 죽으면 1, 살면 0이다.

이 문제는 더 일반적인 문제로 확장해 유추할 수 있다. n개의 물병이 있고, 그중에 한 개의 병에 독이 들어 있다. 쥐가 독이 든 물을 마시면 하루 뒤에 죽는다고 가정해 보자. 그리고 당신에게 i일의 시간과 k마리의 쥐가 주어진다. 그렇다면 n의 최대치는 얼마일까? 어떻게 실험해야 독이 든 물병을 찾아낼 수 있을까?

그 답은 다음과 같다. i일의 시간이 있다면, 당신은 i번의 실험을 할 수 있다. 죽은 쥐는 실험에 참여할 수 없기 때문에 i번 실험 후 쥐가 제공하는 가능한 상태는 총 $(i+1)$개다. 즉, 첫 번째 실험에서 죽기, 두 번째에서 죽기, 세 번째에서 죽기… i번째에서 죽기, 계속 살아있는 것이다. 추정할 수 있는 최대 물병 수 $n=(i+1)^k$이다. 검사 방법은 다음과 같다. 모든 병을 k자리의 $(i+1)$진법 수로 코딩한 후 위에서 설명한 $i=2$와 유사한 과정을 따르면 i일 후에 k마리 쥐의 상태에 근거해 독이 든 물병의 $(i+1)$진법 값을 확정할 수 있다.

정보론을 이용해 쥐가 독이 든 물을 마시는 문제를 해결하는 과정을 통해 우리는 과학적 사고방식의 중요성을 다시금 깨닫게 된다.

04
공 모양이 다르다? 저울 문제

정보론을 수학 문제에 응용하는 또 다른 예로 우리는 '공의 무게 재기' 문제를 분석해 보려 한다.

공의 무게를 재는 이 문제는, 저울을 최대 k번 사용하여 n개의 공 가운데 유일하게 표준 무게와 다른 불량 공을 찾아내는 것이다. n은 최대 몇 개여야 할까? 어떻게 찾아야 할까? 불량 공과 관련해 일반적으로 세 가지 경우의 수가 있다.

(1) 불량 공의 무게를 이미 알고 있음.
(2) 불량 공의 무게를 모르고, 찾아내서 무게를 확인해야 함.
(3) '무게'를 확인할 필요가 없음.

정보 엔트로피의 개념을 이용해 이 세 가지 상황에서 n의 최댓값을 계산할 수 있고, 문제 해결을 위해 계산법을 찾아가는 과정을 도울 수 있다.

(1) 불량 공의 무게를 이미 알고 있다면, 이때 n의 최댓값은 3^k이다.

(2) 불량 공의 무게를 모르고, 찾아내서 무게를 확인해야 하며, 이때 n의 최댓값은 $(3^k-3)/2$이다.

(3) '무게'를 확인할 필요가 없으면, 이때 n의 최댓값은 $(3^k-1)/2$이다.

먼저 첫 번째 질문부터 분석해 보도록 하자. 더 직관적으로 설명하기 위해 $k=3$으로 설정한다. 바꿔 말해서 우리의 구체적인 질문은 어떻게 하면 저울로 3번 재서 27개의 공 가운데 유일하게 살짝 가벼운 공을 찾아낼 수 있는지 묻는 것이다.

27개의 공 가운데 한 개의 공만 살짝 가볍다면 발생할 수 있는 상황은 27가지이고, 각 공이 불량일 확률은 $\frac{1}{27}$이다. 앞에서 언급한 쥐의 약물 테스트에서 '어느' 쥐인지 확정할 때처럼 필요한 총 정보량은 $\log 27$이다.

이 문제의 판단 수단은 저울로 제한된다. 그렇다면 저울을 한 번씩 달 때마다 최대 얼마나 많은 정보량을 제공할 수 있을까? 혹은 문제를 해결하기 위해 얼마나 많은 불확정성을 제거할 수 있을까? 저울을 한 번 달아본 후 세 가지 결과를 얻을 수 있다. 즉, 왼쪽이 가볍고 오른쪽이 무거운 경우(A), 왼쪽이 무겁고 오른쪽이 가벼운 경우(B), 양쪽이 평형을 이루는 경우(C)이다. 연이어 세 번을 잰 후 제거한 불확정성은 $3 \times \log 3 = \log 27$이다.

위의 분석에 근거해 이 문제에서 공의 무게를 판정할 때 필요한 정보량은 저울을 3회 달아서 얻을 수 있는 정보량과 정확히 일치한다. 따라서 최적의 조작 방법을 사용하면 이 문제는 해결이 가능하다.

정보론에서 얻은 추정으로 우리에게 문제 해결의 희망이 생긴 이상 한번 시도해 보도록 하자.

저울은 삼진법과 관련이 있는 듯하니 우리는 먼저 삼진법을 최우선으로 선택하고, 27개의 공에 삼진법 코드가 적힌 라벨을 붙인다.

000, 001, 002, 010, 011, 012, 020, 021, 022,
100, 101, 102, 110, 111, 112, 120, 121, 122,
200, 201, 202, 210, 211, 212, 220, 221, 222.

삼진법 코드 중 첫 번째 자리(왼쪽)가 0인 아홉 개의 공을 저울 왼쪽에 놓고, 첫 번째 자리가 1인 아홉 개의 공을 저울 오른쪽에 놓은 후 무게를 잰다. 만약 저울이 균형을 이루면 불량 공의 삼진법 첫 번째 자리는 2이고, 왼쪽이 가볍고 오른쪽이 무거우면 첫 번째 자리는 0이며, 왼쪽이 무겁고 오른쪽이 가벼우면 첫 번째 자리는 1이 된다. 요컨대 이 한 번으로 불량 공의 삼진법 코드 첫 번째 자리 숫자가 결정된다.

이어서 이와 같은 방법으로 유추해 보면 불량 공의 삼진법 코드 각 자리의 숫자를 하나하나 확정 지으며 문제를 해결할 수 있다. 이런 첫 번째 유형의 문제는 임의로 k번의 무게를 재는 상황으로 쉽게 확장할 수 있다.

다음은 공 무게를 측정하는 두 번째 유형의 문제를 분석해 보자. 불량 공의 무게를 모르니 결국 무게를 확정해야 할 상황이 필요하다. 구체적으로 말하자면 저울로 무게를 3회 재고, 12개 공 가운데 어느 공이 '무게를 모르는' 유일한 불량품인지 찾아내야 한다.

두 개의 질문을 비교해 보면 모두 저울을 사용하는 공통점을 가지고 있다. 따라서 저울로 3회를 달아 제공할 수 있는 최대 정보량은 여전히 $\log 27$이다. 다른 점은 불량품을 찾는 데 필요한 정보량을 계산하는 방법이다.

현재 찾아야 하는 불량 공은 무게를 모르는 상황이기 때문에 모든 공에 대한 부정확성이 증가했고, 이것은 판정할 수 있는 공의 수가 크게 감소하는(27에서 12로 감소) 원인이기도 하다.

이제 이 12개의 공 가운데서 가볍거나 무거운 하나의 불량 공이 있을 수 있는 다양한 가능성을 생각해 보자. 만약 이 공이 더 가벼운 불량품이라면 '-'로 기록하고, 더 무거운 불량품이면 '+'로 기록한다. 이를 통해 가능한 불량품 분포 상황은 1+, 1-, 2+, 2-, …, 12+, 12-로 총 24개이고, 필요한 정보량은 $\log 24$이다. 이 수치는 3회 저울을 달아서 제공할 수 있는 최댓값보다 작으므로 해답이 존재할 가능성이 있다. 그렇다면 한번 시도해 보도록 하자.

12개의 공에 다음과 같이 코드 번호를 부여한다.

(000+, 000-), (001+, 001-), (010+, 010-), (011+, 011-),

(100+, 100-), (101+, 101-), (110+, 110-), (111+, 111-),

(200+, 200-), (201+, 201-), (210+, 210-), (211+, 211-)

여기서 일부 삼진법의 코드 번호를 추출하는 것 외에도 각 공에 (+, -) 두 가지 라벨을 붙여 이 공이 '가볍거나 무거운' 불량품일 두 가지 가능성을 표시한다. 이것은 다른 방식의 인코딩으로 변환하더라도 그 본질적인 정보는 동일하게 유지된다.

그런 후 첫 번째 자리가 0인 네 개의 공(첫 번째 줄)을 저울 왼쪽에 두고, 첫 번째 자리가 1인 네 개의 공(두 번째 줄)을 저울 오른쪽에 두어 첫 번째 무게를 1회 잰다.

(1) 저울이 오른쪽으로 기울면 첫 번째 줄의 어떤 공이 가볍거나 혹은 두 번째 줄의 어떤 공이 무겁기 때문일 수 있다. 즉, 000-, 001-, 010-, 011-, 100+, 101+, 110+, 111+이다.

(2) 반대로 저울이 왼쪽으로 기울면 첫 번째 줄의 어떤 공이 무겁거나 혹은 두 번째 줄의 어떤 공이 가볍기 때문이다. 즉, 000+, 001+, 010+, 011+, 100-, 101-, 110-, 111-이다.

(3) 저울이 균형을 이루면 불량 공은 '무게를 전혀 모르는' 세 번째 줄에 있는 4개의 공(200, 201, 210, 211) 가운데 있다. 비록 4개의 공이지만 8가지의 가능성이 존재한다. 즉, 200+, 200-, 201+, 201-, 210+,

210-, 211+, 211-이다.

앞의 두 상황은 비슷하며, 모두 불량 공을 '무게에 대해 절반만 알고 있는' 8개의 공으로 제한한다. 무게에 대해 절반만 안다는 것은 이 공에 이미 확정된 추가 라벨(+ 혹은 -)이 붙어 있기 때문이다. 예를 들어 (000-)의 코드 번호가 부여된 공은 '무게에 대해 절반만 알고 있는' 공이고, (000)의 코드 번호가 부여된 공은 '무게를 전혀 모르는' 공이다. (000-)의 경우 이 공이 불량품인지 아직 확정되지 않았다 해도 확실한 것이 한 가지 있다. 만약 불량품이라면 그 공은 더 가벼운 불량품일 수밖에 없다는 것이다. 반면에 (000)은 '가벼운 불량품' 혹은 '무거운 불량품'이라는 두 가지 가능성을 가지고 있다. 따라서 '무게에 대해 절반만 알고 있는' 공은 '무게를 전혀 모르는' 공보다 부정확성이 반으로 줄어들며, 판정에 필요한 정보량도 절반이 된다.

저울이 불균형 상태일 때 문제는 2번의 무게를 재는 과정에서 무게를 절반만 아는 4개의 '가벼운 공'과 무게를 절반만 아는 4개의 '무거운 공' 중에서 불량 공을 찾아내는 것으로 전환된다.

이를 해결하기 위해 2개의 가벼운 공과 1개의 무거운 공을 저울의 한 쪽에 올려 두고, 또 다른 2개의 가벼운 공과 1개의 무거운 공을 거울의 다른 쪽에 둔다. 두 번째 측정을 마치면, 문제는 '한 번의 측정으로 세 개의 절반만 무게를 아는 공 중에서 불량품을 찾아내는 문제'로 환원된다.

이 문제는 데이비드 J.C. 맥케이 David J. C. MacKay의 정보론 책에 나와 있고, 그의 책에 나온 [그림 5-4-1]을 보면 공의 무게를 다는 과정이 명확하게 설명되어 있기 때문에 여기서 더는 반복하지 않겠다.

한 가지 짚고 넘어가야 할 것은 저울이 균형이 잡힌 상태에서 두 번째 무게를 잴 때 첫 번째 무게를 잰 후 확정한 기준의 공, 즉 저울 위의 8개의 공이 필요하다. 기준 공은 정보를 제공할 수 있고, 각 기준 공은 무게를 측정할 때마다 최대 1비트의 정보를 제공할 수 있다.

다음은 세 번째 유형의 공의 무게를 측정하는 문제에 대한 분석이다. 이 문제는 저울로 세 번의 무게를 측정하고, 13개의 공 가운데 '무게를 모르는' 유일한 불량품을 찾아내야 한다.

두 번째 문제와 유사하게 13개의 공에 아래처럼 코딩 번호를 부여한다.

(000+, 000−), (001+, 001−), (010+, 010−), (011+, 011−),
(100+, 100−), (101+, 101−), (110+, 110−), (111+, 111−),
(200+, 200−), (201+, 201−), (210+, 210−), (211+, 211−),
(222+, 222−)

두 번째 문제와 다른 점은 저울의 균형이 잡혀 있을 때 일어나는 상황이라는 것이다. 이때 5개의 공과 10개의 상황으로부터 불량품을 찾아내야 한다.

(200+, 200-), (201+, 201-), (210+, 210-), (211+, 211-), (222+, 222-)

5개 공 가운데 3개를 저울 한쪽에 올려두고, 3개의 기준 공을 또 다른 한쪽에 올려둔다. 저울이 불균형한 상황에서 마지막 한 번의 무게 측정법은 두 번째 유형의 문제와 서로 동일하며, 다른 점은 저울의 균형이

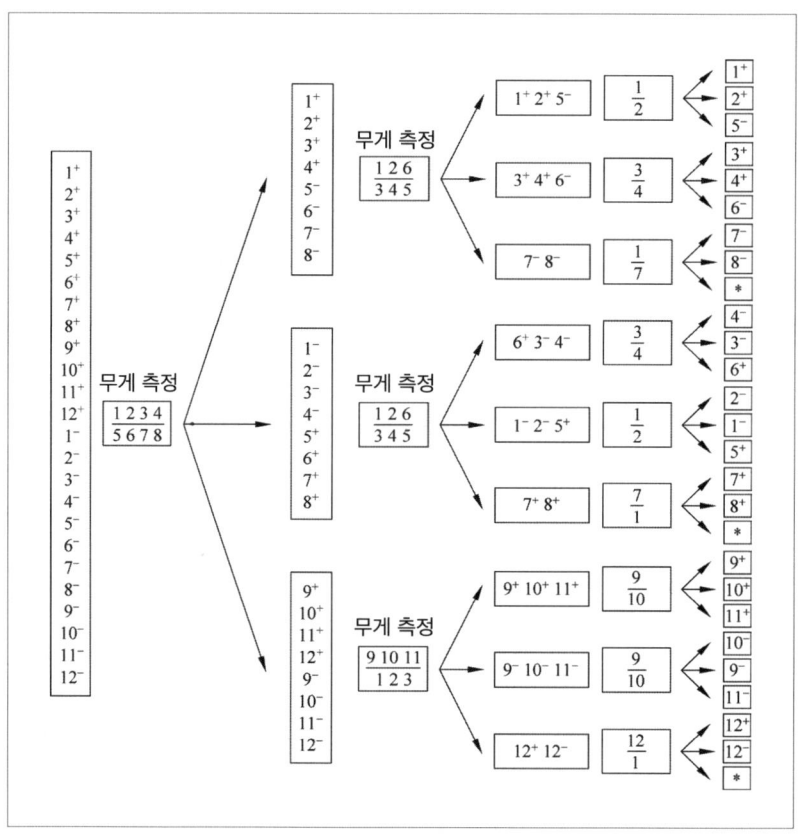

[그림 5-4-1] 정보론과 공의 무게 문제

맞는 상황이라는 것뿐이다.

 저울의 균형이 잡혀 있는 상황에서 무게를 모르는 2개의 공이 남아 있다. 우리는 사용할 수 있는 기준 공이 있기 때문에 확정을 기다리는 2개의 공 가운데 하나를 골라 기준 공과 비교해 본다. 만약 균형이 맞지 않으면 이 공은 불량이고, 그 무게를 알 수 있다. 만약 균형이 맞으면 다른 하나의 공은 불량이지만 무게를 판정할 수 없다.

05
모든 달걀을 한 바구니에 담지 마라

앞서 소개한 정보 엔트로피를 사용하여 수학 문제를 푸는 두 개의 사례에서 우리는 늘 '최적의 방법'을 사용하라고 말한다. 최적화된 조작 방법을 사용해야 비로소 정보론에서 예상하는 상한선에 도달할 수 있기 때문이다. 여기서 말하는 최적의 방안은 정보론에서 말하는 '최대 정보 엔트로피'와 관련되어 있다.

최대 정보 엔트로피는 무엇일까? 그것은 열역학 및 통계 물리학의 엔트로피 증가 원리에서 유래한다. 이 문제를 명확히 하려면 너무 방대한 정보가 필요하기 때문에 여기서는 간략한 소개로 마무리하고자 한다.

일반적으로 말해서 최대 정보 엔트로피 원리는 바로 당신이 어떤 확률 과정에 대해 충분히 이해하지 못했을 때 확률 분포에 대한 추측이 정보 엔트로피를 최대로 만들려는 것이다. 엔트로피가 최대가 된다는 것은 사물의 가능한 상태의 수가 가장 많고, 복잡도가 가장 높아졌을 때를 의미한다. 바꿔 말해서 임의의 사건에 대한 예측은 전체 제약 조건을 만족시킨 상태에서 다양한 가능성을 유지해야 한다.

당신의 여자 친구가 자신의 생일이 몇 월인지 맞혀보라고 말한 상황을 가정해 보자. 만약 당신이 그녀가 태어난 지 얼마 안 돼서 가을을 배경으로 찍은 사진을 본 적이 있다면, 당신은 그녀의 생일이 여름일 확률이 비교적 높다고 추측할 수 있다. 만약 당신에게 아무런 정보도 없다면, 일 년 중 모든 달에 동일한 확률로 가능성을 부여해야 한다. 또 다른 예로 주식을 사서 투자를 할 때 전문가는 당신에게 다양한 유형의 주식을 매수하라고 제안할 것이다. 투자 전문가라면 누구나 '계란은 한 바구니에 담지 마세요!'라고 말한다. 사실 이 말은 당신에게 최대 엔트로피 원리를 따르라고 경고하는 것과 같다. 예측하기 어려운 주식 시장의 경우 가장 좋은 전략은 예측 위험을 낮추기 위해 다양한 가능성을 가능한 한 많이 남겨두어야 한다.

'쥐와 독약 문제'에서는 각 쥐에게 동일한 개수의 병에 담긴 물을 마시게 했고, 공의 무게를 재는 문제에서는 저울의 '좌, 우, 평형'을 위해 양쪽에 올려놓는 공의 수를 동일하게 하였다. 이 모든 것이 최대 정보 엔트로피 원리를 고려해 선택한 최적의 전략이다.

최대 엔트로피 원리

열역학과 통계 물리학에는 열역학 제2법칙, 즉 엔트로피 증가의 원리가 있고, 정보론에는 최대 엔트로피 원리가 있다.

우리는 일상생활 속에서 확률 변수, 즉 동전이나 주사위 던지기처럼 결과가 불확실한 사건을 자주 접한다. 또한 A 축구팀과 B 축구팀이 경기를 하면 그 결과는 지거나 이기는 것 둘 중 하나다. 내일의 날씨는 맑거나, 비가 오거나, 구름이 많이 끼거나 할 수 있다. 주식 시장에서 15개 대기업의 주가가 반년 후 어느 범주 안의 어떤 값이 될 수도 있다. 그러나 대다수 상황에서 사람들은 확률 변수의 확률 분포를 전혀 모르거나 혹은 전혀 모르는 어떤 사건의 일부만을 알 뿐이다. 때로는 이런 단편적인 조건에 근거해 사건의 발생 확률을 추측해야 한다. 이런 상황에서 정확히 맞출 때도 있지만 그렇지 못할 때도 생긴다. 제대로 못 맞추면 약간의 손해를 보기도 하지만, 정확히 맞추면 큰돈을 벌 수도 있다. 사건 발생의 무작위성 및 예측 불가능성은 바로 카지노의 기계가 계속해서 돌아갈 수 있도록 도박꾼들을 떠나지 못하게 만드는 심리의 근원이다.

사람들은 어떤 사건이 발생할 확률을 추측할 때 많든 적든 모두 주관적인 판단을 따르고, 사람마다 생각하는 방식이 다르다. 만약 합리적으로 생각할 줄 아는 사람이라면 먼저 자신이 아는 모든 조건을 충분히 활용해 판단을 내리려 할 것이다. 예를 들어 유진은 A팀이 지난 10번의 시합에서 3번을 이겼고, B팀은 10번에 시합에서 5번을 이긴 전력이 있다는 사실을 알고 있다. 그렇다면 그는 당연히 B팀에 베팅할 것이다. 반대 상황이라면 유진의 선택도 반대가 되어야 한다. 그러나 지수는 B팀의 핵심 주전선수가 지난달 A팀으로 이적했다는 정보를 추가로 알고 있다. 그렇다면 그는 이번 시합에서 A팀이 이길 가능성이 더 크다고 판단할 것이다.

이미 알고 있는 정보를 최대한 활용하는 것 외에도 따라야 할 또 다른 객관적인 규칙이 존재할까? 즉, 어떤 사건의 알려지지 않은 부분에 대해 사람들은 어떻게 추측할 수 있을까? 사람들은 '마땅히' 어떻게 추측해야 할까? 유진이 대기업 중 열다섯 곳의 주식을 살 계획이라고 가정해 보자. 만약 그가 이 기업들에 대해 아는 게 아무것도 없다면 그는 열다섯 개의 주식을 똑같은 비율로 사는 투자 방법을 선택할 가능성이 크다. 만약 주식 전문가가 그에게 그중 B 기업의 잠재력이 가장 크고, 그다음은 G 기업이라고 알려줬다면 그는 B와 G 기업에 더 많은 돈을 투자하고, 남은 돈을 열세 개 주식에 골고루 투자할지도 모른다.

위에서 언급한 예는 기본적으로 사람들의 상식에서 벗어나지 않는다. 그러나 과학자들은 그 가운에 대자연의 오묘한 이치가 숨겨져 있다는 것을 알아챘다. 대자연의 가장 오묘한 규칙 중 하나는 최소 작용량의 원리이다. 다시 말해서 모든 일은 최적의 상태로 움직이려는 경향을 보인다. 통계 규칙에서 확률 변수도 특정 극한값의 규칙을 따를 수 있다.

앞서 말했듯이 확률 변수의 정보 엔트로피는 변수의 확률 분포 곡선과 대응한다. 그렇다면 확률 변수가 따르는 극한값 규칙도 어쩌면 엔트로피와 관련이 있을 수 있다. 정보 엔트로피는 열역학 엔트로피에서 오고, 정보 엔트로피의 '불확정성 정도의 측정'도 열역학 엔트로피를 설명하는 데 사용할 수 있다. 물론 열역학(물리)에 존재하는 불확정성의 출처는 다양하므로 반드시 하나하나 구체적으로 분석할 필요는 있다. 고전적 뉴턴 역학은 확정된 것이지만 너무 작은 미립자의 상황을 알거나 추적할 수 없기 때문에 이 부분에서 불확정성이 존재한다. 그 이유를 따져 보면 측정 기술이 추적을 가로막는 것일 수도 있고, 입자 수가 너무 많아서 그럴 수도 있다. 아니면 우리가 주관적으로 귀찮아서 추적하지 않았거나, 생각해 볼 가치가 없다고 여겨서일지도 모른다. 어쨌든 추적하지 않았다는 것은 '불확정'이다. 만약 양자역학을 고려한다 해도 불확정성 원리를 가지고 있고, 그것은 아인슈타인이 반대했던 숨은 변수가 없는 본질적인 불확정성이다. 설사 뉴턴 역학일지라도 초기 조건의 미세한 편차 때문에 발생하는 '혼돈 현상', 나비 효과와 같은 불확정성이 존재한다.

요컨대 물리학의 엔트로피도 불확정성에 대한 측정이라고 이해할 수 있다. 물리학에는 엔트로피 증가의 원리가 있고, 모든 고립된 물리 시스템 속 시간의 진화는 늘 엔트로피의 최댓값을 향하고, 가장 혼란스러운 방향으로 발전한다. 그렇다면 엔트로피 증가 원리는 가장 혼란스러운 상태야말로 객관적인 현실에서 일어날 가능성이 높다는 것을 의미할까? 정보론의 관점에서 보면 최대 엔트로피는 무엇을 의미할까?

1957년 미국 워싱턴대학 세인트루이스 캠퍼스의 물리학자 E. T. 제인스E. T. Jaynes가 이 문제를 연구했고, 정보 엔트로피의 최대 엔트로피 원리를 제안했다. 그의 원리는 위의 예에서 확률 변수의 확률에 대한 추측을 해결하는 데 사용할 수 있다. 만약 우리가 분포에 관한 부분 지식만 가지고 있다면 이 지식에 부합하지만, 엔트로피 값이 가장 큰 확률 분포를 선택해야 한다. 이미 알고 있는 조건에 부합하는 확률 분포는 일반적으로 여러 개이기 때문에 엔트로피 값이 가장 큰 확률 분포야말로 객관적 상황에 가장 부합하는 선택이다. 제인스는 무작위 사건에 대한 모든 예측 중에서 엔트로피가 가장 큰 예측이 실제로 나타날 확률이 압도적으로 높다는 사실을 수학적으로 증명했다.

이어지는 문제는 엔트로피가 가장 큰 분포는 어떤 종류인지 묻는 것이다. 아는 것이 아무것도 없는 이산 변수의 경우 확률이 같은 사건(균형 분포)의 엔트로피가 가장 크다. 이것이 바로 유진이 15개 주식에 균등 투자를 결정한 이유이기도 하다. 이래야만 모든 불확정성을 보류하고, 위험도를 최소로 낮출 수 있다.

만약 어떤 사건에 대해 완전히 무지하지 않다면 이미 알고 있는 요소를 제약 조건으로 삼고, 최대 엔트로피 원리를 사용해 적합한 확률 분포를 얻을 수 있다. 이것을 수학 모델로 설명하자면 제약 조건 아래서 극한값을 구하는 문제이다. 문제의 답은 당연히 제약 조건과 관련되어 있다. 수학자들은 이미 잘 알려진 제약 조건으로부터 가우스 분포, 감마 분포, 지수 분포 등 통계학에서 유명한 몇 가지 전형적인 분포를 얻었다. 따라서 자연계에서 흔히 볼 수 있는 이런 분포는 실제로 최대 엔트로피 원리의 특수한 상황이다. 최대 엔트로피 이론은 다시 한번 조물주의 '지혜'를 보여주고, '엔트로피'라는 이 물리량의 위력을 증명했다.

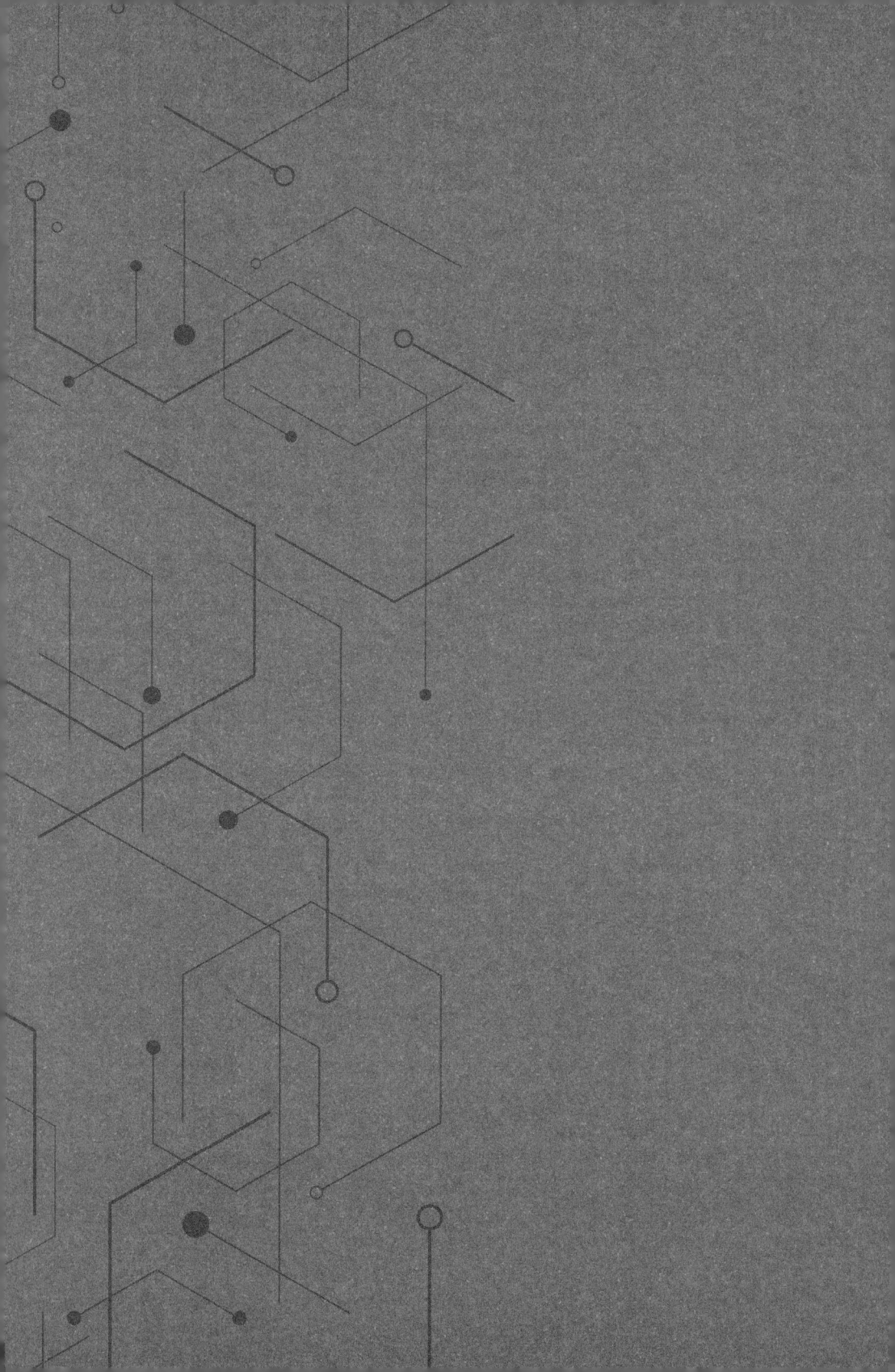

6

인터넷과 확률이 만났을 때

인터넷과 확률은 무슨 관계일까? 실제로 인터넷은 거대한 무작위 네트워크^{random network}이다. 무작위 네트워크는 이 네트워크의 정점의 개수가 고정되어 있지 않고, 정점 사이의 연결 여부 등이 모두 무작위로 변하는 것을 의미한다. 다시 말해서 무작위 네트워크의 정점 개수 및 연결선 규칙은 고정불변이 아니며 일정한 확률로 나타나는 확률 변수이다. 무작위 네트워크는 인터넷에만 국한되지 않으며, 그로부터 페이스북, 트위터 등 각종 소셜 네트워크 등이 파생되었고, 심지어 일반 커뮤니티, 학교 등 크고 작은 인간관계 네트워크로 확장될 수 있다. 어떤 의미에서 보면 이러한 것들은 모두 무작위 네트워크를 수학적 모델로 삼을 수 있다. 이번 장에서는 거대한 무작위 네트워크에 나타나는 흥미로운 현상을 소개하고자 한다.

01
거대한 네트워크 속 작은 세상

문인들은 세상의 광활함, 역사의 유구함, 생명의 유한함과 인간의 미약함에 대해 종종 탄식을 내뱉는다. 이런 것들은 모두 논쟁의 여지가 없는 사실이다. 때때로 이 넓은 세상에는 예상치 못한 일들이 일어난다. 예를 들어 당신이 고향에서 멀리 떨어진 해외에 있을 때 우연히 만난 사람과 얘기를 나누다가 그가 당신과 같은 초등학교에 다녔다는 사실을 알게 될 수도 있다. 이때 두 사람은 약속이라도 한 듯 '와, 세상 정말 좁네!'라고 말할지도 모른다.

세상은 정말 클까? 아니면 작을까? 이 세상은 도대체 얼마나 클까? 이런 질문에 사람마다 다른 대답이 나올 수 있다.

지리학자라면 이런 대답을 할 수 있다. "지구의 반지름은 6,370km이고, 적도의 원주는 대략 4만km입니다. 이것이 바로 우리가 사는 세상입니다." 천문학자는 이렇게 대답할지도 모른다. "세상은 지구보다 훨씬 큽니다! 지구는 단지 우주의 작은 점에 불과하죠. 태양계를 예로 들어볼까요? 태양계의 반지름은 대략 50개 천문 단위(AU)이고, 1AU는 대략 1억 5천km입니다. 이 거리는 우주에서 가장 빠른 빛조차 8분을 뛰어야 하는 거리죠. 이것은 단지 태양계만을 말했을 뿐입니다. 우리의 전체 우주 세계가 얼마나 큰지 아십니까?"

위에서 말한 것은 과학자들의 견해이다. 불교를 믿는 사람은 이렇게 말할 수 있다. "한 송이 꽃도 하나의 세계이고, 한 그루의 나무도 하나의 보살입니다." 세상에 대해 사람마다 가진 생각이 다르니 당신이 생각하는 크기가 바로 세상의 크기라고 할 수 있다.

다시 본론으로 돌아가서, 우리가 묻고 싶은 것은 바로 '우리의 네트워크 세계가 도대체 얼마나 클까?'이다.

네트워크 세계에 대해 말하려면 먼저 어느 네트워크 세계인지 구체적으로 언급해야 한다. 대자연이 각종 나무와 꽃으로 가득 차 있는 것처럼 우리의 문명사회도 실제와 추상, 유형과 무형, 기술과 인문, 역사와 현대처럼 다양한 네트워크로 연결되어 있다. 무형의 네트워크는 국가, 지역사회, 가정, 개인 간에 만들어지며 거미줄처럼 매우 복잡하게 얽혀 있다. 유형의 네트워크에는 전력망, 전화망, 교통망, 운송망 등이 있다. 지금의 인터넷은 모든 것을 다 망라하며, 전 세계의 정치, 경제, 생활, 문화, 과학, 기술, 교육, 의료 등 여러 방면을 전부 하나로 연결한다.

인터넷 외에도 월드 와이드 웹World Wide Web이 있다. 이 둘 사이에는 어떤 차이점이 있을까? 간단히 말해서 인터넷은 네트워크 구조, 하드웨어와 소프트웨어, 연결 방식, 전송 프로토콜 등 다양한 분야의 복잡한 지식을 포함한다. 반면에 월드 와이드 웹은 페이지 간의 연결처럼 비교적 단순한 구조이고, 추상적인 '네트워크'에 더 부합한다. 사람과 사람 사이에도 크고 작은 다양한 관계망이 존재한다. 이런 관계망은 인터넷과 무관하게 곳곳에 존재하지만, 인터넷은 이 관계망을 더욱 확장하고 강화시킨다. 또한 인터넷은 모든 관계망을 하나로 연결해 소위 '지구촌'을 만들어 낸다. 지구촌에 사는 주민은 세계적으로 거대한 범주의 '인적 네트워크'를 형성한다.

인터넷, 월드 와이드 웹과 사회 속의 각종 인간관계 네트워크는 모두 몇 가지 공통점을 가지고 있다. 여기서 다루고자 하는 공통점은 두 가지이다. 첫째, 그들의 네트워크 구조는 고정된 것이 아니라 계속해서 변하는 모종의 무작위성을 가지고 있다. 둘째, 이 거대한 네트워크 세계 속에는 흥미로운 '작은 세계 현상'이 있다.

이 '작은 세계 현상'이란 무엇인가? 네트워크의 크기를 어떻게 측정할 것인가? 먼저 일반 네트워크의 수학적 모델부터 이야기를 시작해 보도록 하자.

02
네트워크와 그래프 이론

 모든 네트워크는 수많은 꼭짓점과 변으로 구성된 '그래프'로 추상화할 수 있다. 18세기 스위스 출신의 위대한 수학자 레온하르트 오일러 Leonhard Euler(1707-1783)가 일곱 개 다리 문제를 연구하며 만들어 낸 그래프 이론이 바로 네트워크 세계의 수학적 모델을 구성하기 위한 가장 적합한 수학 도구가 되었다.
 그래프 이론에 등장하는 '그래프'는 수많은 꼭짓점과 변의 집합이다. [그림 6-2-1]은 모두 그래프의 예를 보여주고 있다.

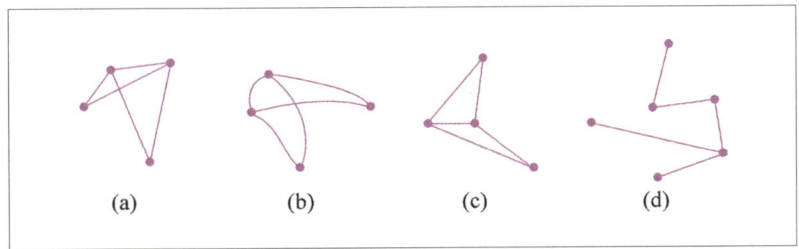

[그림 6-2-1] 그래프의 전형적인 예

 여기서 반드시 강조해야 할 점은 그래프 이론의 관심이 단순히 그래프의 변이 어떻게 꼭짓점과 연결되는지에 국한되어 있다는 것이다. 다시 말해서 그래프의 위상 구조Topological Structure에만 관심이 있고, 그것의 기하하적 위치 및 형태에는 관심이 없다. 따라서 [그림 6-2-1]의 (a), (b), (c)는 실제로 모두 같은 그래프이고, 그래프 (d)는 다른 유형의 그래프이다. 요컨대 그래프의 정의는 얼핏 보기에 간단히 보이지만 실제로 그 종류가 매우 다양하다.

그렇다면 구체적인 네트워크Specific Network로부터 그래프의 변과 꼭짓점을 어떻게 정의할 수 있을까? 예를 들어 월드 와이드 웹 같은 네트워크는 웹페이지를 꼭짓점으로 간주할 수 있다. 그렇다면 두 개의 웹페이지 사이에는 명확한 링크가 존재할까? 이것은 점과 점 사이의 변으로 표시할 수 있다. 인간관계 네트워크의 경우 그래프에서 각 개인을 하나의 꼭짓점으로 삼을 수 있다. 예를 들어 서로 아는지 모르는지와 관련된 사람과 사람 사이의 관계는 그래프의 꼭짓점을 연결하는 변으로 이어진다. '그래프'를 네트워크 모델로 삼는 것은 유일한 방식이 아니며, 연구 대상에 따라 선택 여부가 달라진다. 예를 들어 인간관계 네트워크는 개인 혹은 그룹을 꼭짓점으로 삼을 수 있다. 그것의 직관적인 차이는 [그림 6-2-2]에 나와 있다.

인간관계 네트워크는 규모가 클 수도 있고 작을 수도 있으며, 다양한 형태의 연결 방식을 가지고 있어 그 그래프의 모양도 각양각색이다. 이와 관련해 두 가지 간단한 예를 들어보자. 200명이 예배를 보는 교회가 있다고 가정해 보자. 이 교회에서 예배를 보는 모든 사람이 서로를 안다

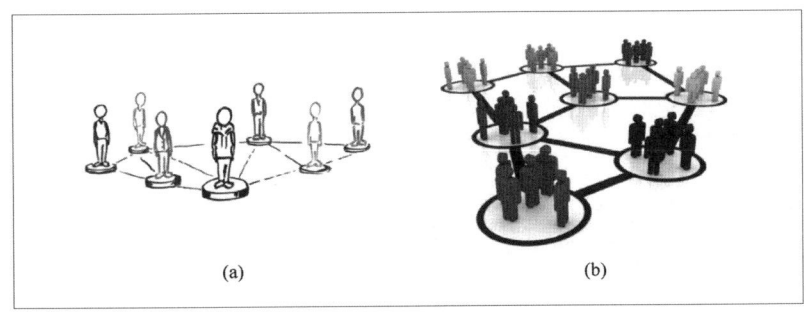

[그림 6-2-2] 다양한 유형의 네트워크
(a) 개인을 꼭짓점으로 구성한 그래프 (b) 그룹을 꼭짓점으로 구성한 그래프

면, 임의로 선택한 두 사람 사이에 하나의 변이 이어진다는 뜻이다. [그림 6-2-3(a)]는 서로 아는 여섯 명의 사람이 연결된 그래프이고, 이것을 꼭짓점이 200개인 그래프로 확장해 이 교회의 네트워크를 설명할 수 있다. 두 번째 예는 100명의 직원이 있는 회사를 부서 1과 부서 2로 나누고, 각각 관리자 A와 관리자 B를 둔다. 회사 직원 사이에 서로 연락을 하지 않고, 두 관리자 A, B만 서로 연결되어 있으며, 이들은 각각 자기

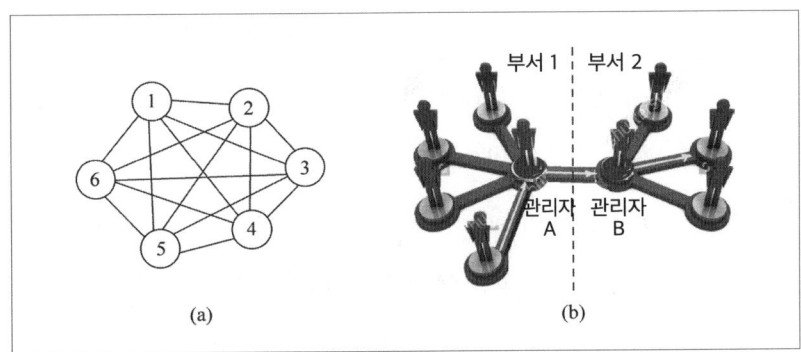

[그림 6-2-3] 두 가지 인간관계 네트워크 예시를 간략하게 만든 그래프
(a) 한 교회에 다니는 200명의 교인이 서로 아는 경우 (b) 100명의 직원을 둔 회사의 두 부서

부서의 모든 직원과 연락한다. 이런 상황은 [그림 6-2-3(b)]로 간략하게 설명할 수 있다.

위의 예에서 그래프의 변은 방향성이 전혀 없다. 이런 네트워크에서 사람들의 관계는 단지 단순히 '서로 아는' 관계일 뿐이다. 이렇게 구성된 그래프를 단순 그래프라고 부른다. 네트워크 그래프는 방향성을 가질 수 있다. 예를 들어 우리가 '나는 오바마를 알지만, 오바마는 나를 모른다.'와 같은 상황을 고려한다면 네트워크 그래프의 변에 한 방향 혹은 쌍방향의 화살표를 그려 넣어야 하고, 이렇게 만들어진 그래프를 유향 그래프라고 부른다.

이메일, 페이스북, 인스타그램, 트위터 등처럼 가상 네트워크 세계의 인간관계 네트워크는 수억 개의 꼭짓점과 변을 가진 거대한 '그래프'와 대응하고, 이런 그래프는 이미 200여 년 전에 오일러가 연구한 그래프와 근본적으로 다르다. 이 거대한 그래프는 무작위, 통계, 알고리즘의 특징을 가지고 있다. 월드 와이드 웹을 예로 들면, 위에서 말한 것처럼 이 웹의 모든 웹 페이지를 그래프의 꼭짓점으로 간주할 수 있고, 웹페이지 간의 링크는 그래프의 변으로 볼 수 있다. 그렇다면 2016년 자료에 근거해 월드 와이드 웹이 만들어 낸 그래프는 140억 개 이상의 꼭짓점과 수십억 개의 변을 가지고 있다. 게다가 그래프의 꼭짓점과 변은 모두 고정된 것이 아니고, 매 순간 무작위로 변하고 있다. 페이스북과 같은 소셜 네트워크의 인간관계 네트워크도 이와 같다.

03
네트워크는 얼마나 클까?

네트워크의 크기도 해당하는 그래프의 크기와 같다. 그래프 이론을 보면 그래프의 크기와 관련된 다양한 용어들이 등장한다. 예를 들어 '위수order'는 그래프에서 꼭짓점의 수를 가리키고, '크기size'는 그래프의 변의 수를 말한다. 우리가 흥미를 느끼는 것은 또 다른 용어인 '그래프의 지름'이다.

기하학에서 지름은 원의 가장 긴 현을 가리킨다. 거리 공간에서 집합의 지름은 집합 내에서 가장 멀리 떨어진 두 점 사이의 거리를 말한다. 우리는 그래프 이론의 '지름'을 사용해 네트워크 세계의 크기를 가늠한다. 간단히 말해서 그래프 이론에서 두 꼭짓점 사이의 거리는 그 간격이 가장 짧은 경로가 통과하는 변의 개수로 정의되고, 지름은 기하학과 유사하게 모든 꼭짓점 사이의 최장 거리로 정의된다.

[그림 6-3-1]은 두 가지 간단한 예를 통해 '그래프의 지름'을 직관적으로 설명한다.

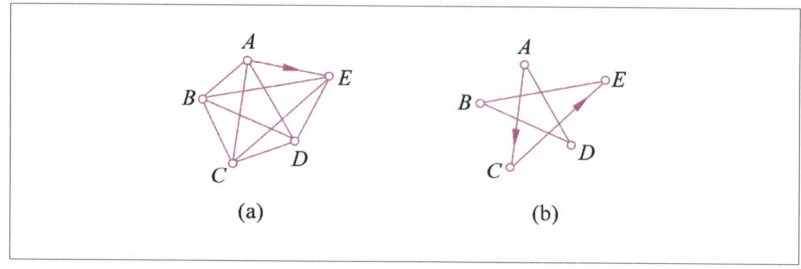

[그림 6-3-1] 그래프의 지름
(a) 지름은 1이고, A가 어떤 꼭짓점으로 가든 한 단계만 거치면 됨
(b) 지름은 2이고, A가 E로 가려면 두 단계를 거쳐야 함

[그림 6-3-1(a)]의 그래프는 5개의 꼭짓점과 10개의 변을 가지고 있다. 각 꼭짓점이 다른 어떤 꼭짓점으로 이어지려면 한 단계만 거치면 된다. 그래서 이 그래프의 지름은 1이다. [그림 6-3-1(b)]의 그래프는 5개의 꼭짓점과 5개의 변을 가지고 있고, 각 꼭짓점이 다른 어떤 꼭짓점으로 이어지려면 최대 두 단계를 거쳐야 한다. 그래서 이 그래프의 지름은 2이다.

그래프 이론에서 지름의 개념은 인간관계의 예를 통해 다음과 같이 설명할 수 있다. 인간관계 네트워크의 크기는 어떤 두 사람 사이에서 최대 몇 번의 관계(연결 수)를 거쳐야 서로에게 도달할 수 있는지로 정의할 수 있다. 예를 들어 [그림 6-2-3(a)]에 나오는 200명의 교인을 가진 교회에서 모든 사람이 서로 알고 있다는 것은 임의의 두 사람 사이가 모두 한 개의 연결선으로 이어져 서로에게 도달할 수 있다는 것을 의미한다. 따라서 이 교회 인간관계 네트워크의 '지름'은 1이다. 그러나 [그림 6-2-

3(b)]처럼 100명의 직원을 둔 회사에서 각 부서 내부적으로도 직원들 사이에 직접적인 연결선이 없고, 해당 부서 관리자를 통해야만 서로 연락을 할 수 있다면 두 개의 연결선을 거쳐야 하는 것과 같다. 그리고 부서 1의 직원 C가 부서 2의 직원 D와 연락하려면 삼중 관계를 거쳐야 한다. 즉, C↔A, A↔B, B↔C에 해당하는 세 개의 연결선이 필요하다. 따라서 이 회사의 인간관계 네트워크의 '지름'은 3이다.

앞에서 언급한 몇 개의 예로부터 알 수 있듯이 이런 방식으로 정의된 그래프의 크기는 꼭짓점의 수 및 변의 수와 일치할 수 없다. [그림 6-3-1(b)]의 네트워크는 [그림 6-3-1(a)]의 네트워크 변의 개수보다 더 적고, 지름은 더 크다. 인간관계 네트워크의 크기는 네트워크의 인원수와도 관련이 없다. 인원수로 보면 200명의 교인을 가진 교회가 100명의 직원을 둔 회사보다 더 많고, 지름으로 보면 회사 네트워크와 교회 네트워크의 지름은 각각 3과 1이다. 그래서 관계 네트워크의 지름이 측정한 것은 사람의 수가 아니라 사람과 사람 사이의 관계 밀접도이며, 연결이 밀접할수록 지름은 작아진다.

복잡하고 무작위 형태의 대형 네트워크에 해당하는 거대 그래프에 대해 우리는 여전히 위와 유사한 방식으로 그것의 지름(크기)을 정의할 수 있다. 다만 오늘날 수학적 양은 모두 통계적 의미로 사용되어야 하므로 모든 양의 앞에는 암묵적으로 '평균'이라는 두 글자를 붙여야 한다. 월드 와이드 웹을 예로 들면, 이 웹의 크기(지름)는 하나의 웹 페이지에서 임의의 또 다른 웹 페이지로 이동하는 것으로, 최대 마우스 클릭 횟수의 평균값이다.

그렇다면 지구 전체에 걸쳐 140억 개 이상의 꼭짓점과 수십억 개의 변을 가진 월드 와이드 웹의 지름은 얼마일까? 천문학적 숫자라고 추측할 수도 있지만, 놀랍게도 월드 와이드 웹의 지름은 이것의 웹 페이지 숫자처럼 그렇게 거대하지 않으며, 대략 19 정도이다. 이 수치는 월드 와이드 웹의 한 웹 페이지에서 임의의 다른 웹 페이지에 연결하는 데 평균 가장 많아야 클릭 수가 19회 정도 필요하다는 의미이다. 이것이 바로 거대 네트워크 속의 작은 세계 현상이다. 마이크로소프트 연구원인 던컨 왓츠Duncan Watts와 미국의 수학자 스티븐 스트로가츠Steven Strogatz가 1988년에 이 현상을 처음 제기했다.

04
흥미로운 랜덤 빅 네트워크

    이제 우리는 그래프 이론 속의 지름의 개념을 거대한 세계 '인적 네트워크'에 적용해 보고자 한다.

    세계 인구 통계에 의하면 2016년 9월 12일까지 세계 인구는 73억 3천8백만 명이었다. 사망한 사람들까지 모두 포함한다면, 그 수는 수백억에 이를 것이다. 이렇게 인류 사회가 형성한 거대한 인간관계 네트워크의 '지름'은 얼마나 될까? 놀랍게도 연구 결과에 따르면 그 지름은 단지 6에 불과했고, 그야말로 거대 네트워크 속의 작은 세상이었다. 월드 와이드 웹의 지름을 설명하는 것과 비슷한 방식으로 이 6을 이해할 수 있다. 다시 말해서 지구상의 임의의 두 사람은 평균적으로 가장 많아야 여섯 단계만 거치면 서로에게 연결될 수 있다. 이것이 바로 '6단계 분리Six Degrees of Separation 이론'이다.

    6단계 분리 이론은 헝가리의 작가 겸 시인 프리게스 카린시Frigyes Karinthy(1887-1938)가 1929년에 쓴 단편 소설 『체인 링크Chain links』에서 처음 그 아이디어가 시작되었다. 그는 소설에서 대통령과 평범한 노동자처럼 일면식도 없는 두 사람이 단지 몇 명(다섯 명)을 거치면 서로 아는 사이가 될 수 있다고 말했다. 그 후 하버드대학의 심리학 교수 스탠리 밀그램Stanley Milgram(1933-1984)은 1967년에 이 개념에 근거해 한 차례 독창적인 실험을 진행했다.

그러나 지난 수십 년 동안 인간관계 네트워크 6단계 분리 이론에 대한 논란은 여전히 이어지고 있다. 그 논란은 이 '6'이 시간의 흐름에 따라 변하는 것은 아닌지, 변화의 속도는 어떤지에 대한 것들이었고, 페이스북은 이 변화율에 대한 연구를 진행하기도 했다([그림 6-4-1] 참조). 2016년 그들은 페이스북에 가입한 15억 9천만 명의 자료를 바탕으로 현재의 '네트워크 지름'이 3.57이라고 추정했지만, 학자들은 이에 대해 다른 견해를 가지고 있었다.

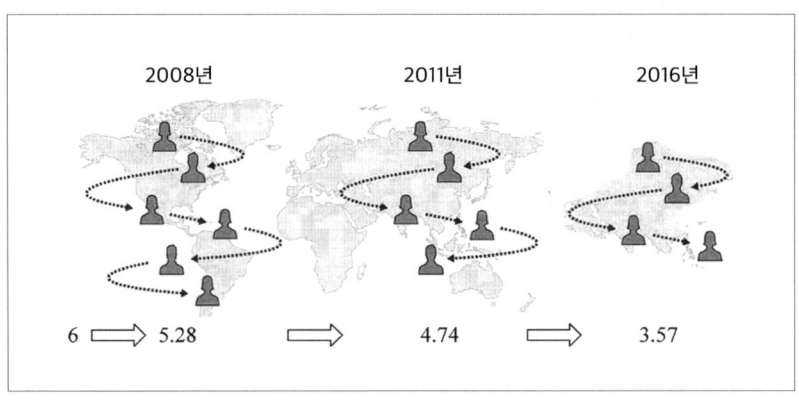

[그림 6-4-1] 6단계 분리의 변천 과정(페이스북 데이터 기준)

'지름' 외에도 인간관계 네트워크 크기와 관련된 속성을 나타내는 데 쓰이는 두 가지 흥미로운 특징이 있는데, 그것은 바로 '군집 계수

Clustering Coefficient'와 '정도 분포 곡선Degree Distribution Curve'이다.

군집 계수는 인간관계 속의 '비슷한 사람끼리 모여' 같은 목적이나 이익을 위해 그룹을 형성하는 현상을 설명하는 데 사용할 수 있다.

군집 계수의 수치는 0부터 1까지 변한다. 쉽게 설명하자면 어떤 사람이 속한 인간관계 네트워크에서 그 안에 있는 친구들끼리도 서로 친구라면 이 네트워크의 군집 계수는 1이다. 반대로 그 친구들이 서로 아는 사이가 아니라면 이 네트워크의 군집 계수는 0이다. 따라서 군집 계수가 커질수록 네트워크 안에서 사람들이 서로 더 밀접하게 연결되어 있고, 군집 계수가 작을수록 네트워크 구성원의 관계가 느슨하고 분산되어 있다는 것을 알 수 있다.

인간관계 네트워크의 군집 계수에 대한 연구에 따르면 인간관계 네트워크의 군집 계수는 1보다 작지만 $\frac{1}{N}$보다 훨씬 큰 수이다. 여기서 N은 관계 네트워크의 총인원수를 가리킨다. 인류 사회는 명확한 사회 집단 현상을 가지고 있다. 각 사회 집단 내부의 연계가 긴밀하다 해도 사회 집단 간에는 '약한 유대'가 상대적으로 존재한다. 그리고 이 약한 유대는 '작은 세계' 모델을 형성할 때 매우 강력한 역할을 하게 된다. 많은 사람이 일자리를 구할 때 이런 약한 유대의 효과를 체감하게 된다. 약한 유대의 연결을 통해 인간관계 네트워크의 '지름'은 빠른 속도로 줄어들고, 사람 간의 거리는 매우 '가까워'진다. 그리고 이로 인해 복잡한 인간관계 네트워크는 6단계 분리 현상을 보여준다.

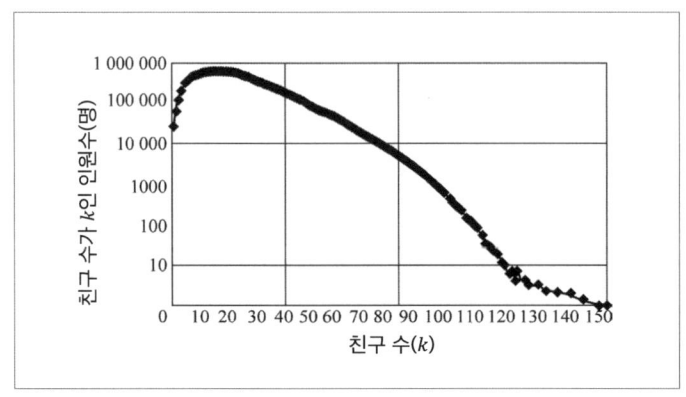

[그림 6-4-2] 정도 분포 곡선

정도 분포 곡선[그림 6-4-2]은 인간관계에 존재하는 다양한 인물의 중요도를 설명할 수 있다. 인간관계 네트워크 속의 정도 분포 곡선은 쉽게 말해서 네트워크 속에 존재하는 친구 수의 분포 곡선 $p(k)$이고, 여기서 k는 '친구 수'이며, $p(k)$는 '친구 수가 k인 인원수이다. 100명으로 구성된 커뮤니티가 있고, 각 구성원이 모두 완전히 동등하게 중요하며, 각 구성원에게 10명의 친구만 있다고 가정해 보자. 그렇다면 10명 외에 친구 수가 다른 수(1, 2, …, 9, 11, 12, …)가 될 확률(인원수)은 0이다. 그래서 이 인간관계 네트워크의 친구 수 분포 곡선은 바로 단지 10이라는 값이 있는 곳에서만 100과 같아지는 δ 함수이다.

그러나 실제 인류 사회는 평균적이고 동등한 사회가 아니다. 한 사람의 중요성은 그의 사회적 위치에 의해 결정된다. 예를 들어 대다수 사람(수억 명)은 평균적으로 10명에서 100명 사이의 친구를 가지고 있고, 유명인들은 평균 120명 이상의 친구를 가질 수 있으며, 성격이 괴팍한 사람은 평균적으로 친구 수가 몇 명밖에 안 될 수도 있다. 그렇다면 정도 분포 곡선은 10명에서 100명 사이에서 최고치를 찍는 불규칙한 종 모양 곡선처럼 보인다.

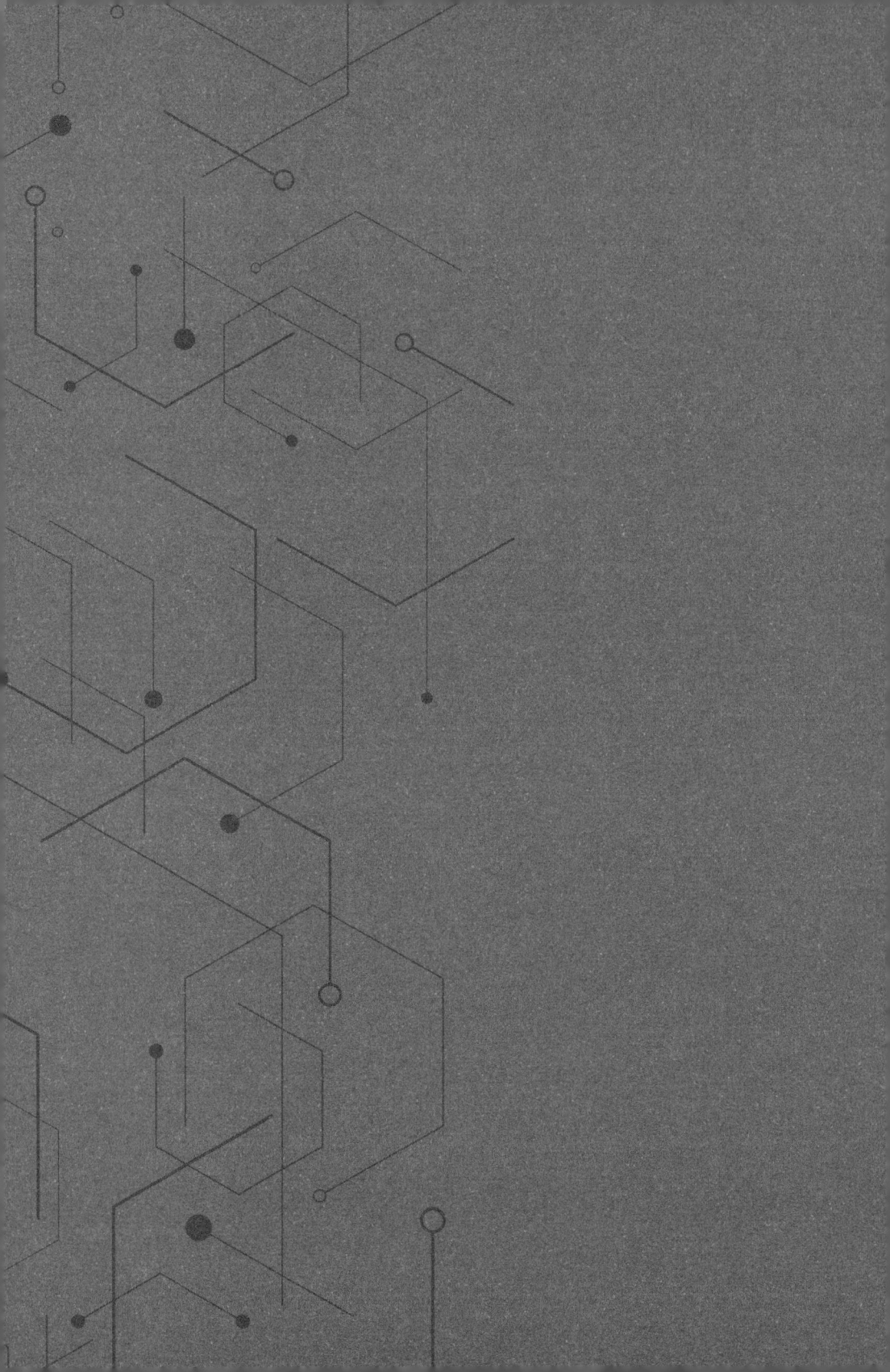

7

인공지능과 통계,
생각하는 기계의 비밀

인공지능의 응용은 이미 우리의 일상생활 속에 스며들기 시작했다. 인공지능은 최근 몇 년 사이에 비약적 발전을 이루었고, 이것은 컴퓨팅 속도의 향상, 저장 용량의 증가, 클라우드 컴퓨팅의 발전, 빅 데이터 시대의 도래 등에 기인한다. 그렇지만 많은 사람이 간과하는 핵심 요소가 하나 있으니, 그것은 바로 베이즈 통계의 응용이다. 그래서 일각에서는 지금의 인공지능 기술이 부분적으로 컴퓨터와 통계의 결합의 덕을 본 것이라고 말하기도 한다.

01
알파고의 세기의 대전

　미국의 IT 기업 구글은 항상 예상을 뛰어넘는 신제품을 출시해 세간의 이목을 집중시켰다. 2016년 초에 그들은 바둑에 정통한 인공지능 바둑 프로그램 알파고 AlphaGo를 앞세워 세계 최고 실력자 이세돌 9단에게 도전장을 내밀었고, 4대 1로 승리를 거두었다([그림 7-1-1] 참조). 그 후 업그레이드된 알파고는 '마스터Master'라는 아이디로 한중일 바둑의 대가들과 대결을 펼쳤고, 60국 연승을 거두었다.

[그림 7-1-1] AlphaGo vs 바둑 세계 챔피언 이세돌

　알파고는 인공지능의 최고봉을 의미하지 않으며, 그것이 인간과 기

계의 대결에서 승리를 거두었다고 해서 기계의 지능이 인간을 능가했다는 것은 아니다. 그러나 그것을 통해 사람들은 인공지능, 기계학습, 신경망, 딥 러닝, 몬테카를로 탐색 등 일련의 전문 용어를 접하게 되었고, 이런 과학적 개념이 일상에 새롭게 등장했다.

사실 인공지능의 성과는 일찌감치 현대인의 생활 속에 서서히 스며들었고, 사람들의 휴대폰 안에는 얼굴 인식과 같은 애플리케이션이 적잖이 깔려 있다. 십여 년 전만 해도 고전적 컴퓨터 프로그램으로 실용화하기 쉽지 않았던 기술이 지금은 휴대폰에서 흔히 볼 수 있게 되었다.

수년 전에 IBM에서 개발한 체스 인공지능 프로그램인 '딥 블루'는 2016년의 알파고와 동일 선상에 놓고 비교할 수 없다. 이제 딥 블루는 마치 지혜나 전략이 없이 무모하기만 한 냉혹한 살상 무기처럼 모든 경우의 수를 전부 시도하는 방식만 사용할 줄 아는 '멍청한 기계'일 뿐이다. 이런 방식으로는 체스보다 훨씬 많은 19×19 칸수의 바둑판을 상대할 수 없다. 매번 한 칸을 옮길 때의 경우의 수가 너무 많기 때문이다. 알파고가 사용하는 것은 기계 학습의 '딥 러닝'이며, 이것은 컴퓨터 기술과 확률론, 통계적 추론을 이용해 목표에 도달한다.

이쯤 되면 앞서 소개한 빈도학파 및 베이즈 학파와 비교해 다소 비슷한 차이점을 가지고 있다는 생각이 절로 든다. 하나는 '경우의 수를 모두 시도하는 방식'에 기반하고, 또 하나는 '추론'을 바탕으로 하기 때문이다. 어쩌면 이런 비유가 적절하지 않을 수도 있다. 하지만 베이즈의 그 시스템은 베이즈 정리, 베이즈 방법부터 베이즈 네트워크에 이르기까지 알파고 및 기타 인공지능 기술의 중요한 기초임에 틀림없다.

알파고가 사용하는 핵심 기술은 '다층 합성곱 신경망'으로 불리며, 네트워크의 층과 층 사이가 타일처럼 중첩되어 배열되어 있고, 그 안에 입력된 것은 19×19 크기의 바둑 기보 사진이다. [그림 7-1-2]에서처럼 첫 번째 부분은 13층의 감독 학습(SL) 전략 네트워크이며, 층마다 있는 192개의 뉴런은 3,000만 명의 바둑 전문가들의 기보를 훈련하는 데 사용되며, 기계가 인간 고수를 모방하는 '최적의 수 선택 알고리즘'이라고 이해할 수 있다. 두 번째 부분은 13층의 강화 학습(RL) 전략 네트워크로 자기 대련을 통해 SL을 끌어올리는 전략 네트워크이며, 전략 네트워크의 매개 변수를 조정해 승리에 초점을 맞춰 발전하는 것이 목적이다. 학습하는 동안 전략 네트워크는 매일 혼자 100만 판이 넘는 대련을 할 수 있다. 사람이 평생 바둑만 둬도 10만 판을 둘 수 없다는 점을 감안한다면 컴퓨터 기술의 위력에 새삼 놀라지 않을 수 없다.

알파고의 마지막 구성 요소는 평가 네트워크 혹은 '바둑 대국 평가기'이며 대련의 승자를 예측하고, 전체 대국의 상황을 판단하는 데 주목한다. 요컨대 알파고는 전략 네트워크와 평가 네트워크를 몬테카를로 탐색 트리와 효과적으로 결합시켜 바둑 전문가의 데이터베이스 및 자체 대련과 평가 전략을 충분히 활용해 승리를 거둔다.

알파고의 최종 단독 실행 버전은 40개의 검색 스레드, 48개의 CPU

와 8개의 GPU를 사용한다. 그러나 분산형 알파고 버전은 여러 대의 컴퓨터, 40개의 검색 스레드, 1,202개의 CPU, 176개의 GPU를 사용한다. 이처럼 알파고는 신형 머신 딥 러닝 알고리즘을 채택하고, 인터넷의 장점을 충분히 활용하면서 바둑계의 세계 챔피언을 물리치고 승리를 거둘 수 있었다.

기계 학습과 딥 신경 네트워크는 무엇인가? 우선 우리는 인공지능의 역사부터 간략히 살펴보도록 하자.

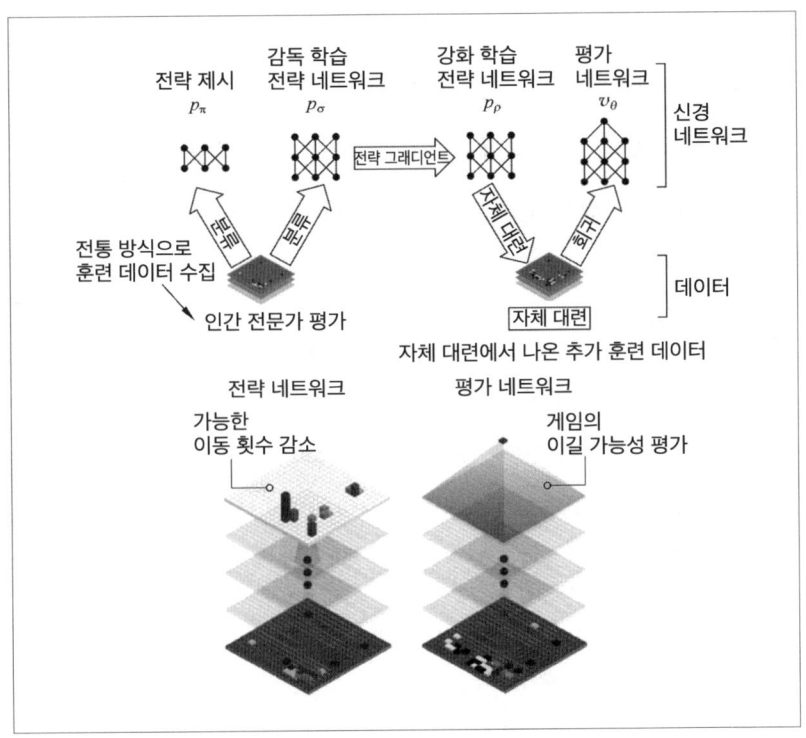

[그림 7-1-2] AlphaGo 알고리즘 원리도

02
인공지능의 부침, 세 번의 흥망성쇠

기계를 지능적으로 만들어 사람처럼 사고하게 하는 것은 인류의 오랜 꿈이었다. 실용성의 관점에서 보자면 인공지능의 꿈은 현대 컴퓨터의 발전과 그 맥을 같이 하고 있고, 이론적으로도 여러 수학자들의 아이디어와 연구에서 시작되었다. 1900년 다비드 힐베르트David Hilbert는 23개의 미해결 수학 문제를 제기했고, 뒤이어 괴델의 불완전성 정리, 폰 노이만의 디지털 컴퓨터 구조, 튜링의 튜링 머신 등이 모두 컴퓨터 기술의 빠른 발전을 이끌었다.

그러나 컴퓨터의 전통적인 수리 논리 방식으로 인간의 뇌를 시뮬레이션하려는 시도는 항상 근본적인 한계를 가지고 있다는 느낌을 준다. 인간의 사고 과정 속에 '모호'한 직관적 의식과 부정확성이 너무 많이 존재해 엄밀한 디지털 계산과 잘 어울리지 않는 듯 보이기 때문이다. 그래서 지난 수십 년 동안 컴퓨터 기술은 비약적으로 발전한 데 비해서 인공지능 기술은 세 차례 부침을 겪어야 했다.

영국 수학자 앨런 튜링Alan Turing(1912-1954)은 컴퓨터와 인공지능에 큰 공헌을 했고, 과학 기술 분야에서 널리 알려진 인물이다.

1950년 10월, 튜링은「컴퓨터와 지능」이라는 논문을 발표하며 유명한 튜링 실험을 제안했다. 이 실험은 몇 가지 질문에 대한 대답을 통해 컴퓨터의 지능을 테스트하고, 궁극적으로 기계가 과연 인간처럼 정상적인 사고 능력을 가질 수 있는지 판단하려 했다. 누구나 생각해 낼 법한 이 단순한 개념을 얕봐선 안 된다. 당시 이 논문은 사람들의 지대한 관심을 불러일으켰고, 인공지능 이론의 초석이 되어주었다.

튜링 테스트는 인터넷에서 두루 응용되고 있다. 자주 접할 수 있는 예를 하나 들어보자면 다음과 같다. 당신이 어떤 소셜 네트워킹 사이트에 사용자로 등록한 후 다시 로그인하면 [그림 7-2-1(b)]처럼 알파벳이나 숫자가 왜곡되고 변형된 이미지와 유사한 이미지를 식별하라는 메시지를 볼 수 있다. 사이트에서 이런 이미지를 올리는 목적은 가장 간단한 튜링 테스트를 하는 것과 같다. 즉, 당신이 기계인지 사람인지를 식별하

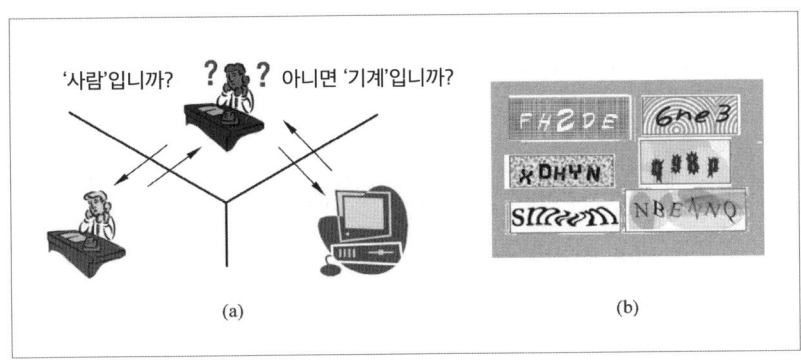

[그림 7-2-1] 튜링 테스트

는 것이다. 그렇게 함으로써 사이트 측은 누군가가 자동화된 프로그램을 이용해 사이트에 계속해서 무작위로 로그인하는 것을 막을 수 있다.

1960년에서 70년대에 인공지능은 한동안 전성기를 누리며 폭발적인 발전을 이루었고, 기계 추리, 기계 정리 증명 등과 관련된 좋은 소식이 연이어 들려왔다. 그렇지만 이 방면의 발전은 얼마 가지 못해 병목 현상에 부딪혔고, 기계 번역 등의 분야에서는 더 실망스러운 상황이 벌어졌다. 우스갯소리 같은 간단한 예를 들어보자. 컴퓨터가 'The spirit is willing but the flesh is weak(마음만큼 몸이 따라주지 않는다).'라는 문장을 러시아어로 번역하자 'The wine is good but the meet is spoiled(와인은 좋지만 고기는 상했다).'라는 결과가 나온 것이다.

이런 종류의 해프닝이 이어지자 사람들은 인공지능 분야의 과학자들을 비웃었고, 결과적으로 인공지능 방면의 프로젝트 예산의 대폭 삭감을 초래했다. 결국 컴퓨터 기술은 여전히 발전하고 있지만 인공지능 분야는 혹독한 겨울로 접어든 듯했다.

그 후 전문가 시스템, 지식 공학 등의 인공지능 방법이 잇따라 등장하고, 전통적인 인공지능 연구자들이 고군분투했지만, 근본적인 문제를 해결하지 못했다. 그 이유는 무엇일까? 사람들은 원래 컴퓨터의 슈퍼 계산 능력을 이용해 '지능'을 구현하려 했기 때문이다. 이 지능은 지식과 계산을 합친 능력으로, 컴퓨터로 말하자면 CPU의 속도와 하드웨어의 용량을 합친 것이다. 그러나 사실 인간 뇌의 작동은 정확하고 빠른 컴퓨터와 완전히 다르고, 지혜는 정확한 논리적 계산에서만 나오는 것이 아니고, 수많은 부정확한 무작위 요소들이 혼재되어 있다. 다시 말해서 인공지능의 실현은 확률과 통계의 결합을 필요로 한다. 그러나 이 '무작위' 요소가 어떻게 그 안에 침투할 수 있을까? 결국 이런 생각의 영향을 받아 일부 연구자들을 '어린 아이는 어떻게 배우는가?'와 같은 인간의 인지가 직면한 가장 근본적인 문제로 돌아가게 되었다.

그런 이유 때문에 인간 뇌의 가장 기본적인 작동 방식, 즉 학습 과정을 모방하는 것이 이슈로 떠올랐고, 인공신경망 모델과 '기계 학습'의 다양한 알고리즘이 연이어 등장했다. 모두가 알다시피 기본 교육 모델은 두 가지 종류로 나뉜다. 하나는 위에서 아래로 향하는 주입식이고, 또 하나는 아래에서 위로 향하는 계발식이다. 두 가지 모두 각자 장단점을 가지고 있고 상호 보완이 필요하다. 계발식 교육 방법을 이용해 아이가 스스로 학습하게 하는 것은 전통 교육에서 지식을 단지 주입만하는 방식보다 훨씬 뛰어나다.

그렇다면 기계를 다룰 때도 우리는 이 점을 고려해야 하는 것일까? 튜링을 비롯한 과학계의 대가들이 발전시킨 인공지능은 점점 더 인간보다 복잡한 문제를 잘 사고하고, 수학의 난제를 해결하는 방향으로 나아가고 있다. 이것은 어느 정도 주입식 교육 방식을 채택하는 것과 비슷하다. 게다가 그 후 이어진 신경망과 기계 학습에 대한 연구는 기계가 아이들의 학습 과정을 모방하도록 시도하는 과정이었다. 그러나 사실 최초의 신경망 연구는 1943년 컴퓨터가 발명되기 전으로 거슬러 올라갈 수 있고, 그때 이미 오늘날 사용하는 단일 뉴런 컴퓨터 모델이 존재했다. 그럼에도 불구하고 신경망 연구는 지난 수십 년 동안 좋은 성과를 내지 못했고, 거기에는 여러 가지 이유가 있다.

1980년대부터 인공지능은 크게 세 개의 학파로 나뉘기 시작했고, 그 세 학파는 소프트웨어, 하드웨어와 신체의 관점에서 지능을 시뮬레이션하고 이해하려고 시도했다. 첫 번째 학파는 튜링을 계승한 전통적인 부호학파이고, 두 번째는 신경망을 연구하고 구조적 관점에서 지능을 시뮬레이션하는 연결주의 학파이고, 세 번째는 더 낮은 수준의 지능적 행동을 모방하는 행동주의 학파이다.

이 세 학파는 분열과 통합을 번복하며 인공지능 연구의 험난한 길을 함께 걸어가며 새로운 세기를 향해 나아갔으며, 10년에 가까운 세월이 지나서야 놀라운 혁신을 이루었다. 그중 이 세 학파를 이끌었던 몇몇 인물의 헌신이 큰 역할을 했다([그림 7-2-2] 참조).

딥 러닝의 창시자로 불리는 제프리 힌튼$^{Geoffrey\ Hinton}$이 없었다면 인공지능 역시 지금처럼 놀라운 발전을 이루지 못했을 것이다. 힌튼은 컴퓨터와 수학 분야에서 이름을 날린 논리학의 대가 조지 불$^{George\ Boole}$의 증손자이다. 그는 영국에서 태어났고, 훗날 캐나다 토론토대학의 교수가 되었다. 최근 몇 년 동안 그는 구글에서 일하며 산업계의 인공지능 연구 개발에 주력했다. 힌튼은 1970년대와 80년대부터 신경망에 대한 깊이 있는 연구를 결심했고, 이 비인기 분야를 30년 넘게 묵묵히 개척해 나갔다. 그는 신경망의 역방향 전파 알고리즘, 볼츠만 머신 등을 연구했고, 마침내 2009년에 딥 러닝 기술을 이용한 음성 인식을 연구해 획기적인 성과를 거두었다. 현재 힌튼과 페이스북의 합성곱 네트워크의 창시자 얀 르쿤Yann LeCun, 캐나다 몬트리올대학의 기계학습 전문가 요슈아 벤지오Yoshua Bengio 교수는 모두 당대 인공지능의 주요 창시자로 불리고 있다.

[그림 7-2-2] 현대 인공지능의 개척자들

최근 몇 년 동안 인공지능 연구가 새롭게 부활한 핵심 요인 중 하나는 전통적인 컴퓨터 계산 기술과 확률 통계의 '융합'이다. 이것이 바로 인공지능이 걸어가야 할 '밝은 미래를 보장하는 길'인지 여전히 판단이 잘 서지 않는다. 그러나 지난 몇 년 동안 인공지능의 발전 추세로부터 볼 때 길고 혹독했던 겨울을 가리고 있던 안개가 걷히고 인공지능의 봄이 찾아오고 있는 듯하다.

미국 캘리포니아대학 버클리 캠퍼스의 마이클 조던Michael Jordan은 기계 학습과 통계학의 융합을 촉진한 인물로 유명하다. 그는 인공지능 분야의 연구자들이 보다 넓은 시각으로 베이즈 추론의 중요성을 인식하도록 이끌었고, 베이즈 통계 분석이 주목받도록 만들었다.

또한 고급 프로그래밍 언어를 발명하고, '파이썬Python의 아버지'라고 불리는 네덜란드의 프로그래머이자 컴퓨터 과학자 귀도 반 로섬Guido van Rossum과 '생성형 적대 네트워크의 아버지'로 불리는 미국의 이안 굿펠로우Ian Goodfellow 등처럼 인공지능 분야에는 인재들도 넘쳐나고 있다.

신경망은 실제로 뇌의 시뮬레이션일 뿐이며, 지금까지 뇌의 구조와 동역학에 대한 우리의 인식은 여전히 매우 낮은 수준이다. 특히 뉴런의 활동과 생물체 행동 사이의 관계는 아직도 확립되지 않았다. 조단처럼 딥 러닝을 연구하는 학자들은 사람들의 학습 과정을 개괄하는 베이즈 공식을 빅 데이터와 결합하면 네트워크 성능을 크게 개선시킬 수 있을 거라고 여긴다. 인간의 뇌가 여러 층으로 이루어진 딥 신경망이기 때문이다.

요컨대 지금 인공지능 혁신의 관건은 '기계 학습'에 있다. 인간의 지혜가 '학습'으로부터 오기 때문에 기계를 이용해 인간의 지혜를 시뮬레이션하고 싶다면 어떻게 '학습'할지를 가르쳐야 한다. 무엇을 배울까? 실제로 데이터를 어떻게 처리해야 하는지 배워야 한다. 사실 이것은 어른이 아이에게 가르치는 것과 같다. 즉, 감각 기관을 통해 얻은 대량의 데이터에서 유용한 정보를 추출하는 것이다. 이것을 수학적 언어로 말하자면 데이터로부터 모델을 구축하고 모델의 매개 변수를 추상화하는 것이다.

지금의 기계 학습의 임무는 '회귀', '분류', '군집화'와 같은 세 개의 주요 기능을 포함한다. 회귀는 통계에서 자주 사용하는 방법이며, 사물의 본래 모습으로 '회귀'하기 위해 모델의 매개 변수를 푸는 데 목적을 둔다. 그 기본 원리는 [그림 7-2-3]을 이용해 간단히 설명할 수 있다. [그림 7-2-3(a)]는 간단한 선형 회귀이며, 직선을 수학적 모델로 삼아 데이터에 근거해 두 매개 변수 a_0와 a_1의 값을 추정한다. 더 복잡한 회귀 방법이라면 더 복잡한 곡선으로 모델 예측을 진행하게 된다. 따라서 모델에 사용한 매개 변수도 더 많아진다. [그림 7-2-3(b)]의 3차 다항식 회귀를 보면 매개 변수가 4개이다.

회귀 외에도 분류와 군집화는 기계 학습의 중요한 내용이다. 사물을

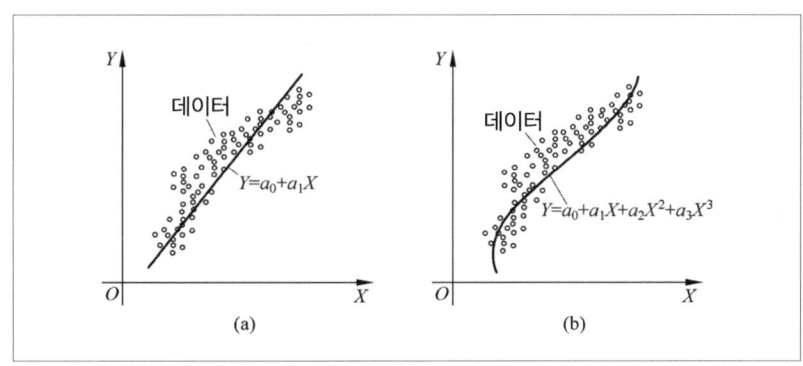

[그림 7-2-3] 회귀의 두 가지 간단한 예시
(a) 단순 선형 회귀 (b) 3차 다항식 회귀

'분류'하는 것은 인간이 유아기부터 시작해 세상을 인지하는 첫 단계이기도 하다. 엄마가 아이에게 '이것은 개, 이것은 고양이야.'라고 가르치는 학습 방법이 바로 '분류'에 속하며, 엄마의 지도하에 이루어지는 '감독' 학습이다. 학습은 '감독 없이' 이루어질 수도 있다. 예를 들어 아이들은 '하늘에 날아다니는 새, 비행기' 혹은 '물속에서 헤엄치는 물고기' 등을 보며 이런 사물을 '날아다니는 물체'와 '헤엄치는 물체'로 혼자 자연스럽게 분류할 수 있다. 이런 방법을 '군집화' 혹은 '클러스터링'이라고 부른다.

딥 러닝 기술은 원래 음성 인식 분야에서 가장 먼저 성공을 거두었다. 음성 인식의 핵심 모델로 불리는 은닉 마르코프 Hidden Markov Model, HMM 모델은 제3장에서 소개한 전형적인 랜덤 과정, 즉 마르코프 체인의 연장이자 확장이다.

03
은닉 마르코프 모델(HMM)

서로 다른 모양의 주사위가 세 개 있다고 가정해 보자. 흔히 볼 수 있는 6면 주사위(주사위$_6$), 4면 주사위(주사위$_4$)와 8면 주사위(주사위$_8$)가 있고, 이 모든 주사위가 공정한 주사위라면 세 주사위에서 각 면이 나올 확률은 [그림 7-3-1]처럼 각각 $\frac{1}{6}$, $\frac{1}{4}$ 그리고 $\frac{1}{8}$이다.

이제 우리는 이 3개의 주사위를 던지기 시작하고, 매번 이 3개의 주사위에서 무작위로 하나를 선택한다. 각 주사위를 선택할 확률은 모두 $\frac{1}{3}$이다. 그런 후 계속해서 주사위의 '선택, 던지기, 선택, 던지기⋯'를 반복하다 보면 일련의 상태(주사위 면 위의 상태)가 생성된다. 예를 들어 우리는 다음과 같은 수열 A를 얻을 수 있다.

$$358, 471, 652, 21, \cdots \qquad (7\text{-}3\text{-}1)$$

우리는 면 위의 숫자만 볼 수 있고, 이 숫자가 어느 주사위에서 나온 것인지 모른다고 가정해 보자. 예를 들어 세 개의 주사위가 모두 3이 나올 수 있지만, 숫자 7, 8은 주사위$_8$에서만 나올 수 있다.

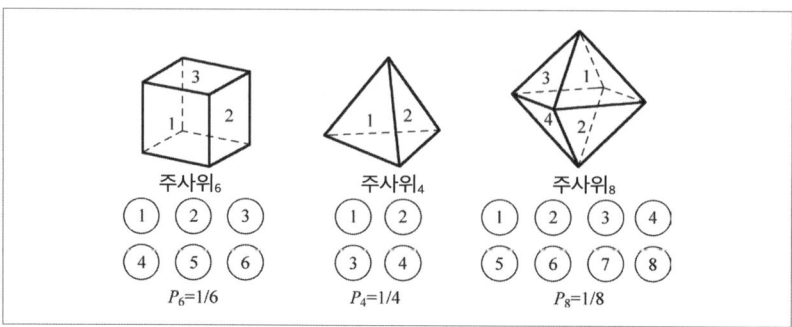

[그림 7-3-1] 3개의 주사위 던지기

위의 설명에 근거해 수열 (7-3-1)은 외부에서 관찰하는 '주사위 면' 수열일 뿐이며, 세 개의 주사위를 실제 던진 수열과 동일하지 않다.

$$주사위_4 \ 주사위_6 \ 주사위_8; \ 주사위_6 \ 주사위_8 \ 주사위_6;$$
$$주사위_6 \ 주사위_8 \ 주사위_4; \ 주사위_8 \ 주사위_6 \qquad (7\text{-}3\text{-}2)$$

하지만 두 가지가 발생할 확률 사이에는 모종의 관계가 존재한다. 일반적으로 수열 (7-3-1)을 관찰 가능한 수열이라 부르고, 수열 (7-3-2)를 숨겨진 수열이라고 부른다. 숨겨진 수열 (7-3-2)가 마르코프 체인이기 때문에 이 주사위를 굴린 예는 [그림 7-3-2]처럼 '은닉 마르코프 모델'을 형성한다. [그림 7-3-2]의 숨겨진 마르코프 체인의 상태 전환 확률 행렬은 A로 표시하고, 3개의 주사위를 같은 확률로 선택하는 상황에서 행렬 A의 모든 확률은 $\frac{1}{3}$이다. 그러나 사실 이 확률 행렬은 문제의 필요에 따라 임의로 설정할 수 있다.

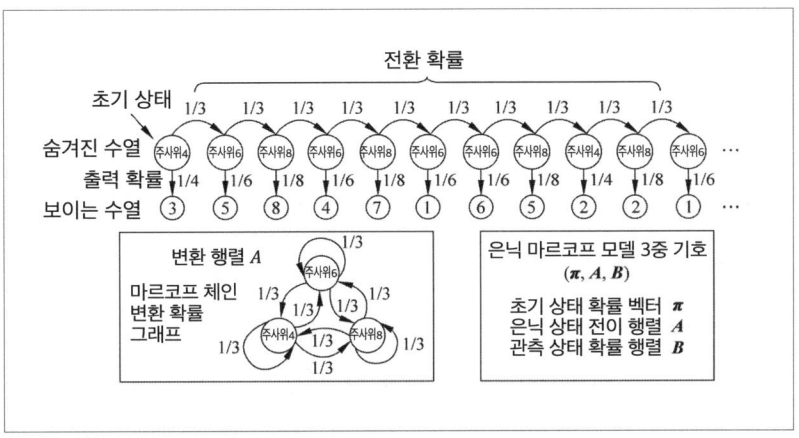

[그림 7-3-2] 은닉 마르코프 모델 1

더 수학적인 언어를 사용해 말하면 다음과 같다. 은닉 마르코프 모델 λ은 초기 상태 확률 벡터 π, 상태 전이 확률 행렬 A와 관측 확률 행렬 B로 이루어진 세 가지 기본 요소로 결정되며, 삼중 기호로 다음과 같이 표기한다.

$$\lambda = (\pi, A, B)$$

많은 실제적 문제는 은닉 마르코프 모델로 추상화될 수 있으며, 가장 흔히 볼 수 있는 또 하나의 간단한 예는 위키 백과에 인용된 것으로 [그림 7-3-3]처럼 친구의 활동 상황에 근거해 현지 날씨 모델을 추측하는 것이다.

세 가지 기본 요소로부터 은닉 마르코프 모델의 세 가지 기본 문제를 정리할 수 있다. HMM이 주어진 상태에서 관측 수열의 확률을 구하는 것을 '평가'라고 말하고, 관측 수열을 생성할 가능성이 가장 높은 은닉 상태 수열을 찾는 것을 '디코딩'이라고 하며, 주어진 관측 수열로부터 HMM을 생성하는 것을 '학습'이라고 부른다. 이런 다양한 문제에 대한 해답은 다양한 분석과 알고리즘을 가지고 있다.

은닉 마르코프 모델은 확률 과정, 즉 일련의 확률 변수의 확장이다. 그러나 인공지능이 해결해야 하는 문제는 다차원의 확률 변수일 수 있다. 만약 음성을 1차원의 시간수열이라고 간주한다면, 이미지는 2차원이고, 영상은 3차원의 확률 변수와 관련되어 있다. 더 일반적으로 말하자면 확률 변수를 그래프 이론과 결합하면 시간과 관련된 '과정'에만 국한되지 않고, 베이즈 네트워크, 마르코프 확률장 등 다양한 다차원의 확률 그래프(혹은 네트워크)의 확률 개념을 형성한다.

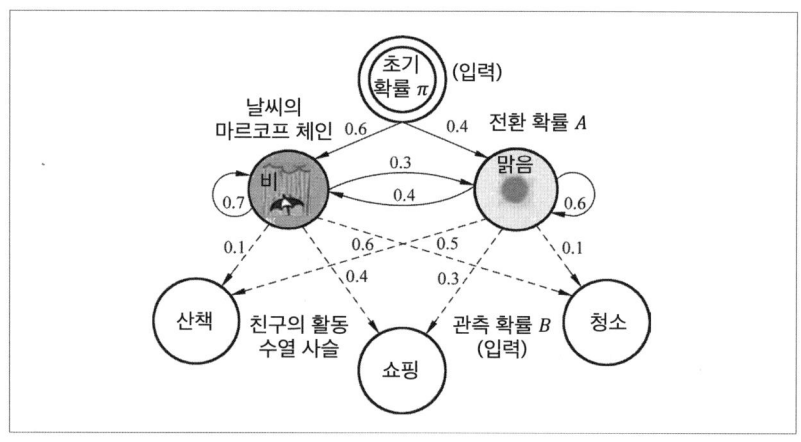

[그림 7-3-3] 은닉 마르코프 모델 2

04
서포트 벡터 머신(SVM)

서포트 벡터 머신은 '기계'가 아니라 분류와 회귀 분석에서 데이터를 처리하는 데 사용하는 알고리즘을 가리킨다. 간단히 말해서 데이터 그룹이 주어지면, 각 데이터는 [그림 7-4-1(a)]처럼 두 가지 범주 중 하나 혹은 다른 것에 속하는 것으로 이미 표기된다. 왼쪽 하단의 사각형이 한 범주이고, 오른쪽 상단의 원이 또 다른 범주이다. 만약 그래프에서 이미 알고 있는 이 두 범주의 데이터를 구분해달라고 하면 더 쉬울 것이다. 두 범주 사이에 직선을 그으면 되기 때문이다.

그런데 [그림 7-4-1(a)]를 보면 직선을 긋는 방법이 여러 가지인데 그 중 어느 것을 선택해야 할까? 서포트 벡터 머신은 바로 컴퓨터 알고리즘으로 이 중에서 한 직선을 선택해 이 직선이 양쪽의 가장 가까운 점과 가능한 가장 먼 거리를 유지할 수 있도록 한다. [그림 7-4-1(b)]의 직선은 가장 가까운 세 개의 데이터 점(그림에서 실선 원과 사각형으로 표시함)과 가장 큰 간격을 유지한다. 이 몇 개의 가장 가까운 데이터 점으로 구성된 벡터를 '서포트 벡터'라고 부른다.

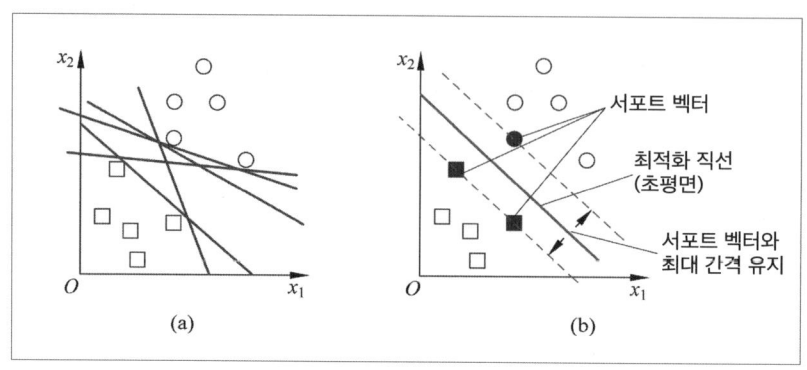

[그림 7-4-1] 서포트 벡터 머신
(a) 여러 직선이 데이터를 분류할 수 있다 (b) 최대 간격을 유지하는 선

다시 말해서 가장 간단한 서포트 벡터 머신은 2차원 선형 분류기이다. 그렇지만 이미 획득한 데이터 상황은 그렇게 간단하지 않고, 2차원 평면의 직선으로 그것을 분류할 수 없을 경우 SVM이 소위 커널 기법을 사용해 그 데이터를 암묵적으로 고차원 특징 공간에 매핑함으로써 효과적으로 비선형 분류를 진행할 수 있다. 이것을 설명하기 위해 간단한 예를 하나 들어보자.

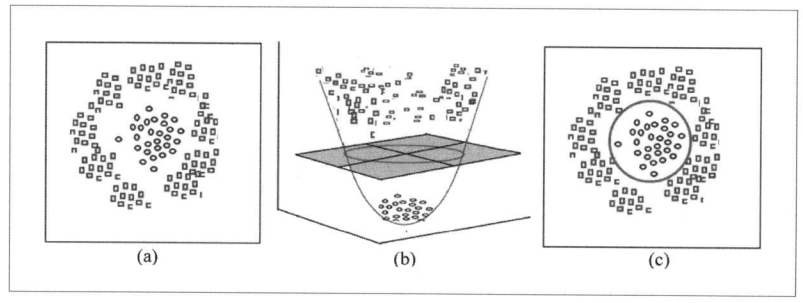

[그림 7-4-2] 비선형 분류

[그림 7-4-2(a)]의 데이터는 평면상의 두 종류 데이터를 직선으로 나눌 수 없지만 서포트 벡터 기계라면 데이터를 3차원 공간에 상응하게 입력할 수 있다([그림 7-4-2(b)] 참조). 즉, 데이터에 대해 비선형 변형을 실행하는 것이다. 그런 후 이 고차원 공간에서 '서포트 벡터와 가능한 한 최대 간격을 유지'하는 유사한 알고리즘에 따라 평면을 이용해 두 부류의 데이터를 나눈다. 마지막으로 평면을 원래의 2차원 공간에 다시 투사하면 [그림 7-4-2(c)]와 같은 원형의 분할선을 얻게 된다. 일반적인 상황에서 저차원 데이터를 고차원 데이터 공간으로 입력한 후 데이터를 나눌 수 있는 초평면을 찾고, 마지막으로 초평면을 원래의 저차원 공간에 투영할 수 있다.

위에서 언급한 고차원 공간에서 초평면을 이용해 공간을 두 개로 '분류'하는 알고리즘은 기계가 데이터를 받아 '훈련'되는 과정에 사용할 수 있다. 일단 훈련이 완료되면 새로운 데이터가 등장했을 때 서포트 벡터 기계는 새로운 데이터에 근거해 그것을 분류할 수 있다.

05
기계는 어떻게 '깊이' 학습하는가

앞에서 몇 가지 분류와 클러스터링의 방법을 소개했으니, 이제 알파고의 승리를 이끌어 낸 기계 딥 러닝이 도대체 무엇인지에 대해 이야기해 보고자 한다. 간단히 말해, 딥 러닝과 심층 합성곱 인공신경망은 유사한 개념을 지닌 용어다. 먼저 신경망에 대해 살펴보자.

신경망

말 그대로 인공신경망은 인간의 신경계를 모방하려는 시도에서 발전한 것이다. 그 기본 단위는 퍼셉트론으로, 인간 신경계의 뉴런에 해당하며, 환경의 변화를 감지하고 정보를 전달하는 역할을 한다([그림 7-5-1] 참조). 인체의 뉴런은 서로 연결되어 나무 모양이나 그물망 구조를 이루는데, 이것이 바로 인간의 신경 시스템이다. 인공 뉴런은 하나로 연결되어 오늘날 딥 러닝의 기반으로 불리는 인공신경망이 되었다.

인공신경망의 연구는 오래전부터 있어왔지만, 최근 몇 년 동안 딥 러닝이 등장한 후 확률 통계 분석 방법과 결합되고 나서야 엄청난 잠재력

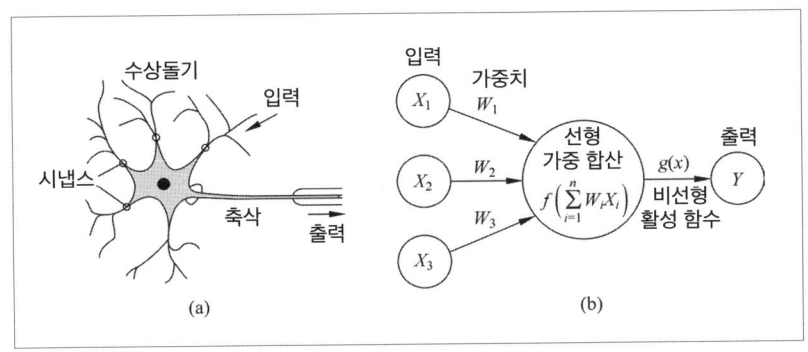

[그림 7-5-1] 뉴런
(a) 인간 뇌 속의 뉴런 (b) 인공신경망 속의 뉴런

을 드러내기 시작했다. 게다가 여기서 말하는 딥 러닝 신경망은 인간 대뇌 구조와 동일하지 않고, 다층 컴퓨터 모델과 학습 방법을 가리킨다. 이것을 초기에 연구했던 인공신경망과 서로 구분하기 위해서 '다층 합성곱 신경망'이라고 부르게 되었고, 본 책에서는 이것을 '신경망'이라고 간략하게 표현하고 있다. 신경망의 중요 특징 중 하나는 '훈련'이 필요하다는 것이다. 이것은 아이들이 엄마의 도움을 받아 학습하는 과정을 닮아있다.

앞서 언급했듯이 분류는 학습의 중요한 일환이다. 아이들은 어떤 식으로 개와 고양이를 식별하는 법을 배울까? 그것은 엄마가 그들을 데리고 다양한 개와 고양이를 보고 식별하게 도와주기 때문이다. 그렇게 여러 번의 경험을 통해 그들은 개와 고양이의 특징을 인식하고, 자기만의 판단 방법으로 '개'와 '고양이'를 두 개의 부류로 나누게 된다. 과학자들도 유사한 방법으로 기계에 학습을 시켰다. [그림 7-5-2(b)]에서처럼 신

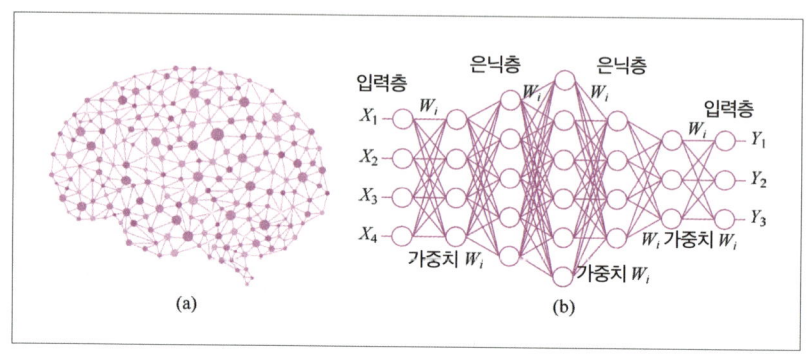

[그림 7-5-2] 신경망
(a) 대뇌 신경망 (b) 다층 인공신경망

경망은 입력층, 출력층 및 여러 은닉층으로 구성되어 있고, 각 층은 여러 개의 뉴런으로 이루어져 있다. 각 뉴런은 무엇을 할 수 있을까? 한마디로 말해, 뉴런은 분류기라고 할 수 있다. [그림 7-5-1(b)]에서 만약 단순히 가중치를 곱해 더하는 기능만 있다면 가장 간단한 선형 분류기이고, 더 나아가 활성 함수 g를 포함하고 있다면 작업 범위가 비선형으로 확장된다. 예를 들어 어떤 사람들은 귀를 보고 개와 고양이를 구분할 수 있다고 여기며 이렇게 말할 수 있다. "개의 귀는 길고, 고양이의 귀는 짧아요.", "고양이의 귀는 위를 향해 있고, 개의 귀는 아래로 향해 있어요." 이 두 가지 '개와 고양이'의 특징에 근거해 얻은 데이터를 평면도 위에 그리면 [그림 7-5-3(b)]와 같다. 이때 [그림 7-5-3(b)] 위의 직선 AB를 이용하면 이 두 가지 특징을 통해 고양이와 개를 쉽게 구분할 수 있다. 물론 이것은 단지 '특징'으로 간단하게 구분한 예이며 고양이와 개를 완벽하게 구분할 수 있는 방법은 아니다.

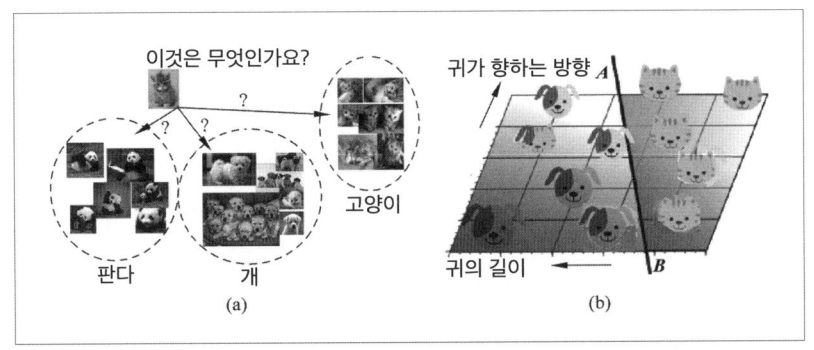

[그림 7-5-3] 기계 분류
(a) 분류 (b) 개일까, 고양이일까?

요컨대 인공 뉴런의 기본 기능은 바로 어떤 '특징'에 근거해 구역을 하나의 선 모양으로 나누는 것이다. 그렇다면 이 선은 어디에 그어야 할까? 이것이 바로 '훈련' 과정에서 해결해야 할 문제이다. [그림 7-5-1(b)]의 뉴런 모델에서 '가중치'라고 불리는 몇 개의 매개 변수 W_1, W_2, W_3이 있고, 훈련 과정은 바로 이런 매개 변수를 조정해 직선 AB가 정확한 위치에 그려지고, 정확한 방향을 가리키도록 하는 것이다. 위의 예에서 뉴런의 출력은 0 혹은 1이 될 수 있고, 각각 고양이 또는 개를 가리킨다. 다시 말해서 '훈련'은 바로 엄마가 아이에게 고양이와 개를 구별하도록 가르치는 것이다. 인공 뉴런의 경우 훈련은 대량의 '고양이와 개'의 사진을 입력하는 것이며, 이 사진들은 이미 정확한 결과를 표기하고 있고, 뉴런은 가중치 매개 변수를 조정해 이미 알고 있는 답과 일치하도록 만든다.

훈련을 거친 뉴런은 표기되지 않은 고양이와 개 사진을 식별하는 데 사용할 수 있다. 예를 들어 위에서 설명한 예에서 데이터가 직선 AB의 왼쪽에 있으면 '개'를 출력하고 오른쪽에 있으면 '고양이'를 출력한다.

심층의 의미

[그림 7-5-3(b)]는 가장 간단한 상황을 보여주며, 대부분의 상황은 하나의 직선으로 두 가지 유형을 명확히 구분할 수 없다. [그림 7-5-4]는 점점 더 복잡해지는 상황을 보여준다.

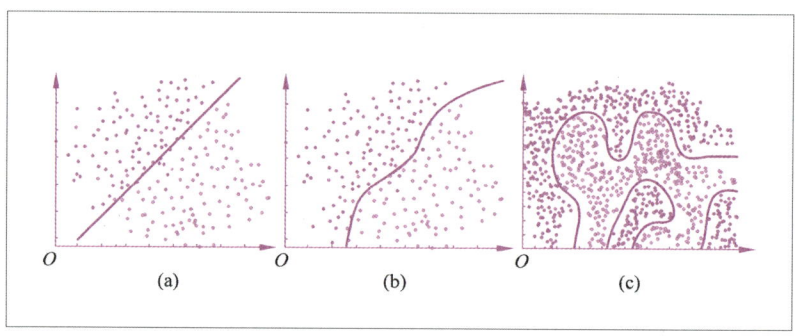

[그림 7-5-4] 더 많은 특징은 더 많은 매개 변수로 식별해야 한다
(a) 두 개의 매개 변수 (b) 4개의 매개 변수 (c) 50개의 매개 변수

[그림 7-5-4(b)]와 [그림 7-5-4(c)]처럼 직선으로 나눌 수 없는 문제는 종종 수학적 공간 변환을 사용해 해결할 수 있다. 그러나 실제로 대부분의 상황에서 고양이와 개를 구분하는 것보다 더 자세하고 많은 특징을 고려해야 한다. 특징이 많아지면 조정해야 하는 매개 변수도 증가해야

한다. 다시 말해서 뉴런의 개수도 증가해야 한다. 우선 사람들은 네트워크를 두 개의 층으로 늘리고, 입력층과 출력층 사이에 은닉층을 끼워 넣는데, 이것이 데이터의 공간 변환을 만든다. 즉, 활성 함수의 신경망 시스템을 갖춘 두 개의 층은 비선형 분류를 할 수 있다.

두 층짜리 신경망의 출력층 뒤에 계속해서 층을 추가하면, 기존의 출력층이 중간층으로 바뀌고, 새로 추가된 층이 새로운 출력층이 되어 다층 신경망을 형성한다. 매개 변수의 수([그림 7-5-2(b)] 참조) 중에서 각 층 사이의 가중치 W_i가 크게 증가하면서 시스템이 더 복잡한 함수 피팅을 할 수 있게 된다.

더 많은 층이 생기는 이점은 무엇일까? 연구를 통해 동일한 수의 매개 변수를 사용할 때 더 깊은 층의 네트워크가 얕은 층의 네트워크보다 더 높은 인식 효율성을 보인다는 사실을 발견했다.

흥미로운 점은 신경망은 '구조'를 자동으로 발굴하는 특정 능력이 있는 듯하다. 우리가 분류해야 할 물건의 기본적인 특징만 제공하면 기계는 일정 정도 자발적인 '추상화' 작업을 수행할 수 있다. 예를 들어 [그림 7-5-5]처럼 '사람의 얼굴'은 단순한 패턴의 계층적 중첩으로 볼 수 있고, 첫 번째 은닉층은 얼굴의 윤곽 텍스처(엣지 특징)를 학습하고, 두 번째 은닉층은 눈, 코, 입과 같은 '형상'을, 세 번째 은닉층은 '형태'로 구성된 얼굴의 '패턴'을 학습한다. 각 층에서 추출한 목표가 점점 더 추상화되고, 최종 출력된 특징을 통해 사물을 구분한다.

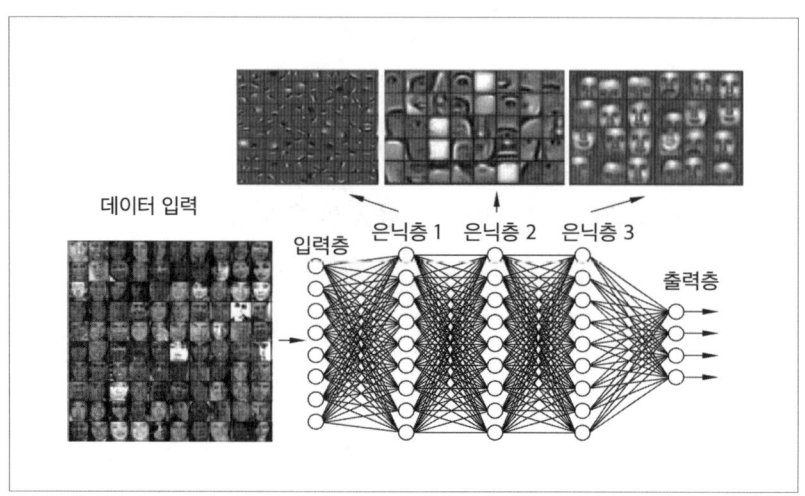

[그림 7-5-5] 각 층의 분류 능력은 갈수록 '추상적'으로 변한다

층수는 신경망의 '깊이'를 반영하고, 층수가 증가하면 네트워크의 노드node 수가 증가한다. 즉, 뉴런의 수도 증가한다. 2012년 앤드류 응Andrew Ng과 제프 딘Jeff Dean이 공동으로 주도한 구글 브레인 프로젝트는 음성 인식과 이미지 인식 등 분야에서 엄청난 성공을 거두었다. 그들이 사용한 '심층 신경망'의 내부에는 10억 개의 노드가 있었다. 그렇지만 이 네트워크는 여전히 인간 신경 시스템의 비교 대상이 되지 못하고 있다. 인간의 신경 시스템은 매우 복잡한 조직이고, 성인 뇌에는 수천억 개의 뉴런이 있다고 알려져 있다.

신경망이 대뇌의 시뮬레이션에 뿌리를 두고 있지만, 훗날 그 발전을 좌지우지한 것은 수학적 이론과 통계학적 방법이었다. 새의 비행을 모방하려는 인간의 바람이 비행기를 교통수단으로 발전시키는 계기가 되었지만, 지금 우리가 이용하는 비행기의 구조는 새의 신체 구조와 거리가 멀다.

합성곱의 역할

기계 학습은 바로 대량의 데이터에서 유용한 정보를 발굴하는 것이고, 층수가 많아질수록 더 깊이 발굴해 들어갈 수 있다. 다층 발굴 외에 각 층의 '합성곱' 연산은 목표 '특징'에 대한 추상화를 위해 중요한 의미를 갖는다.

합성곱의 역할에 대해 더 잘 이해하기 위해 우리는 소리 신호의 푸리에 분석과 서로 비교해 볼 수 있다. 소리 신호는 시간 영역에서 매우 복잡한 곡선을 보이고, 그것을 표시하기 위해 대량의 데이터가 필요하다. 만약 푸리에를 거쳐 주파수 영역으로 변환하면 소량의 스펙트럼과 기본 주파수 및 몇 개의 배음Harmonic Overtone 데이터만으로도 표시가 가능하다. 다시 말해서 푸리에 분석은 소리 신호 속의 주요 성분을 효과적으로 추출하고 저장할 수 있고, 데이터를 설명하는 차원 수를 줄일 수 있다.

합성곱 연산은 신경망에서도 비슷한 작용을 한다. 첫째, 중요한 성분을 추상화하고, 여분의 정보를 버린다. 둘째, 데이터 행렬의 순서를 줄여 컴퓨팅 시간과 저장 공간을 절약한다.

신경망 식별 이미지(예를 들어 고양이 사진)를 예로 들어보자. 일반적으로 입력은 픽셀 요소로 구성된 다차원 행렬(예를 들어 512×512)이고, 합성곱 커널Convolution Kernel 행렬은 신경망에서 인위적으로 설정된다. 이 행렬은 추출이 필요한 정보에 근거해 결정되고([그림 7-5-6(b)]의 합성곱 커널 행렬은 실용적인 의미가 전혀 없다), 합성곱 연산 후 입력한 행렬보다 더 작은 행렬을 얻는다. [그림 7-5-6]은 합성곱의 작용을 직관적으로 보여주고 있다. 입력은 5×5의 행렬이고, 합성곱 커널은 3×3 행렬이다. 최종적으로 얻은 출력은 2×2 행렬이며, 출력은 입력 차수보다 적지만 여전히 원래 입력한 주요 정보를 포함하고 있다.

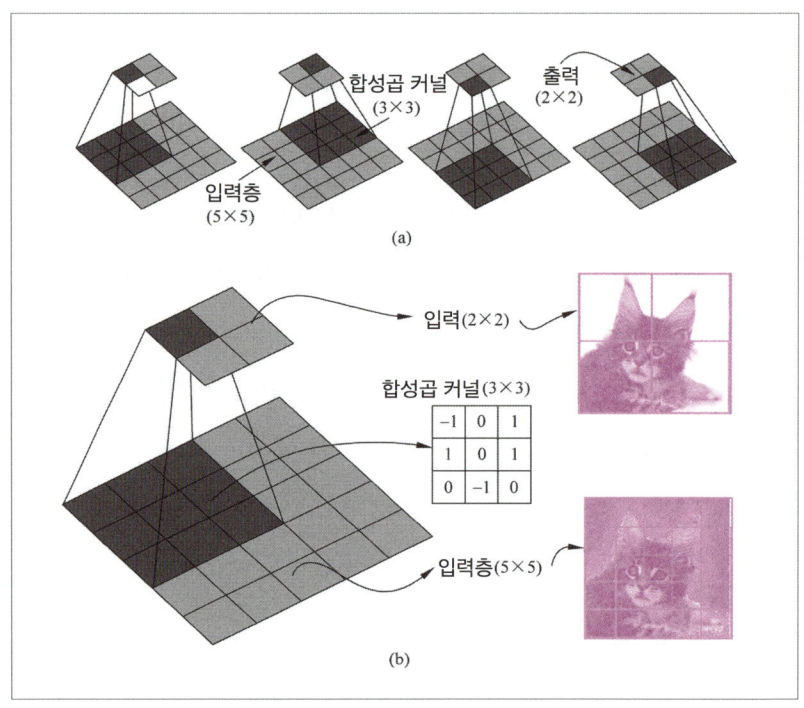

[그림 7-5-6] 합성곱 작용의 개요도
(a) 합성곱 원리 도식 (b) 합성곱을 통한 차수 감소

06
ChatGPT, 통계를 말하다

    2022년 말에 등장한 ChatGPT는 인터넷을 뒤흔들었다. 앞서 소개한 알파고는 2016년 초에 인간 바둑계의 세계 챔피언 이세돌에게 도전장을 내밀었고, 이것은 AI의 두 번째 혁명인 셈이었다. 그때 딥 러닝과 자연어 처리NLP는 이제 막 시작하는 단계였다. 그런데 불과 몇 년 후 세 번째 AI 물결이 몰려왔고, 기본적으로 자연어의 이해와 생성의 난제를 해결했다. 그렇게 ChatGPT의 출시를 이정표로 삼아 인간과 기계 사이의 자연스러운 교류가 이루어지는 새로운 시대가 열렸다.

    만약 당신이 ChatGPT에 대해 조금만이라도 알게 된다면 그것의 광범위한 응용력에 놀라움을 금하지 못할 것이다. ChatGPT는 시를 짓고, 코드를 생성하고, 그림을 그리고, 논문을 쓰는 등 모든 분야에서 뛰어난 능력을 보여주기 때문이다. 도대체 무엇이 ChatGPT에 이렇게 강력한 힘을 부여한 것일까?

[그림 7-6-1] 오픈AI가 공개한 ChatGPT

ChatGPT의 이름에서 알 수 있듯이 그것은 '생성형 사전 훈련 변환 모델GPT'의 일종으로 세 가지 의미를 내포하고 있다. 바로 '생성형', '사전 훈련', '변환 모델'이다. '생성형'은 앞서 소개한 생성형 모델링 방법을 사용한다는 것을 의미한다. '사전 훈련'은 그것이 여러 차례의 훈련을 거쳤다는 것을 말한다. '변환 모델'은 '트랜스포머transformer'에서 가져온 말이다. 변환기는 2017년 구글 브레인의 한 팀에서 출시한 것으로 번역, 텍스트 요약과 같은 임무에 응용할 수 있으며, 지금은 자연어 등과 같이 순차적으로 데이터를 처리하는 NLP의 선호 모델로 여겨진다. 만약 당신이 ChatGPT에 'ChatGPT가 뭐야?'라고 질문한다면 아마도 대규모 AI 언어 모델이라고 대답할 거고, 이 모델이 가리키는 것이 바로 트랜스포머이다.

이런 유형의 언어 모델은 일반적으로 '끝말잇기'와 같은 시퀀스sequence 예측 작업을 수행하는 기계라고 할 수 있다. 문자를 한 단락 입력하면 변환기에서 '단어'를 출력하고, 입력한 문자에 대해 '합리적 연속'

을 진행한다. 여기서 말하는 출력은 '단어'이지만, 실제로는 '토큰token'이며, 언어마다 다른 의미를 가질 수 있다.

사실 언어는 본래 끝없이 '사슬'처럼 연결되어 있다. 우리는 아이가 언어를 학습하고 글을 쓰는 과정을 생각해 볼 수 있다. 그들은 어른들이 몇 번이고 반복해서 말한 각종 문장을 듣고 나서야 어떻게 말해야 하는지를 배운다. 글쓰기를 배우는 것도 마찬가지다. 어떤 사람은 '시 300편을 외우면 시를 짓지는 못해도 읊을 수는 있다.'라고 말한다. 초보 학습자들은 다른 사람의 글을 많이 보고 읽으면 처음 글을 쓸 때 모방할 수 있게 된다. 실제로 무의식중에 '문자 사슬'을 터득한 것이다.

그래서 사실 언어 모델이 하는 일은 매우 간단하게 들린다. 기본적으로 '입력한 텍스트의 다음 단어는 뭐가 와야 하지?'라고 반복해서 묻는 것뿐이다. [그림 7-6-2]에서 보는 것처럼 모델은 한 단어를 출력하기로 선택한 후 이 단어를 원래 텍스트에 추가하고, 또다시 언어 모델에 입력한 후 '다음 단어는 뭐지?'라고 동일한 질문을 한다.

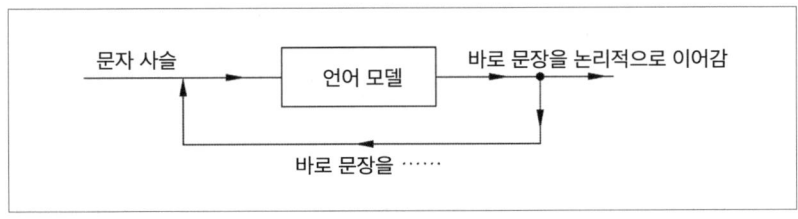

[그림 7-6-2] 언어 모델

기계 모델이 생성한 텍스트가 '합리적'인지 혹은 '불합리적'인지를 판단하기 위해 가장 중요한 요소는 다음과 같다. 첫째, 사용한 '생성형 모델'의 품질이다. 둘째, '사전 훈련'을 위해 들인 시간이다. 언어 모델 내부에서는, 어떤 입력 텍스트에 대해 그다음에 나올 수 있는 단어들의 후보 목록과 각각의 확률을 생성한다. 예를 들어 입력한 텍스트가 '가을 바람'이라면 그 뒤에 올 수 있는 글자는 매우 많다. 일단 5개만 열거해 보자면 '불다 0.11, 따뜻하다 0.31, 또 0.05, 찾아오다 0.1, 살랑이다 0.08' 등이고, 각 단어 뒤에 표시된 숫자는 그것이 나타날 확률이다. 다시 말해서 모델에게 확률이 포함된 (아주 긴) 단어 목록이 제공된다. 그렇다면 어떤 것을 선택해야 할까?

만약 매번 확률이 가장 높은 것을 선택한다면 그다지 '합리적'이지 않을 것이다. 글쓰기를 배우는 과정에 대해 다시 한번 생각해 보자. 비록 그것 역시 '사슬'이 있지만 사람, 시간에 따라 다른 방식으로 연결될 수 있다. 이렇게 해야 다양한 스타일과 창의적인 문장을 쓸 수 있다. 그래서 기계 역시 다양한 확률로 무작위 선택을 할 기회를 가져야 비로소 단조로움을 피할 수 있고, 다채롭고 흥미로운 작품을 생산할 수 있다. 물론 매번 확률이 가장 높은 것을 선택하라고 권장하지 않지만, '합리적 모델'을 만들기 위해 확률이 훨씬 높은 것을 선택하는 것이 가장 좋다.

ChatGPT는 대규모 언어 모델이고, 이 '대규모'는 먼저 모델의 신경망 가중치 매개 변수의 수량으로 표현된다. 그것의 매개 변수 수량은 성능을 결정하는 핵심 요소이다. 이 매개 변수들은 훈련 전에 미리 설정해야 하고, 그것들은 생성형 언어의 어법, 어의, 스타일은 물론 언어 이해의 동작을 제어할 수 있다. 그것은 또한 훈련 과정 중의 행동 및 생성된 언어의 품질을 제어할 수 있다.

오픈AI의 GPT-3 모델은 1,750억 개의 매개 변수를 가지고 있고, ChatGPT는 GPT-3.5인 셈이어서 매개 변수는 1,750억 개보다 많아야 한다. 이 매개 변수들이 가리키는 것은 모델을 훈련시키기 전에 미리 설정해야 하는 매개 변수다. 실제 응용 분야에서 최적의 성능을 얻기 위해 일반적으로 실험을 통해 적당한 매개 변수의 수를 확정해야 한다.

이런 매개 변수는 수천 번의 훈련 과정을 거쳐 수정되면서 더 좋은 신경망 모델을 얻는 데 일조한다. GPT-3을 한 번 훈련하는 비용은 460만 달러이고, 전체 훈련비용은 1,200만 달러에 달한다고 한다.

앞에서 말한 것처럼 ChatGPT의 전문성은 '인간 작품과 유사한 텍스트'를 생성하는 데 있다. 하지만 어법에 부합하는 텍스트를 생성할 수 있다고 해서 수학 계산, 논리 추리 등 또 다른 유형의 작업까지 처리할 수 있는 것은 아니다. 이런 분야의 표현 방식은 자연어 텍스트와 완전히 다르기 때문이다. 이것이 바로 수리 방면의 테스트에서 연이어 실패하는 이유이기도 하다.

또한 사람들도 ChatGPT가 '말도 안 되는 소리를 그럴듯하게 늘어놓는다'라고 여기는 경우가 많다. 그것은 주로 훈련 데이터의 편향 문제에서 비롯된다. ChatGPT는 전혀 들어본 적이 없는 것들에 대해 당연히 정확한 답을 낼 수 없다. 다의어가 가져오는 문제도 기계 모델을 곤란하게 만든다. 예를 들어 누군가 ChatGPT에 '밑변 3, 높이 4, 빗변 5'의 피타고라스 정리를 묻자 진지하게 '이것은 고대 거문고라고 불리는 악기의 조현 방법이다'라고 대답한 후 잘못된 정보를 잔뜩 알려주기도 한다.

정리하자면, ChatGPT는 등장과 더불어 대대적인 성공을 거두었고, 이것은 확률론과 베이즈의 승리이기도 하다.

확률로 바라본 수학적 일상

펴낸날 2025년 8월 10일 1판 1쇄

지은이 장톈룽
옮긴이 홍민경
감수자 김지혜
펴낸이 金永先
편집 나지원
디자인 박유진

펴낸곳 미디어숲
주소 경기도 고양시 덕양구 청초로 10 GL 메트로시티한강 A동 20층 A1-2002호
전화 (02) 323-7234
팩스 (02) 323-0253
출판등록번호 제 2-2767호

ISBN 979-11-5874-255-3(03410)

> 미디어숲과 함께 새로운 문화를 선도할 참신한 원고를 기다립니다.
> 이메일 dhhard@naver.com (원고 투고)

- 이 책은 저작권자와의 계약에 따라 발행한 것이므로 본사의 허락 없이는 어떠한 형태나 수단으로도 이 책의 내용을 사용하지 못합니다.
- 파본은 구입하신 서점에서 교환해 드립니다.